WENDEMARKEN DES LEBENS

WENDEMARKEN DES LEBENS

Eine Zeitreise durch die Krisen der Evolution

Steven M. Stanley

Spektrum Akademischer Verlag Heidelberg · Berlin

Originaltitel: Extinction

Amerikanische Originalausgabe bei
Scientific American Books, Inc., New York
© 1987 Scientific American Books, Inc.

Die Deutsche Bibliothek – CIP-Einheitsaufnahme

Stanley, Steven M.:
Wendemarken des Lebens : eine Zeitreise durch die Krisen der
Evolution / Steven M. Stanley. – Heidelberg ; Berlin : Spektrum,
Akad. Verl., 1998
   Einheitssacht.: Extinction <dt.>
   ISBN 3-8274-0475-4

© 1998, 1988 Spektrum Akademischer Verlag GmbH Heidelberg · Berlin

Die deutsche Originalausgabe erschien unter dem Titel „Krisen der Evolution".

Lektorat: Frank Wigger
Gesamtherstellung: Graphischer Betrieb Konrad Triltsch, Würzburg

Das Titelbild zeigt eine Rekonstruktion eines der letzten Dinosaurier aus der
Oberkreide Nordamerikas. Das von Lang und Falkenbach geschaffene Modell
eines Hornsauriers der Gattung *Triceratops* steht im American Museum of
Natural History in New York. Die historische, hier nachträglich kolorierte
Photographie von 1923 ist mit freundlicher Genehmigung des Department of
Library Services dieses Museums abgedruckt.

Für Al Fischer, dessen Esprit und
Begeisterung mich und viele andere stets
angespornt haben.

Inhalt

Vorwort

Phasen des Massenaussterbens — also weltweite biologische Krisen, die jeweils die meisten der auf der Erde lebenden Tierarten hinwegrafften — zählen heute zu den geologischen Grundtatsachen. Jede solche große Krise hat das globale biologische System in dem Sinne „zurückgedreht", daß wesentliche Organismengruppen verschwanden, um der Ausbreitung anderer Platz zu machen. So begannen zum Beispiel die Säugetiere vor 65 Millionen Jahren plötzlich die von den Sauriern aufgegebene Rolle zu übernehmen: Sie wurden zu den vorherrschenden Landtieren auf der Erde. Zunächst blieben sie klein, aber schon bald bewohnte ein breites Spektrum teils kleiner, teils elefantengroßer Arten die Landschaft. Vor 40 Millionen Jahren setzte dann auch bei den Säugetieren ein Massenaussterben ein. Es suchte allerdings nicht die ganze Tierklasse heim; die Säugetiere erholten sich und erlangten ihre Vorherrschaft zurück. Dabei entwickelten sie sich in ganz neuen Richtungen, von denen eine im modernen Menschen gipfelte.

Zwei umstrittene Vorstellungen haben in den letzten Jahren eine Welle populärwissenschaftlichen Interesses an solchen Massenuntergängen in Bewegung gesetzt. Zum einen hat man behauptet, der Einschlag eines riesigen Meteors oder Kometen habe jene Krise ausgelöst, die der Herrschaft der Saurier ein Ende machte. Und gemäß der zweiten Hypothese sind diese und andere Krisen in regelmäßigen Abständen hereingebrochen und auf irgendwelche periodisch auftretenden astronomischen Wirkkräfte zurückzuführen. Doch in der Flut der populärwissenschaftlichen bis volkstümlichen Darstellungen vermißt man eine sorgfältige Auswertung der in Gesteinen und Fossilien niedergeschriebenen Überlieferung solche Massenuntergänge. *Wendemarken des Lebens* will diese Lücke schließen. Allgemeiner gesagt, dieses Buch wird bei dem Versuch, jene Krisen zu erhellen, die wir als Massenaussterben bezeichnen, den Leser auf eine Reise durch die Geschichte des irdischen Lebens mitnehmen. Die Massenuntergänge sind Unterbrechungen der Reise — aber solche, die den Menschen faszinieren.

Dank Hunderter von Fachleuten in der ganzen Welt hat die geologische Überlieferung in den letzten Jahren viel von ihrem reichen Schatz an Dokumenten über weltweite Krisen preisgegeben. Als besonders fruchtbar erweist sich hier die Zusammenarbeit zwischen verschiedenen Fachgebieten. So geben Bearbeiter fossiler Pflanzen — ausgezeichneter Indikatoren vorzeitlicher Klimabedingungen — ihre Erkenntnisse an Spezialisten für fossile Säugetiere und Dinosaurier weiter, und beide Gruppen von Wissenschaftlern wiederum tauschen Informationen mit Fachleuten aus, die sich mit dem vorzeitlichen Leben im Meere beschäftigen. Sogar ganz neue Wissenschaftsdisziplinen werfen Licht auf das Massenaussterben. Vor 40 Jahren hätten nur wenige Paläontologen vorausgesagt, daß die winzigen Fossilien einzelliger Planktonorganismen heute Schlüsselinformationen über die thermische Geschichte ehemaliger Ozeane liefern könnten. Ebensowenig war damals zu erwarten, daß die Gemeinde der Geologen in den siebziger Jahren allgemein zu der lange verhöhnten Ansicht bekehrt werden würde, wonach die Kontinente sich auf der Erdoberfläche bewegt und sich dabei von Zeit zu Zeit vereinigt oder voneinander getrennt haben. Heute ist die Plattentektonik, unser neues allgemeingültiges Lehrgebäude über die großräumigen Bewegungen der Erdkruste, sogar zu einem Eckstein der Paläogeographie geworden. Da die Massenuntergänge sich weltweit ausgewirkt haben, müssen sich die Paläontologen, die sie untersuchen, intensiv mit den Positionen ehemaliger Kontinente und Ozeane auseinandersetzen und darüber hinaus auch mit der Art und Weise, wie diese Konfigurationen von Zeit zu Zeit den Charakter der Atmosphären und Ozeane lebensfeindlich verändert haben.

Das vorliegende Buch befaßt sich also mit der großen Vielfalt paläontologischer und geologischer Zeugnisse, die etwas über die Natur der großen Untergänge aussagen. Ich betrachte es als Hommage an jene Renaissance, die seit dem Jahre 1970 das Antlitz der Paläontologie verwandelt hat. Die erste Phase dieser Renaissance brachte paläontologische Daten in grundlegende Fragen der Evolutionsbiologie ein, und heute erschließen wir die Ursachen der Massenuntergänge, indem wir abschätzen, welche Typen von Organismen in den einzelnen Krisen ausstarben, wo sie lebten und welchem Muster ihr Verschwinden in Raum und Zeit folgte.

Der aufs neue entfachte Feuereifer der Paläontologen, das Puzzle des Massenaussterbens zu entwirren, ist zum Teil auf unseren chauvinistischen Trieb zurückzuführen, die Welt davon zu überzeugen, daß Astronomen keine simplen Antworten auf komplexe geologische Fragen parat haben. Man mag uns vorwerfen, daß wir mit Vorurteilen reagieren, aber unsere Kritik ist nur folgerichtig. Paläontologen verfügen über Daten, die ernsthafte Zweifel an der Vorstellung aufkommen lassen, Einschläge außerirdischer Objekte (Meteore oder Kometen) hätten die meisten Episoden des Massenaussterbens hervorgerufen. Tatsächlich belegen unsere Daten für viele der Massenuntergänge ganz andere, mehr „weltliche" Ursachen.

Mir erscheinen insbesondere Veränderungen des irdischen Klimas als die wichtigste Ursache für die Krisen in der Geschichte des Lebens. Wie ich in diesem Buche darlegen werde, ist gerade in den letzten zwei bis drei Jahren neues Belegmaterial zutage gefördert worden, das die Klimahypothese für mehrere Krisen stützt, so für die des Oberdevon, des Oberperm, der Oberkreide und der Wende vom Eozän zum Oligozän.

Die sehr ansprechende optische Qualität dieses Buches ist weitgehend der künstlerischen Leitung von Lisa Douglis sowie den geschickten und unermüdlichen Photorecherchen von Travis Amos zuzuschreiben. Ich danke beiden für ihre ausgezeichnete Arbeit. Ebenso spreche ich Janet Wagner und Georgia Lee Hadler meine Anerkennung für die umsichtige redaktionelle Betreuung aus. Schließlich danke ich Jerry Lyons für seinen stets gutgelaunten Beistand und klugen Rat bis zum Abschluß dieses Projekts.

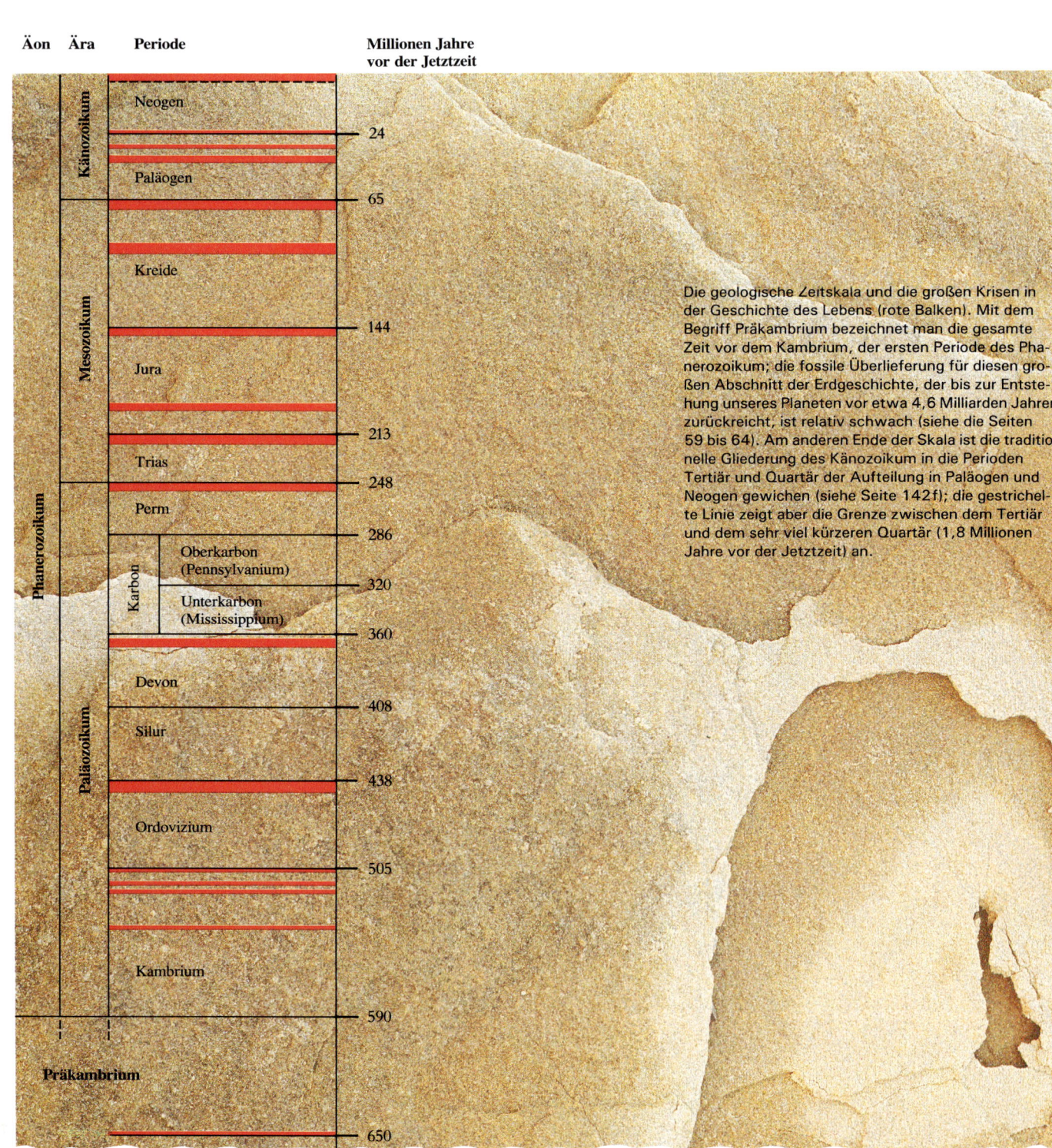

Äon	Ära	Periode	Millionen Jahre vor der Jetztzeit
Phanerozoikum	Känozoikum	Neogen	
			24
		Paläogen	
			65
	Mesozoikum	Kreide	
			144
		Jura	
			213
		Trias	
			248
	Paläozoikum	Perm	
			286
		Karbon — Oberkarbon (Pennsylvanium)	
			320
		Karbon — Unterkarbon (Mississippium)	
			360
		Devon	
			408
		Silur	
			438
		Ordovizium	
			505
		Kambrium	
			590
Präkambrium			
			650

Die geologische Zeitskala und die großen Krisen in der Geschichte des Lebens (rote Balken). Mit dem Begriff Präkambrium bezeichnet man die gesamte Zeit vor dem Kambrium, der ersten Periode des Phanerozoikum; die fossile Überlieferung für diesen großen Abschnitt der Erdgeschichte, der bis zur Entstehung unseres Planeten vor etwa 4,6 Milliarden Jahren zurückreicht, ist relativ schwach (siehe die Seiten 59 bis 64). Am anderen Ende der Skala ist die traditionelle Gliederung des Känozoikum in die Perioden Tertiär und Quartär der Aufteilung in Paläogen und Neogen gewichen (siehe Seite 142f); die gestrichelte Linie zeigt aber die Grenze zwischen dem Tertiär und dem sehr viel kürzeren Quartär (1,8 Millionen Jahre vor der Jetztzeit) an.

Massenausterben

Den großen Untergangsperioden, Marksteinen der irdischen Lebensgeschichte, ist wohl vor allem wegen der Faszination, welche die Saurier auf den Menschen ausüben, allgemeine Beachtung geschenkt worden. Fast jedermann weiß nicht nur, daß die Saurier überhaupt ausgestorben sind, sondern auch, daß diese seltsamen Riesen innerhalb einer sehr kurzen geologischen Zeitspanne verschwanden. Laien übersehen indessen häufig die Tatsache, daß zusammen mit den Dinosauriern eine ganze Palette weiterer biologischer Gruppen vom gleichen Schicksal ereilt wurde, angefangen von Flugreptilien von der Größe kleiner Flugzeuge bis hin zu einzelligen Algen, die in den Ozeanen trieben. Die Paläontologen behalten nur solchen biotischen (die Lebensgemeinschaften betreffenden) Krisen den Namen „Massenausterben" vor, die geologisch gesehen relativ plötzlich hereinbrachen — also höchstens wenige Millionen Jahre dauerten — und eine große Formenvielfalt von Lebewesen hinwegfegten.

Seit dem Erscheinen vielzelliger Lebewesen auf unserer Erde hat es allerdings kaum ein Dutzend biotischer Krisen gegeben, die als größere Massenuntergänge bezeichnet zu werden verdienen, und ihre Opfer stellen lediglich eine Minderheit aller ausgestorbenen Arten dar. Die weitaus meisten im Laufe der Zeit erloschenen Arten, deren Anzahl in die Millionen geht, verschwanden nämlich schrittweise; sie vermochten sich nicht an sozusagen „sanfte" Umweltveränderungen anzupassen, die jeweils nur einigen wenigen Arten Schwierigkeiten bereiteten.

Es steht fest, daß die meisten Arten, die einst unseren Planeten bewohnten, schon vor langer Zeit ausstarben. Heutzutage sticht diese Tatsache jedem ins Auge, der die fossile Überlieferung im Lichte des aktuellen Kenntnisstandes über die heutige Tier- und Pflanzenwelt

Megalonyx jeffersoni, ein großes fossiles Bodenfaultier, das Thomas Jefferson untersucht hat und das ihm zu Ehren benannt wurde. Das Tier war ein harmloser Pflanzenfresser, der zu einer Gruppe gewaltiger Vettern unserer waldbewohnenden Baumfaultiere gehörte. Die Bodenfaultiere wanderten kurz vor der letzten Eiszeit von Süd- nach Nordamerika ein.

durchmustert. Biologische Bestandsaufnahmen haben relativ wenig weiße Flekken auf der Landkarte übriggelassen, die noch überlebende Populationen totgeglaubter Arten beherbergen könnten. Das war allerdings nicht immer so. Bis weit ins 18. Jahrhundert blieb die lebendige Welt nur spärlich bekannt. Infolgedessen behaupteten denn auch manche

Wissenschaftler überzeugend, daß jene merkwürdigen, nur aus der fossilen Überlieferung bekannten Lebewesen vielleicht gar nicht ausgestorben waren, sondern in noch unerforschten Gebieten der Erdkugel überlebten. Vor allem die Theologie nährte den Widerstand gegen die Idee des Aussterbens. Man sah nämlich die Biosphäre als vollendete Schöpfung an, und der Verlust ganzer Arten würde Unvollkommenheit bedeuten. Dieser vorherrschenden Auffassung schloß sich auch Thomas Jefferson an, als er die Knochen von *Megalonyx*, ei-nem in Westvirginia ausgegrabenen ochsengroßen Bodenfaultier, beurteilte. Er behauptete, dieses riesige Tier lebe noch in den unerforschten Westgebieten Nordamerikas, »denn wenn ein Glied der natürlichen Kette verloren gehen kann, dann auch ein zweites und noch eines, bis schließlich dieses ganze System der Dinge stückweise verschwunden wäre«.

Erst 1786 wies der französische Paläontologe Georges Cuvier zur Genugtuung aller Naturforscher die Tatsache des Aussterbens nach. Erstens zeigte er durch Skelettvergleiche, daß das — wie wir inzwischen wissen — während der letzten Eiszeit in Europa hausende Mammut keiner der beiden lebenden

Ein gefrorenes Mammutbaby. Dieses ungewöhnliche Fossil einer vor 10 000 Jahren ausgestorbenen Art blieb im Dauerfrost Sibiriens vollständig erhalten.

Elefantenarten angehörte, weder der indischen noch der afrikanischen. Zweitens war es seiner Meinung nach schlicht
zu groß, um in der Welt übersehen zu
werden. Wenn folglich das Mammut
ausgestorben war, so mußte dies auch
mit vielen anderen fossil erhaltenen Tieren geschehen sein, die den Erforschern
der lebenden Welt unbekannt waren.

Georges Cuvier wies nicht nur die Tatsache des Aussterbens als solche nach,
sondern erkannte auch als erster, daß
ganze vorzeitliche Pflanzen- und Tierge-
meinschaften durch Massenuntergänge,
wie wir sie heute nennen, hinweggefegt
worden waren − durch Ereignisse also,
welche jeweils die Mehrheit der existierenden Arten dahinrafften. Allerdings
wich Cuvier der Frage aus, ob die großen Untergänge, die er in den Sedimenten des Pariser Beckens dokumentiert
fand, sich weltweit oder nur auf regionaler Ebene abgespielt hatten. Als Vertreter der Schöpfungslehre in der Zeit
vor Darwin bevorzugte er die Vorstellung, daß solche Katastrophen sich nur
regional ereignet hatten und daß die neu-
en Lebensformen, welche die alten ablösten, Arten der ursprünglichen bibli-
schen Schöpfung waren, die aus anderen Gebieten in den freigewordenen
Lebensraum einwanderten.

Schon zu Cuviers Zeiten waren den
Wissenschaftlern die Grundzüge der
stratigraphischen Geologie, der Lehre
von den Schichtgesteinen oder „Strata",
vertraut. Sedimente häufen sich in
Schichten an, weil sie infolge bestimmter
Ereignisse verstärkt abgelagert werden.
Wenn beispielsweise der Bewegungsim-

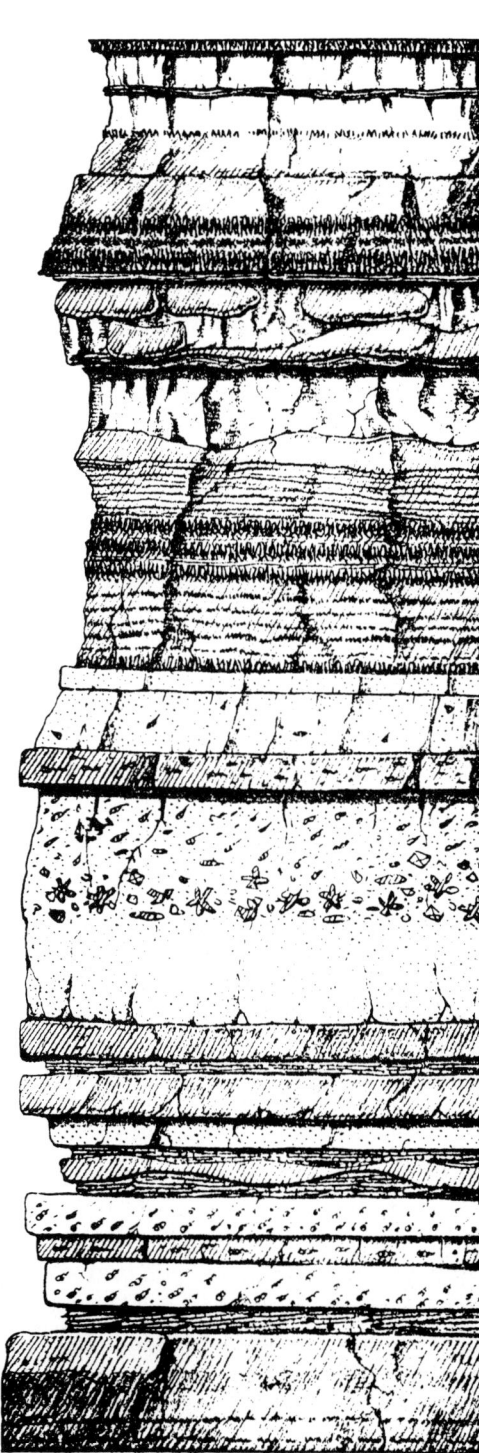

Stratigraphische Schichtfolge bei
Montmartre, Paris, im Jahre 1822
von Georges Cuvier und einem
Mitautor gezeichnet.

15

puls einer Wasserströmung nachläßt, sinkt der von ihr mitgeführte Sand oder Schlamm zum Boden. Die so gebildete Sedimentlage bezeichnen die Geologen heutzutage als Schicht, wenn sie dicker, und als Lamina, wenn sie dünner als ein Zentimeter ist. Lagern sich mehrere Schichten übereinander ab, so bilden sie eine Sedimentfolge, die sich im Laufe der Zeit zu Gestein umwandelt. Dieser Diagenese genannte Vorgang, durch den Schlamm zu Tonstein beziehungsweise Schiefer und Sand zu Sandstein wird, beruht vorwiegend auf Pressung oder auf der Bindung des Sediments

Seesterne aus Devonschichten im US-Bundesstaat New York. Die Art, zu der sie gehören, wurde erstmals im 19. Jahrhundert von James Hall, dem ersten großen nordamerikanischen Geologen, beschrieben.

durch Kristalle, die aus der wäßrigen Lösung ausgefällt werden − oder auf einer Kombination von beidem. Die größten Sedimentmengen häufen sich in den riesigen Ablagerungsbecken der Ozeane an; aber auch auf dem Festland setzen sich Sedimente ab: in Niederungen wie Sümpfen, auf Seeböden und in Flußbetten. In warmen Flachmeeren sammeln

sich in großen Mengen kalkige Sedimente an, die weiße Strände bilden, wenn sie von der Brandung an der Küste aufgearbeitet werden. Es handelt sich hierbei größtenteils um Bruchstücke von Seetiergehäusen und anderen ursprünglich aus Calciumcarbonat aufgebauten Skeletten.

Auch die Grundlagen der Fossilisation waren schon zu Cuviers Zeiten bekannt. Fossilien sind Überreste vorzeitlichen Lebens. Manche bestehen aus dem ursprünglichen Material der Organismen: aus haltbaren Hartteilen wie Schalen, Zähnen und Knochen. Andere sind nichts weiter als Weichteilabdrücke; hierzu gehören Fußspuren und die Umrisse von Blättern oder von Weichkörpertieren, die ihre letzte Ruhe auf nachgiebigen Sedimenten fanden.

Das Pariser Becken, wo Cuvier der Geschichte des Lebens nachspürte, erstreckt sich vom mittleren und nördlichen Frankreich den Ärmelkanal entlang über Flandern bis in den Südostzipfel der Niederlande (Maastricht). Hier wurde im Känozoikum, dem Zeitalter der Säugetiere (in dem wir immer noch leben), ein mächtiger Sedimentkörper abgelagert. Aus der Tatsache, daß einige dieser Schichten Fossilien von Meeresorganismen, andere dagegen solche von Lebewesen des Festlandes beherbergen, schloß Cuvier auf einen wiederholten Vorstoß und Rückzug des Atlantischen Ozeans zum und vom Kontinent. Zu Cuviers Zeiten war bereits gut bekannt, daß bei der Sedimentablagerung jüngere Schichten auf die jeweils älteren zu liegen kommen. Mit Hilfe dieses einfachen

Lagerungsgesetzes analysierte Cuvier die Abfolge der marinen und terrestrischen Episoden in der Erdgeschichte des Pariser Beckens. Wie er in seinen *Recherches sur les Ossemens Fossiles* dargelegt hat, kam er zu dem Schluß, daß sowohl die Übergriffe als auch die Rückzüge der atlantischen Wassermassen katastrophale Auswirkungen auf die Organismen dieser Gebiete gehabt hatten: »Das Leben auf der Erde erfuhr wiederholt schreckliche Unterbrechungen. Unzählige Lebewesen sind die Opfer solcher Katastrophen geworden. Eindringende Wassermassen haben die Bewohner des trockenen Landes verschlungen; [zu anderen Zeiten] hat das plötzliche Auftauchen des Meeresbodens die Wassertiere auf das Land gehoben. Ihre Arten sind für immer ausgelöscht.«

Cuviers Rekonstruktion der Vorgänge im Pariser Becken paßte gut in das Konzept der Katastrophentheorie, die das geologische Denken des 18. Jahrhunderts beherrschte. Nach dieser Theorie lagen der gesamten geologischen Überlieferung enorme Umwälzungen übernatürlichen Ursprungs zugrunde, deren letzte die biblische Sintflut war. Um 1830 griff der Engländer Charles Lyell die Katastrophentheorie an. Seiner Ansicht nach glich die Welt einer ungeheuren natürlichen Maschine in einem andauernden Fließgleichgewicht: Während einerseits Berge abgetragen wurden, hoben sich andere empor, und während Sedimentgesteine verwitterten, bildeten sich in benachbarten Ablagerungsbecken neue. Aus Lyells Sicht war auch das Leben in einen derartigen Kreislauf ohne Fortschritt einbezogen. Fortwährend

verschwanden Arten, um durch andere von ähnlicher Gestalt ersetzt zu werden. (Lyell mied dabei die Frage nach dem Ursprung der Arten. Noch lange nachdem Darwin ihn mit Belegen für die Evolution konfrontiert hatte, stritt er diese ab und hielt zäh an der Vorstellung fest, daß die lebenden Tierklassen wie die Säugetiere und Reptilien zu allen geologischen Zeiten nebeneinander existiert hätten.) Lyell vertrat also den Standpunkt, die geologische Überlieferung sei allmählich, im Laufe von Jahrmillionen, durch das Zusammenwirken alltäglicher irdischer Vorgänge entstanden.

Was Charles Darwin dann noch hinzufügte, war nicht nur der Nachweis eines Wandels der Lebensformen in großem Maßstab, sondern auch eine irdische Erklärung für den Ursprung der Arten: Neue Arten entwickelten sich durch den Vorgang der natürlichen Auslese aus bereits vorhandenen.

Die biblische Sintflut — hier in einer Darstellung aus der ersten Auflage der 1534 veröffentlichten Lutherbibel.

Ein Hadrosaurier oder Schnabeldrachen. Die Hadrosaurier breiteten sich erst gegen Ende des Dinosaurierzeitalters aus und starben dann mit allen anderen Dinosauriern aus. Als große Pflanzenfresser entsprachen sie in ihrer Lebensweise in etwa den heutigen Antilopen und ihren Verwandten; sie hatten aber Schwimmhäute an den Füßen, mit deren Hilfe sie anscheinend perfekt schwimmen konnten.

Unser gegenwärtiges Bild vom Aussterben greift auf die Vorstellungen sowohl von Cuvier als auch von Lyell zurück, auch wenn Welten zwischen beiden stehen. Allerdings räumt man in der Geschichte der Geologie allgemein Lyell den Vorrang ein; die von ihm als weltgestaltend angesehenen alltäglichen Vorgänge haben tatsächlich den Großteil der Gesteinsdokumente hervorgebracht. So bedeutsam globale wie regionale Katastrophen auch sein mögen, sie waren dennoch seltene Ereignisse, die vergleichsweise wenig Belegmaterial hinterlassen haben. So gibt es beispielsweise in dem Gesteinskörper, der ungefähr die Zeit des Saurieruntergangs repräsentiert, einen eng begrenzten Sedimentabschnitt, der einen ungewöhnlich hohen Gehalt an Iridium aufweist; dieses Element ist auf der Erde höchst selten, kommt jedoch in gewisser außerirdischer Materie häufiger vor. Viele Forscher glauben nun, daß dieser Überfluß an Iridium vom Fallout eines Meteoriten herrührt, der mit fatalen Auswirkungen auf das Leben der Dinosaurier in die Erde einschlug. An allen Stellen, wo man diese Iridiumanomalie gefunden hat, ist sie weniger als einen Meter dick. Demgegenüber ist das Zeitalter der Dinosaurier (also das Mesozoikum, das vor 250 Millionen Jahren begann und vor 66 Millionen Jahren endete) in vielen Teilen der Welt durch Tausende von Metern an Sedimenten vertreten, die sich ganz allmählich oder als Folge geologisch unerheblicher Katastrophen wie lokaler Stürme und Überflutungen angehäuft haben. Im Laufe dieses unermeßlichen Zeitabschnittes erschienen und verschwanden Millionen von Arten vom Antlitz der

Erde — weit mehr, als in dem abschließenden Massenuntergang ausstarben.

Heute nimmt man Massenuntergänge
nicht bloß als Fakten der Erdgeschichte
hin; sie werden vielmehr von den verschiedensten Wissenschaftlern intensiv
untersucht, um die Ursache herauszufinden — oder besser die Ursachen, denn
es ist kaum daran zu zweifeln, daß die
vielen Massenuntergänge aus mehr als
einem Anlaß ins Rollen kamen. Nehmen
wir einmal mit Cuvier an, große biotische Umwälzungen seien auf die jeweili-
ge relative Ausdehnung von Land und
Meer zurückzuführen. Wenn wir dann
nach einem tieferen Verständnis der
Vorgänge trachten, erkennen wir möglicherweise, daß die Meeresspiegelschwankungen mit dem Wachstum der
Poleiskappen einhergingen, die enorme
Wassermengen banden; oder sie beruhten auf einer Absenkung des Meeresbodens relativ zur Lage der Kontinental-
flächen; vielleicht wirkten gar beide
Ereignisse zusammen. Bei noch tiefer-
gehenden Erklärungsversuchen würden
wir die Vorbedingungen erforschen, die
ihrerseits zur Bindung von Wasser in
den Eiskappen oder zur Absenkung des
Meeresbodens führten. Manchmal bezeichnet man die unmittelbaren Ursachen eines Massensterbens — also die
eigentlichen todbringenden Faktoren —
als proximale Faktoren. In dem obigen
Beispiel wären das die Meeresspiegelschwankungen. Dagegen nennen wir
die fundamentaleren, verborgenen Ursachen distale Faktoren — etwa das
Wachstum der Polkappen oder das Absinken des Meeresbodens und deren
tiefere Anlässe.

Cuvier erkannte zwei größere biotische
Krisen. Die erste ereignete sich vor
knapp 250 Millionen Jahren, am Ende
der „Ere Primaire", die wir heute Paläozoikum (Erdaltertum) nennen. Die
zweite fand vor etwa 65 Millionen Jahren am Ende der „Ere Secondaire" statt,
die man jetzt als Mesozoikum (Erdmit-
telalter) oder — weniger abstrakt — als
das Zeitalter der Dinosaurier bezeichnet. Dieses zweite Ereignis hat das gebildete Publikum seit langem gefesselt,
und die Frage, was die irdische Herrschaft der Dinosaurier beendete, ist in
unseren achtziger Jahren immer wieder
in den Medien aufgetaucht — insbesondere wegen der heißumstrittenen Hypothese, wonach jene größten Landtiere
aller Zeiten durch die unheilvollen Veränderungen vernichtet worden seien,
die der Einschlag eines gigantischen Meteoriten auf der Erde hervorgerufen
habe. Das Geheimnisvolle der Dinosaurier ist es allerdings nicht allein, was
unser Interesse an ihrem Unglück weckt;
ein zweites Motiv ist eher menschenbe-
zogen: Schließlich war es unsere Tierklasse, die Säuger (Mammalia), die aus
dieser Katastrophe am Ende des Mesozoikum als hauptsächlicher Nutznießer
hervorging. Zwar hatten schon mehr als
hundert Millionen Jahre lang während
der Weltherrschaft der Dinosaurier auch
Säugetiere die Kontinente bewohnt,
doch waren sie vergleichsweise klein
und unauffällig geblieben. Keines von
ihnen wurde merklich größer als eine
Hauskatze, und viele waren wahrscheinlich nachtaktiv. Vermutlich ver-
hinderten die aggressiven Raubgewohn-
heiten gewisser Dinosaurier sowie die
Überlegenheit anderer im Wettkampf

um Nahrung und Lebensraum die Weiterentwicklung der mesozoischen Säugetiere.

Als jedoch die Saurier ausstarben, übernahmen die Säuger die Regie und vollführten das, was wir heute adaptive Radiation nennen: die Entwicklung einer Vielfalt von neuen, an die verschiedensten Wohnplätze und Lebensweisen angepaßten Arten aus einer oder wenigen Ausgangsarten. Nachdem die Säugetiere gewissermaßen mehr als hundert Millionen Jahre auf ihre Chance gewartet hatten, erfuhren sie nun eine rasante und spektakuläre Differenzierung. Nur etwa zehn Millionen Jahre nach dem Abgang der Dinosaurier gab es in den Reihen der Säugetiere so unterschiedliche Geschöpfe wie Fledermäuse, Wale und zahlreiche Formen hundegroßer Landtiere. Nicht lange danach traten die ersten Arten der Primaten auf, jener Ordnung, zu der die Halbaffen, Affen und Menschen gehören; unser Erscheinen war lediglich einer der vielen Aspekte der adaptiven Radiation dieser Säugergruppe. Hätten die Dinosaurier überlebt, würden wir heute ohne Frage nicht auf der Erde herumlaufen; die Säugetiere wären klein und unscheinbar wie etwa die Nagetiere unserer Tage geblieben.

Geologen teilen die unermeßliche Erdgeschichte hauptsächlich anhand größerer Veränderungen im Bild des Lebens in formale chronologische Abschnitte ein. Die größten heißen Äonen. Man unterteilt sie in Ären oder Zeitalter und diese wiederum in Perioden. Die Dauer der Perioden ist wie die der weiteren Unterabschnitte der geologischen Zeit unter-

schiedlich lang, aber jede von ihnen umfaßt Dutzende von Jahrmillionen. Die Schlußperiode des Mesozoikum − also die Periode, die mit dem Hingang der Saurier endete − war die Kreidezeit. Perioden wie die Kreide werden in Epochen und diese weiter in Stufen (englisch *ages*) unterteilt. (Der Begriff „Alter" ist ungebräuchlich.) Die meisten der letzteren dauerten zwischen fünf und zehn Millionen Jahre.

Unsere Faszination für das Aussterben der Saurier sollte uns nicht dazu verleiten, die übrigen Massenuntergänge der geologischen Vergangenheit zu übersehen. So schloß vor 250 Millionen Jahren ein noch verheerenderes Ereignis jene Ära ab, die man Paläozoikum, also „die Ära der alten Tierwelt", nennt. Diese Katastrophe traf sowohl marine Lebensformen als auch säugerähnliche Reptilien, die vor den Dinosauriern die vorherrschenden Landtiere waren. Die mit jedem einzelnen der großen Untergänge der geologischen Vorzeit verbundenen Fakten können − durch ihre Ähnlichkeiten wie durch ihre Gegensätze − Licht auf andere werfen. Deshalb wird dieses Buch nicht allein das Dinosauriersterben, sondern noch etwa ein Dutzend anderer Massenuntergänge beleuchten − beginnend mit der Krise von vor etwa 650 Millionen Jahren, als sich das irdische Leben noch auf einer primitiven Stufe befand und die meisten Lebensformen im Wasser lebende Bakterien und Algen waren. Die jüngsten der im folgenden zu beschreibenden Krisen trafen schließlich auch unsere eigene Tierklasse, die Säuger. Dabei mag der Mensch infolge seiner Jagdleidenschaft

Äon	Ära	Periode	Millionen Jahre vor der Jetztzeit	wichtige Ereignisse der Evolution	hauptsächliche Opfer der Massenuntergänge
Phanerozoikum	Känozoikum	Neogen		Entwicklung des Menschen	Plankton; marine Wirbellose; Säugetiere
			24		Plankton; Säugetiere
		Paläogen			Plankton; marine Wirbellose; Säugetiere
			65		
	Mesozoikum	Kreide		Angiospermen gewinnen auf dem Festland die Oberhand	Plankton; marine Wirbellose, einschließlich Riffbildnern; Meeresreptilien; Dinosaurier
					marine Wirbellose
			144		marine Wirbellose; Dinosaurier
		Jura		die ersten Vögel entstehen	
					marine Wirbellose
			213		marine Wirbellose; säugetierähnliche Reptilien
		Trias		die ersten Säugetiere entstehen	
			248		
	Paläozoikum	Perm			Einzeller des Meeresbodens; marine Wirbellose, einschließlich Riffbildnern; säugetierähnliche Reptilien
			286		
		Karbon — Oberkarbon (Pennsylvanium)			
			320	die ersten Reptilien entstehen	
		Karbon — Unterkarbon (Mississippium)		Wirbeltiere besetzen das Festland	
			360		
		Devon			Plankton; marine Wirbellose, einschließlich Riffbildnern; primitive Fische
			408	Landpflanzen breiten sich aus	
		Silur			
			438		
		Ordovizium			marine Wirbellose, einschließlich Riffbildnern
			505	die ältesten Fischartigen entwickeln sich	
					marine Wirbellose (Trilobiten)
		Kambrium			
			590	zunehmende Vielfalt des Lebens im Meer	
Präkambrium					
			650		

21

die Schuld für das letzte dieser Ereignisse tragen, das sich vor erst 11 000 Jahren abgespielt hat.

Das Wesen des Aussterbens

Bevor wir in unserer Betrachtung zu Einzelheiten übergehen, müssen wir uns die allgemeinen Merkmale des Aussterbens klarmachen. Zwar bezeichnen Wissenschaftler das Verschwinden einer Art aus einem Teil ihres geographischen Verbreitungsgebiets manchmal als lokales Aussterben, doch sollte man den Terminus besser auf das völlige Verschwinden einer oder mehrerer Arten beschränken.

Das Aussterben einer Art bedeutet letztlich, daß sowohl ihre geographische Verbreitung als auch ihre Populationsgröße bis auf Null abnehmen. Diese beiden Variablen, die während der gesamten Existenz einer Art von Jahr zu Jahr schwanken, werden, wie die Ökologen sagen, von limitierenden Faktoren gesteuert. Solche begrenzenden Faktoren lassen sich in einige wenige allgemeine Kategorien einteilen: physikalische Umweltbedingungen, ökologische Konkurrenz, Druck durch Räuber und Zufallsfaktoren. Einer der wichtigsten physikalischen Faktoren ist das Klima. Ohne Frage haben klimatische Veränderungen viele Untergänge verursacht, beispielsweise das Verschwinden mehrerer Waldantilopenarten aus Afrika vor etwa 2,5 Millionen Jahren, als das Klima trockener wurde und sich auf Kosten der Wälder Steppen ausbreiteten. Beim ökologischen Wettbewerb zwischen verschiedenen Arten geht es gewöhnlich um Nahrung und Lebensraum. Auch in der heutigen Welt erleben wir hier und dort, wie das Aufkommen oder die Einwanderung einer neuen Art zu einem Rückgang von Verbreitung und Häufigkeit einer anderen, ähnlichen Art führen. Ein Beispiel ist die Verdrängung des rotbraunen Eichhörnchens in Großbritannien durch das in den zwanziger Jahren eingeführte und sich schnell ausbreitende Grauhörnchen. Eine ähnliche Wirkung hat ein durch eingewanderte oder neu entwickelte Arten übermäßig anwachsender Feinddruck auf eine bereits vorhandene Art. Diese Konfrontation kann bedrohlich werden, wenn die Beuteart sich den Räubern gegenüber aufgrund mangelnder Wehrhaftigkeit oder unwirksamer Fluchttechniken als sehr anffällig erweist.

Allerdings ist Aussterben oft ein komplizierter Vorgang, und häufig müssen zwei oder mehr Faktoren zusammenwirken, um ihn auszulösen. Wahrscheinlich spielt nicht selten der Zufall als einer der erwähnten limitierenden Faktoren eine wesentliche Rolle für das Aussterben einer Art — besonders wenn deren Populationen bereits durch physikalische Faktoren, durch ökologische Konkurrenz oder durch Räuber (oder auch durch mehrere dieser Faktoren) stark dezimiert worden sind. Unglückliche Umstände wirken sich auf kleine Populationen mit viel größerer Wahrscheinlichkeit katastrophal aus als auf große. Wenn nur wenige Individuen vorhanden sind, könnten sich beispielsweise in einem Jahr Männchen und Weibchen während der Brunftzeit schlicht verpassen.

Obwohl in der geologischen Vergangenheit Millionen von Arten ausgestorben sind, müssen wir zugeben, daß wir nur für eine Handvoll den wirklichen Grund ihres Aussterbens einigermaßen genau kennen. Für die weitaus meisten erloschenen Arten können wir weder die Populationsentwicklung noch relevante Umweltveränderungen detailliert genug rekonstruieren, um zu begreifen, was geschah. Nach der herkömmlichen Lehrmeinung merzt das sich ständig wandelnde physikalische und biologische Milieu kontinuierlich Arten aus, während die Evolution gleichzeitig neue hervorbringt, von denen einige stark an ihre Vorgänger erinnern und andere völlig neuartige Merkmale zeigen. (Zwischen Vergehen und Werden herrscht dabei nicht unbedingt ein zahlenmäßiges Gleichgewicht.) Dieses sozusagen stückweise Verschwinden könnte man als „Hintergrundaussterben" (*background extinction*) bezeichnen.

Die fossile Überlieferung läßt gelegentlich erkennen, daß in einer bestimmten Region zu gewissen Zeiten viele Arten innerhalb einer sehr kurzen Phase ausgestorben sind. Solange jedoch in anderen Gegenden weitere Vertreter derselben Gattungen und Familien ohne ernsthafte Verluste weitergelebt haben, ist solch ein Ereignis eher ein regionales Aussterben als ein Massenuntergang. Wie wir im Kapitel über das Neogen sehen werden, gab es sowohl im pliozänen als auch im pleistozänen Teil der letzten Eiszeit auf dem Festland und im Meer solche regionalen Aussterbewellen; die folgenschwerste Katastrophe im marinen Bereich ereignete sich im West-

atlantik und in der Karibik, wo das Muster des Artensterbens – das Verschwinden sämtlicher streng tropischen Arten Süd-Floridas – eine Abkühlung des Klimas als verantwortlich entlarvt. Unsere Fähigkeit, in diesem Falle die primäre Ursache festzustellen, wirft Licht auf einen wichtigen Punkt: Wir sind viel eher in der Lage, die Ursache einer Aussterbewelle aufzudecken, die viele Arten erfaßt hat, als die des Untergangs einer einzelnen Art. Das umfassendere Ereignis kann ein selektives Aussterbemuster offenlegen, wie es der Verlust einer einzigen Art nie vermag.

Das Wesen des Massenaussterbens

Massenuntergänge haben innerhalb kurzer Zeit in weltweitem geographischen Maßstab unzählige Arten ausgemerzt – manchmal sogar die Mehrzahl der jeweils auf der Erde lebenden Arten. Dabei ist vielen der größeren taxonomischen Gruppen (Taxa), in die man die Arten einordnet, ein Ende bereitet worden. An der Spitze unserer hierarchischen Klassifikation des Lebens steht das Reich (siehe das Schema auf der nächsten Seite). Tiere und Pflanzen bilden jeweils ein Reich, und natürlich ist keines dieser beiden durch irgendein Massenaussterben zugrunde gegangen. Tatsächlich sind auch von den Stämmen (Phyla), der nächsten Einheit unter dem Reich, nur wenige ausgestorben. Ein Beispiel für einen Stamm stellen die Chordata (Chordatiere) dar, zu denen alle Tiere mit einem Rückgrat sowie einige primitivere Gruppen gehören.

23

Die Säugetiere (Mammalia) und die Reptilien oder Kriechtiere (Reptilia) bilden wiederum zwei Klassen der Chordata. Standardmäßig teilt man solche Klassen weiter in Ordnungen, Familien und schließlich Gattungen auf. Anders als die Stämme sind viele der niederen taxonomischen Gruppen in Massenun-

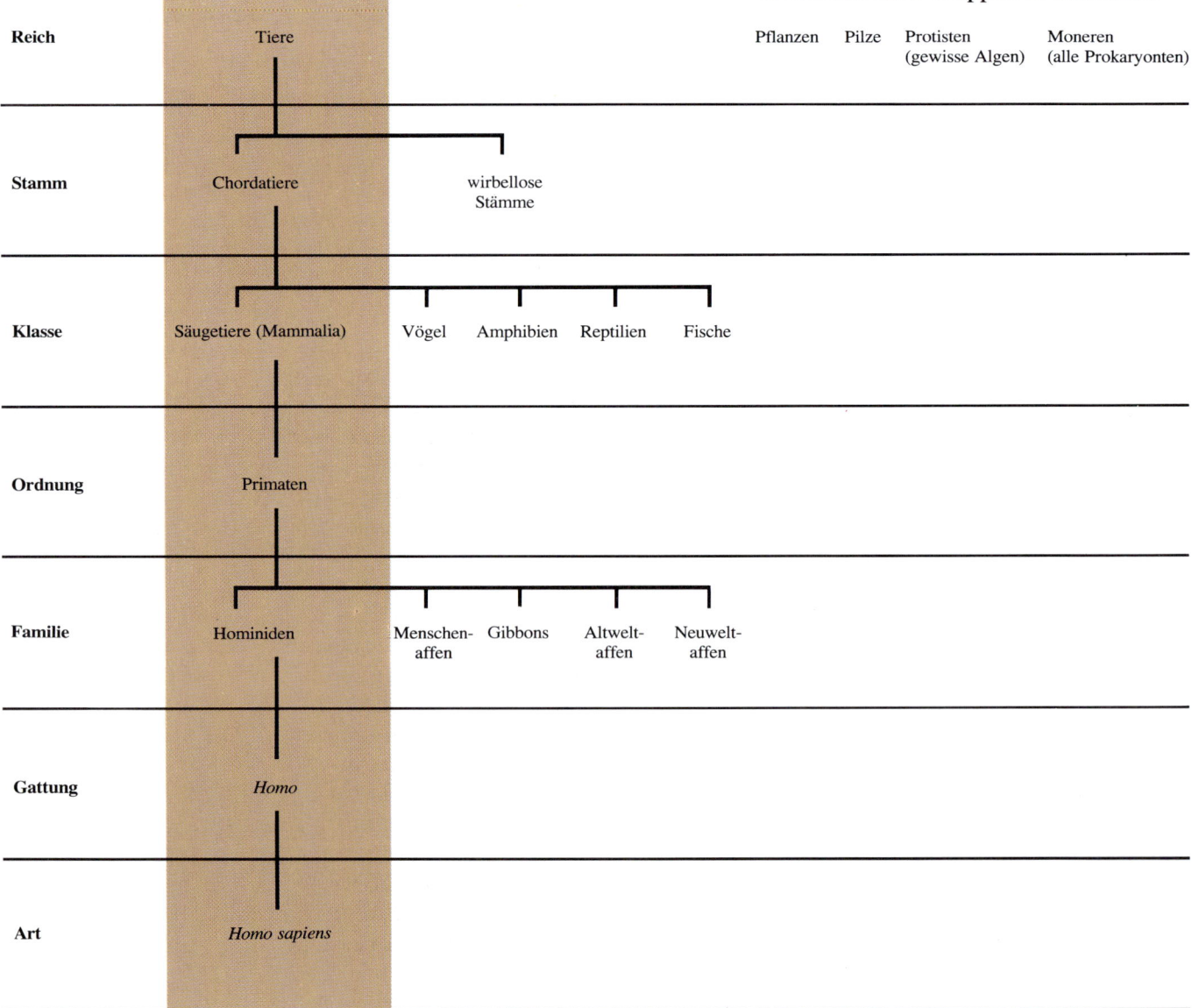

Das System der Lebewesen. Die Tiere bilden eines der fünf Reiche. Eine vollständige Unterteilung ist am Beispiel unserer eigenen Art *Homo sapiens* gezeigt.

Reich — Tiere — Pflanzen Pilze Protisten (gewisse Algen) Moneren (alle Prokaryonten)

Stamm — Chordatiere — wirbellose Stämme

Klasse — Säugetiere (Mammalia) — Vögel Amphibien Reptilien Fische

Ordnung — Primaten

Familie — Hominiden — Menschenaffen Gibbons Altweltaffen Neuweltaffen

Gattung — *Homo*

Art — *Homo sapiens*

tergängen vernichtet worden. Die Dinosaurier zum Beispiel bildeten zwei Ordnungen. Traditionell hat man sie der Klasse der Reptilien zugeordnet, aber einige Spezialisten stellen sie mit manchen ihrer Verwandten wie den Vögeln und Krokodilen in eine eigene Klasse, die Sauropsiden.

Das Verschwinden einer Familie oder eines anderen höheren Taxons bedeutet den Verlust aller zugehörigen Arten. Die Anzahl der Arten kann manchmal allein durch das Hintergrundaussterben bis auf Null zurückgehen. Ein derartiger Niedergang ist beispielsweise zu erwarten, wenn eine Tiergruppe mit einer neu entstandenen Gruppe von Räubern, die sie besonders geschickt jagen, oder einer neuen Gruppe überlegener Konkurrenten konfrontiert wird. Eines der besten Beispiele für die Verdrängung einer Gruppe durch die Konkurrenz einer anderen ist die Ausbreitung der neu entwickelten bedecktsamigen Blütenpflanzen mit ihren Hartholzbäumen auf Kosten der nacktsamigen Koniferen (also Pflanzen mit Zapfenfrüchten) und ihrer Verwandten. Ein Wettbewerbsvorteil der Bedecktsamer liegt darin, daß sie sich schnell fortpflanzen und deshalb Brachland wirkungsvoll besiedeln können. Dagegen benötigen die Samen der Koniferen lange Keimzeiten. Vor dem Aufstieg der Bedecktsamer waren jedoch die Koniferen und ihre Verwandten die vorherrschenden Pflanzen auf der Erde, während sie heute nur noch in kalten und trockenen Gebieten dominieren, wo die bedecktsamigen Blütenpflanzen nicht gedeihen können. Zudem weisen die Koniferen heutzutage lediglich 550

Arten auf, während mehr als 200 000 Arten von Bedecktsamern das Land beherrschen. In der weltweiten Evolution des Lebendigen ist der Wettbewerb ein wesentlicher Faktor für den Niedergang bestimmter Organismengruppen wie etwa der Koniferen gewesen; er steigert die Rate des Hintergrundaussterbens.

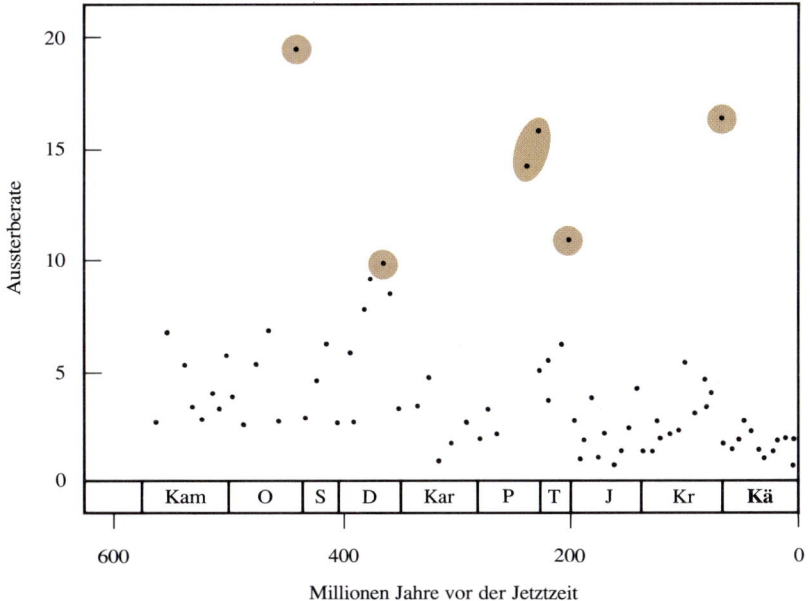

Das Diagramm von Raup und Sepkoski für die Aussterberaten mariner Tiere (Anzahl der ausgestorbenen Familien pro Million Jahre) in den vergangenen 600 Millionen Jahren. Die farbigen Flächen kennzeichnen die fünf schwersten Krisen.

Eine wichtige Frage ist, ob sich Massenuntergänge wirklich vom Hintergrundaussterben höherer biologischer Taxa wie Familien unterscheiden. Um diesem Problem nachzugehen, trugen J. John Sepkoski und David M. Raup von der Universität Chicago 1982 für die letzten 560 Jahrmillionen die Anzahl der jeweils pro Millionen Jahre ausgestor-

25

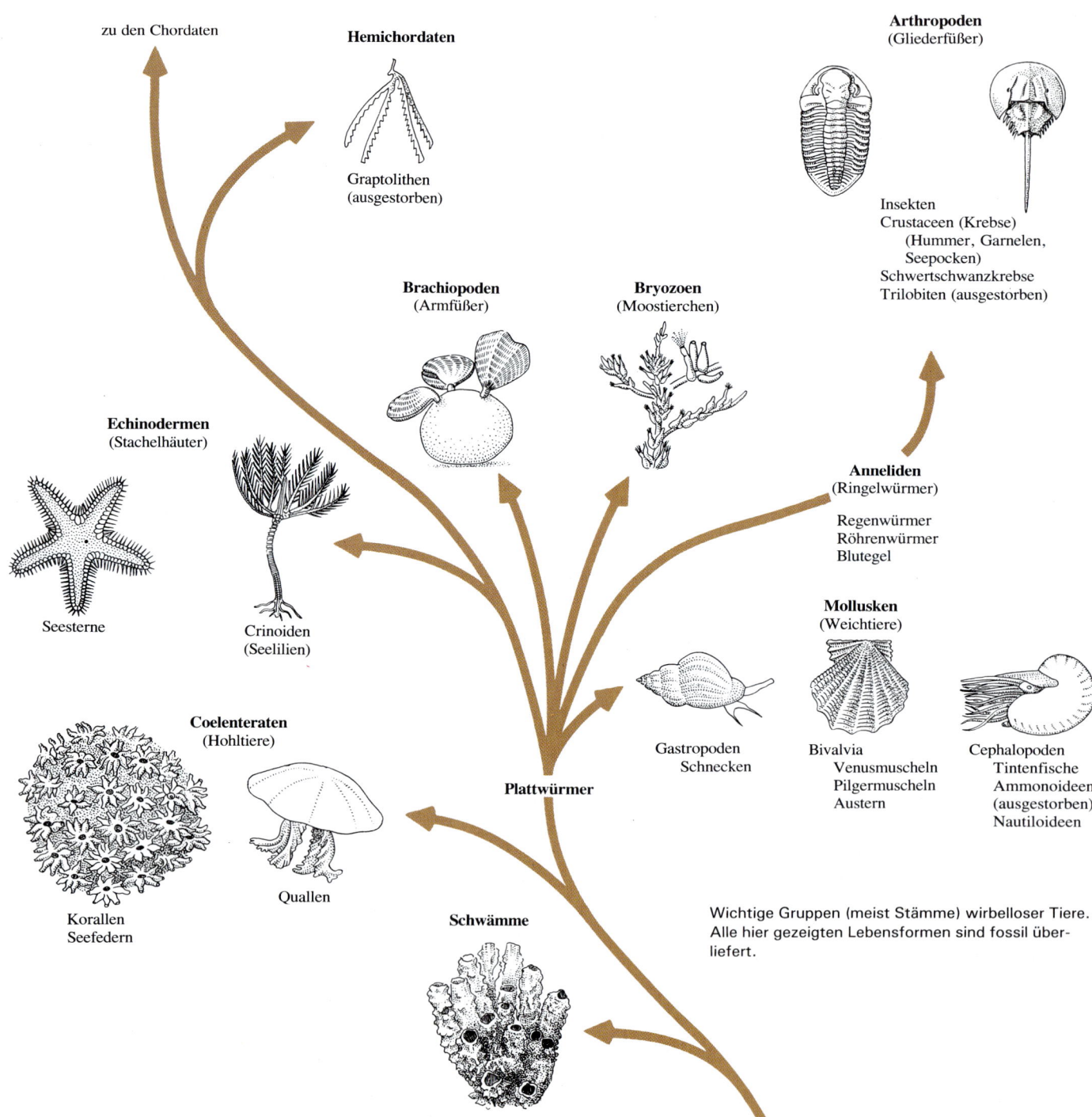

zu den Chordaten

Hemichordaten

Graptolithen
(ausgestorben)

Arthropoden
(Gliederfüßer)

Insekten
Crustaceen (Krebse)
(Hummer, Garnelen,
Seepocken)
Schwertschwanzkrebse
Trilobiten (ausgestorben)

Brachiopoden
(Armfüßer)

Bryozoen
(Moostierchen)

Echinodermen
(Stachelhäuter)

Anneliden
(Ringelwürmer)

Regenwürmer
Röhrenwürmer
Blutegel

Seesterne

Crinoiden
(Seelilien)

Mollusken
(Weichtiere)

Coelenteraten
(Hohltiere)

Gastropoden
Schnecken

Bivalvia
Venusmuscheln
Pilgermuscheln
Austern

Cephalopoden
Tintenfische
Ammonoideen
(ausgestorben)
Nautiloideen

Quallen

Plattwürmer

Korallen
Seefedern

Schwämme

Wichtige Gruppen (meist Stämme) wirbelloser Tiere.
Alle hier gezeigten Lebensformen sind fossil überliefert.

26

benen Familien von Wirbeltieren und wirbellosen Organismen in ein Diagramm ein. Ihre Graphik zeigt fünf geologische Zeiträume mit sehr hohen Aussterberaten, darunter die Endphase der Kreidezeit, als die Dinosaurier ganz oder fast verschwanden. In einer anderen, ebenfalls 1982 veröffentlichten Arbeit behauptete Sepkoski, daß es in den vergangenen 600 Millionen Jahren außer diesen fünf sehr schweren Krisen noch etwa zehn Massensterben von zweitrangiger Bedeutung gegeben habe. Es ist hier zu fragen, ob die Raten des Aussterbens von Familien während solcher Massenuntergänge wirklich deutlich aus den niedrigen Raten des Hintergrundaussterbens, die für alle geologischen Zeiten gelten, herausragen. Oder gab es viele Zeitabschnitte mit Aussterberaten, die zwischen denen der Massenuntergänge und denen des Hintergrundaussterbens lagen? Falls es nur wenige solche Perioden mit mittleren Aussterberaten gab, dürfen wir schließen, daß in allen Zeiten eines großen Massensterbens etwas sehr Ungewöhnliches passiert sein muß.

Durch Zahlen allein ist diese Streitfrage nicht zu klären, zum Teil schon deshalb nicht, weil die Anzahl der Massenuntergänge so klein ist, daß statistische Tests keine schlüssigen Ergebnisse liefern. James F. Quinn von der Universität von Kalifornien in Davis hat das gesamte Aussterbemuster in dem Diagramm von Raup und Sepkoski überprüft und den Schluß gezogen, daß sich quantitativ die fünf als Massenuntergänge bezeichneten Spitzen nicht statistisch zwingend von den Hintergrundquoten unterschei-

den. Raup und Sepkoski haben diesen Einwand mit der Beobachtung zurückgewiesen, daß hohe Aussterberaten für Familien nicht das einzige Kennzeichen von Massenuntergängen sind; gewöhnlich zeichnen sich diese Ereignisse nämlich auch durch das geologisch plötzliche Verschwinden noch höherer Einheiten wie Ordnungen und Klassen aus, die zu anderen Zeiten nur selten vom Aussterben betroffen sind.

Fraglos lassen sich Massenuntergänge qualitativ von Perioden des Hintergrundaussterbens unterscheiden. Robert Anstey von der Michigan State University etwa hat das Aussterbemuster von

Bruchstücke einer verzweigten Kolonie von ordovizischen Bryozoen (Moostierchen) aus der Umgebung von Cincinnati, Ohio. Die miteinander verbundenen Individuen saßen in den winzigen Poren des Kalksteinskelettes.

Moostierchen oder Bryozoen untersucht und dabei Zeiten des Massensterbens mit Perioden verglichen, in denen ein Hintergrundaussterben auf niedrigem Niveau vorherrschte. Bryozoen sind wirbellose Wassertiere, die sich auf hartem Untergrund festheften und Kolonien bilden. Alle Individuen einer Kolonie gehen durch Knospung aus einem einzigen Ursprungstier hervor. Viele dieser winzigen Lebewesen sind speziell an das Filtrieren von Nahrung aus dem umgebenden Wasser angepaßt,

27

während andere Individuen derselben Kolonie besonders Fortpflanzungs- oder Abwehraufgaben erfüllen. Anstey stellte nun fest, daß Bryozoenarten mit komplizierten Kolonien aus zahlreichen unterschiedlich spezialisierten Individuen in zwei biotischen Krisen (im Oberordovizium und im Oberdevon) außergewöhnlich hohe Aussterberaten zu verzeichnen hatten. Zu anderen Zeiten erlitten diese Arten nur bemerkenswert geringe Verluste. Zwar kennen wir nicht die biologische Ursache dieses Gegensatzes, aber er legt nahe, daß den Bryozoen während der großen Aussterbeperioden etwas Außergewöhnliches zugestoßen sein muß. Demnach bestehen zwischen dem Massen- und dem Hintergrundaussterben keine kausalen Zusammenhänge.

Ich selbst habe einen ähnlichen Test für ein regionales Massensterben im östlichen Nordamerika durchgeführt, das während der letzten Eiszeit die dortigen Muscheln (Bivalvia) dezimiert hat. Zu dieser Klasse der Mollusken (Weichtiere) gehören unter anderem die bekannten Venusmuscheln, Miesmuscheln und Austern; sie alle wohnen in einem Gehäuse aus zwei gelenkig verbundenen Klappen, das sich von dem spiralig gewundenen Haus einer Schnecke deutlich unterscheidet. Die Krise an der nordamerikanischen Ostküste merzte zahlreiche Muscheln mit geringer Körpergröße aus, während große Arten viel weniger ernstlich betroffen waren. Diese Tatsache mag zunächst seltsam anmuten, denn die Küsten von Kalifornien und Japan wiesen für die gleiche Zeit ein ganz anderes Ereignismuster auf; dort gab es

keinen Massenuntergang, sondern nur die gewohnten niedrigen Hintergrundaussterberaten. In jenen stabilen Pazifikregionen verzeichneten gerade die kleinen Arten sehr geringe Aussterberaten – offenbar, weil sich solche Arten meist durch große Populationen auszeichnen (so, wie es im Vergleich zur Anzahl der Elefanten ungeheure Mengen von Mäusen auf der Welt gibt). Auslöser des Massenaussterbens im östlichen Nordamerika war eine regionale Abkühlung, die mit dem Vormarsch arktischer Bedingungen zusammenhing; damals schwollen nämlich in drei benachbarten Gebieten des Nordatlantik – in Skandinavien, Grönland und Ostkanada – die Eiskappen an. Arten mit geringer Körpergröße können Temperaturschwankungen nur schlecht ertragen, und ein großer Prozentsatz von ihnen ist auf tropische Klimazonen beschränkt. Aus diesem Grunde hatten besonders die kleinen Arten unter dem regionalen Massensterben im östlichen Nordamerika zu leiden; ihre riesigen Populationen waren für das Überleben von nur geringem Wert, als ihr gesamter Siedlungsraum sich abkühlte.

David Jablonski von der Universität Chicago hat in ähnlicher Weise gezeigt, daß auch in der großen Krise der Oberkreidezeit, in der die Saurier ausstarben, die nordamerikanischen Mollusken ein anomales Massenuntergangsmuster aufwiesen. Verglichen wurden die Schicksale von Molluskenarten mit unterschiedlicher Larvalentwicklung: Die Larven des einen Typs konnten wochen- oder gar monatelang im Ozean treiben und dabei fortlaufend Nahrung heranstrudeln. Die

Larven des zweiten Typs vermochten sich nicht eigenständig zu ernähren und schwebten nur wenige Tage oder Stunden oder gar nicht im Wasser umher. Jablonski fand heraus, daß Arten mit sich selbst ernährenden Larven offenbar infolge ihrer weiten geographischen Verbreitung in normalen Abschnitten der Kreidezeit gegen das Aussterben gewappnet waren. Arten mit Larven ohne eigene Ernährung und geringerer geographischer Verbreitung verzeichneten höhere Aussterberaten, vermutlich weil sie gegenüber lokalen Umweltänderungen anfälliger waren. Andererseits hatten aber unter der großen Katastrophe am Schluß der Kreidezeit beide Gruppen in fast gleicher Weise zu leiden.

Diese Beispiele verdeutlichen, daß in vier großen biotischen Krisen das Aussterbemuster von der Norm abwich. Es bedeutete nicht einfach eine Intensivierung des üblichen Hintergrundaussterbens, sondern war qualitativ davon verschieden. Warum die einzelnen Krisen jeweils als anomal zu bezeichnen sind, werde ich in den folgenden Kapiteln ausführlich erörtern.

Leitmotive des Massenaussterbens

Jede Suche nach den Ursachen biotischer Krisen darf sich nicht nur auf die Schemata einzelner Massenuntergänge konzentrieren, sondern muß nach Mustern suchen, die für mehrere dieser Ereignisse zusammen bezeichnend sind. Gemeinsame Merkmale deuten oft auf gemeinsame zerstörende Wirkkräfte hin.

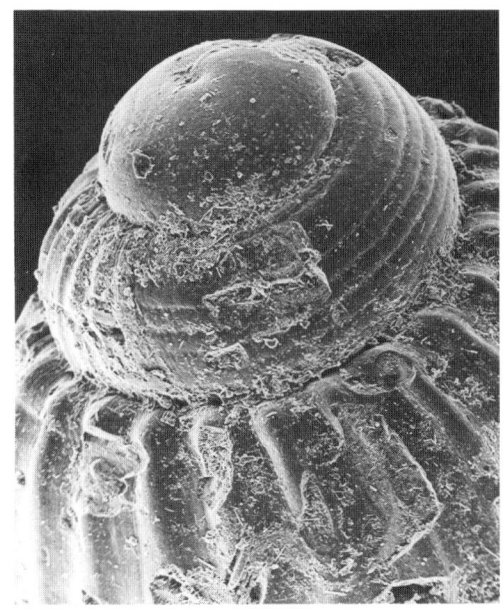

Rasterelektronenmikroskopische Aufnahme der Spitze eines larvalen Gehäuses einer Schnecke aus der Kreidezeit. Die Gehäuse von Larven, die im Plankton schwebten, waren viel kleiner als die der auf dem Meeresgrund lebenden. Die meisten Schneckenarten haben nur einen Larventyp.

Es fällt beispielsweise auf, daß viele einzelne Krisen das Leben sowohl auf dem Festland als auch im Wasser heimgesucht haben. Aus dieser Universalität kann man schließen, daß — ein ganz ungewöhnliches Zusammentreffen einmal ausgenommen — eine Erklärung für das Massensterben nicht ausschließlich auf dem marinen oder dem terrestrischen Schauplatz zu finden sein wird.

Auf einen zweiten Punkt hat Andrew H. Knoll von der Harvard-Universität aufmerksam gemacht: Während Tiere auf dem Festland wiederholt dezimiert wurden, haben sich Pflanzen gegen das Massenaussterben als höchst widerstandsfähig erwiesen. Zwar gab es tiefgreifende Veränderungen im Pflanzenreich (so den schon erwähnten Niedergang der Koniferen), aber die Ablösung einer Großgruppe durch eine andere zog sich über viele Millionen Jahre hin.

Ein drittes Leitmotiv ist das schon erwähnte überproportionale Verschwinden tropischer Lebensformen im Laufe von Massenuntergängen. Dieses Muster zeigt sich besonders deutlich für das marine Leben während der Krise am Ende der Kreidezeit, aber es fällt auch bei vielen anderen auf.

Ein viertes Kennzeichen der Massenuntergänge ist die Tendenz, bei manchen Tiergruppen wiederholt aufzutreten. Solche Gruppen verschwanden offenbar nicht gleich in der ersten sie treffenden Krise. Die jeweils überlebenden Arten vermehrten sich anschließend wieder — nur, um durch die folgende Krise abermals dezimiert zu werden. Drei Gruppen von marinen Wirbellosen zeigen diese Art von Anfälligkeit, und es ist kein Zufall, daß alle drei in einer abschließenden Krise endgültig verschwanden. Bei diesen Gruppen, denen wir in den folgenden Kapiteln noch häufiger begegnen werden, handelt es sich um die Trilobiten — Gliederfüßer, die über den Meeresboden krabbelten oder sich darin eingruben —, die Graptolithen, welche durch Ausläufer Kolonien bildeten und gewöhnlich im Meerwasser schwebten, und schließlich die Ammonoideen (Ammoniten im weiteren Sinne), also jene schwimmenden räuberischen Schaltiere, die dem noch lebenden Perlboot (*Nautilus*) verwandt waren. Die Tendenz dieser drei Gruppen, Massenuntergängen zum Opfer zu fallen, mag mit ihren hohen Raten für das Hintergrundaussterben zu tun haben. Sie alle neigten zu ständigen Umgruppierungen: Ihre Arten zeigten hohe Aussterberaten, wurden aber infolge intensiver Speziation wieder ersetzt.

(Als Speziation bezeichnet man die Entwicklung einer neuen Art aus der Population einer schon vorhandenen.) Diese hohen Raten riefen instabile Zustände hervor: Wenn die Aussterberate sich nur um einen geringen Bruchteil erhöhte oder die Speziation entsprechend nachließ, bewirkte das einen plötzlichen Rückgang der Artenzahl.

Das umstrittenste Kennzeichen der Massensterben schließlich ist ihre angebliche Periodizität, also ihre Wiederkehr in nahezu gleichen Zeitabständen. Es ist behauptet worden, daß Massenuntergänge alle 26 Millionen Jahre stattgefunden haben. Die Gültigkeit dieser Annahme ist schwerer zu beurteilen, als man erwarten sollte. Erstens kennt man die Daten der Massensterben nicht immer genau. Zweitens ist es fraglich, ob einige durch relativ hohe Aussterberaten gekennzeichnete Zeitabschnitte echte Massenuntergänge oder bloß Zeiten mit erhöhtem Hintergrundaussterben gewesen sind. Da es schwer fällt, für eine Periodizität eine irdische Erklärung zu finden, hat die Vorstellung vom zyklischen Ablauf biotischer Krisen Astronomen dazu angeregt, sich der Ursachenforschung anzuschließen und den außerirdischen Bereich nach potentiellen Wirkkräften für Katastrophen zu durchmustern. Die Astronomen haben dabei vielfach das endgültige Aussterben der Dinosaurier, welches man mit einer Iridiumanreicherung außerirdischer Herkunft in Verbindung gebracht hat, als Modell für alle Krisen herangezogen. Auf die interessante Frage nach der Periodizität werden wir im Schlußkapitel des Buches zurückkommen.

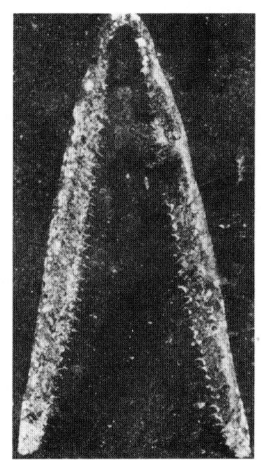
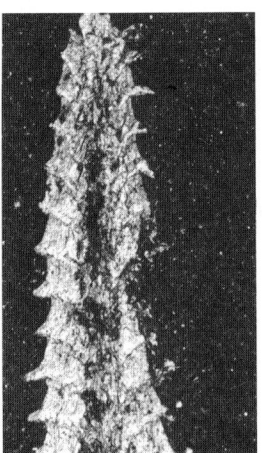
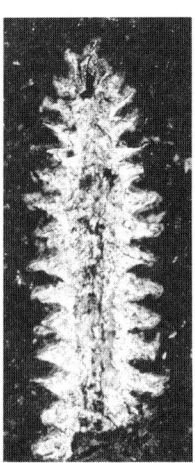

All diese Ereignisse verteilen sich über etwa 650 Millionen Jahre. Soweit wir es wissen, traf die erste Krise nur Algen, denn zu dieser Zeit fingen die frühesten tierischen Lebensformen gerade erst an, die Meere zu besiedeln. Während des Kambrium, das vor ungefähr 590 Millionen Jahren begann, verheerten dann mehrere Krisen die Tierwelt. Alle bekannt gewordenen Opfer der kambrischen Krisen waren wirbellose Tiere − zumeist Trilobiten, Gliederfüßer aus der entfernteren Verwandtschaft der heutigen Pfeilschwanzkrebse. Trotz dieser Rückschläge hatten die Trilobiten aber im Kambrium ihren Höhepunkt. Die drei folgenden Krisen des Paläozoikum trafen verschiedene Gruppen von Meeresorganismen. Die zweite begann vor mehr als 370 Millionen Jahren und war, soweit wir wissen, das erste Massensterben mit Wirbeltieropfern; sie vernichtete die großen Panzerfische. Vor etwas mehr als 250 Millionen Jahren schloß die schwerste Krise aller Zeiten die pa-

läozoische Ära ab; sie dezimierte das Leben in den Ozeanen so sehr, daß 75 bis 90 Prozent aller marinen Arten verloren gingen. Dieses Ereignis griff auch zum ersten Mal das Leben auf dem Festland an; die vorhergehende Krise hatte sich gerade zu der Zeit ereignet, als die aus den Fischen hervorgegangenen ältesten Amphibien auf das Land krochen. Das Mesozoikum ist durch mehrere Massensterben unterbrochen, deren letztes und schwerstes den Dinosauriern den Garaus machte. Schließlich hat auch das Känozoikum einige schwere Aussterbeperioden zu verzeichnen, die das Leben im Meer wie auf dem Festland beeinträchtigt haben. Wie wir noch sehen werden, sind diese Ereignisse mit einer langfristigen Klimaverschlechterung auf der Erde in Zusammenhang gebracht worden; deren Höhepunkt waren die periodischen Vorstöße und Rückzüge der Gletscher, die der nördlichen Hemisphäre in den letzten drei Millionen Jahren ihren Stempel aufgedrückt haben.

Zwei Gruppen, die im Paläozoikum wiederholt schwer dezimiert wurden. Links sind zwei Trilobiten abgebildet; diese Tiere waren Vettern der heutigen Pfeilschwanzkrebse (die gezeigten Exemplare sind Vertreter der Art *Calymene niagarensis* aus dem Silur von Nordamerika). Die drei Bilder rechts zeigen Graptolithen − koloniebildende Tiere, die zerbrechliche Stengel aus organischem Material bewohnten; sie sind gewöhnlich nur in feinkörnigem Sediment erhalten. Die meisten Arten schwebten als Plankton in den Ozeanen der Vorzeit.

Äon	Ära	Periode		Millionen Jahre vor der Jetztzeit	Ereignisse
	Känozoikum	Neogen			Beginn der letzten Eiszeit
				24	
		Paläogen			bedeutende Absenkung des Meeresspiegels
				65	
	Mesozoikum	Kreide			
				144	
		Jura			
				213	Pangäa beginnt zu zerbrechen
		Trias			
				248	
Phanerozoikum		Perm			Pangäa entsteht
				286	
		Karbon	Oberkarbon (Pennsylvanium)		
				320	
			Unterkarbon (Mississippium)		
				360	
	Paläozoikum	Devon			der Old-Red-Kontinent entsteht
				408	
		Silur			
				438	
		Ordovizium			
				505	
		Kambrium			
				590	
					Gondwanaland entsteht
Präkambrium					
				650	

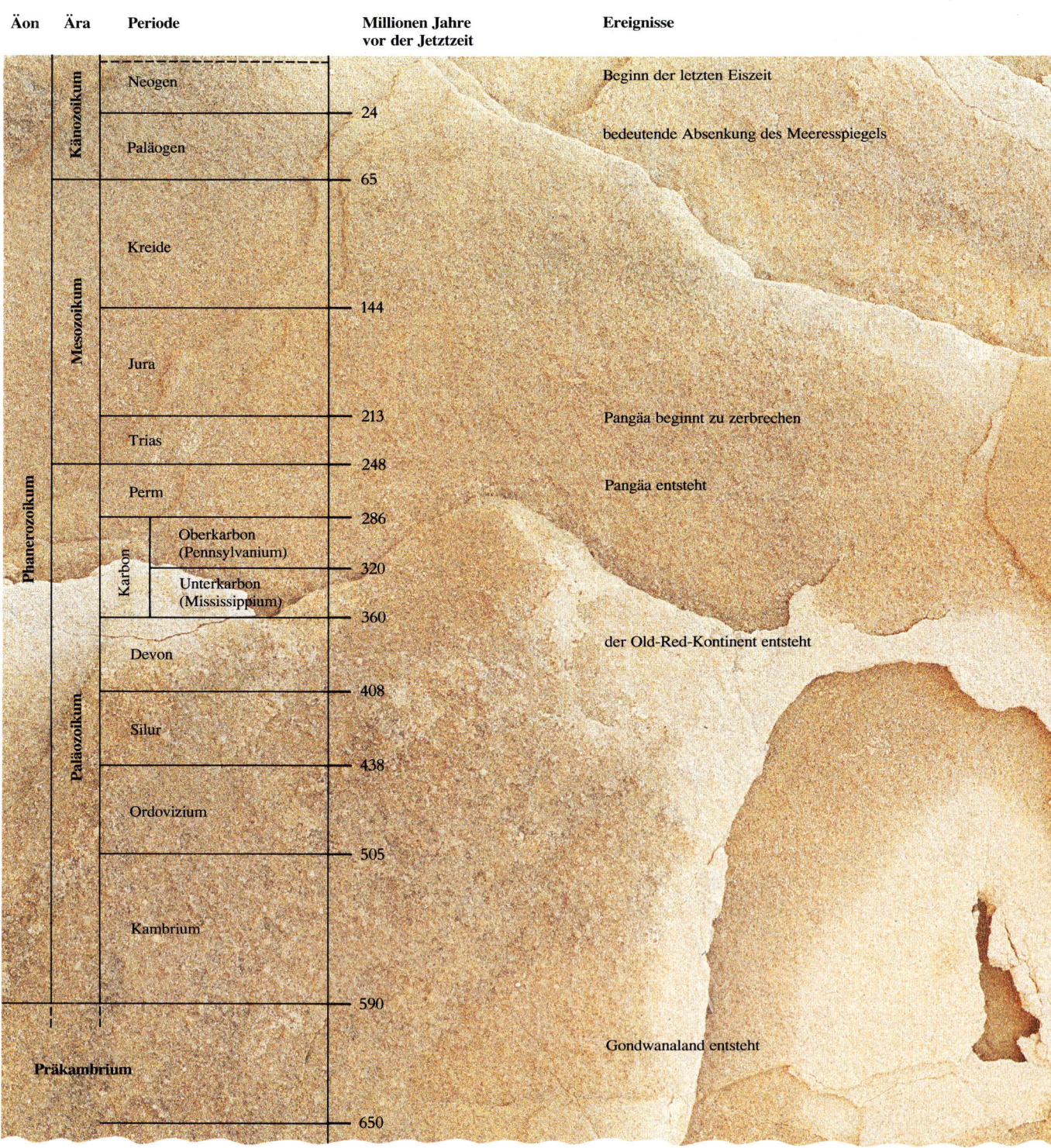

Die Geographie und die Auslöser von Katastrophen

Da sich Massenuntergänge eher in großem geographischen Maßstab als lokal vollziehen, kann man sie auch nur im Rahmen der Weltgeographie richtig verstehen. Dieses Kapitel soll einen Überblick darüber geben, wie sich geographische Grundzüge im Laufe der geologischen Zeit in einer Weise verändern, die zu Massensterben beitragen kann. Erstaunlicherweise zeigten sich die Geologen noch bis in die sechziger Jahre außerstande, diese offensichtlich vorhandenen Veränderungen zu erklären — vor allem, weil allgemein nicht klar war, daß Kontinente sich ständig auf der Erdoberfläche bewegen und dabei gelegentlich auseinanderbrechen oder miteinander verschmelzen. Seit man von diesen Prozessen weiß, haben die Geologen Stück für Stück die Einzelheiten der Kontinentalbewegungen zusammengetragen, und so beginnen wir allmählich, den erdgeschichtlichen Wandel von Ozeanströmungen, von Meeresspiegelständen relativ zu den Kontinentflächen und von Klimaverteilungen zu verstehen, denen traditionell längst eine Rolle im Massenaussterben eingeräumt worden war. Mit solchen und anderen zerstörend wirkenden Kräften werden wir uns in diesem Kapitel auseinandersetzen.

Die möglichen proximalen Auslöser von Massensterben — also die direkten Todesursachen — lassen sich in zwei Gruppen einteilen: in gewissermaßen alltägliche Todesanlässe, die in manchen Zeiten bloß verstärkt auftreten, und in eher exotische, die einzelne Individuen und Arten nur in Massenuntergängen, nicht aber unter normalen Bedingungen hinwegraffen.

Zu den fremdartigen Wirkkräften, die für eine oder mehrere der großen Krisen vorgeschlagen worden sind, gehören plötzliche vulkanische Ausbrüche von giftigen Gasen oder von Aschewolken, die den Himmel verdunkeln, Strahlung infolge einer Supernovaexplosion in Erdnähe sowie die Zunahme der kosmischen Strahlung durch eine plötzliche Abschwächung des Erdmagnetfeldes, das normalerweise als eine Art Schutzschild wirkt.

Zu den irdischen Ursachen von Massensterben zählt man weltweite Klimaveränderungen, ausgedehnte Lageverschiebungen von Land und Meer, veränderte Sauerstoffkonzentrationen in der Atmosphäre und im Meer, Störungen in der Zufuhr von Nahrung oder von bestimmten Nährstoffen, Schwankungen der Salinität (Salzkonzentration) im Weltmeer und die Ausbreitung von Trübströmen (im Wasser schwebende Sedimentwolken) über die Ozeane. Es muß betont werden, daß alles dies alltägliche limitierende Faktoren sind, also Wirkkräfte, die lokal für Tod und Aussterben sorgen. Sie können aber ihre zerstörerische Kraft auch bei Massenuntergängen entfalten — als Folge distaler Ursachen außerirdischen Ursprungs. Zu den todbringenden Auswirkungen etwa, die man dem Einschlag eines großen Meteoriten zuschreibt, gehören sowohl klimatische Abkühlung (infolge einer Himmelsverfinsterung durch den in die Atmosphäre geschleuderten Staub) als auch das Aufwühlen von Sediment in den Ozeanen — beides Veränderungen, die in kleinerem Maßstab am Hintergrundaussterben mitwirken. In ähnlicher Weise dürfte auch jeder drastische Wechsel in der Energieabstrahlung der Sonne einen verheerenden Einfluß auf das Leben ausüben, und zwar über den Umweg von Temperaturschwankungen, die auf lokaler Ebene ebenfalls zum Hintergrundaussterben beitragen.

ten sind riesige Blöcke der Erdkruste — teilweise mit Kontinenten —, die sich jährlich um einen Betrag von wenigen Zentimetern über die Erdoberfläche bewegen; das ist ungefähr so schnell, wie unsere Fingernägel wachsen.

Wie Kontinente über die Erdkugel gleiten

Der sichere Nachweis, daß Kontinente sich bewegen, löste in unseren Tagen eine Revolution in den Erdwissenschaften aus, die in dem Konzept der Plattentektonik ihren Niederschlag fand. Plat-

Die Platten, die heute die äußere Schale (Kruste) der Erde bilden. Manche von ihnen, wie die Indisch-Australische Platte, enthalten Kontinente; andere, wie die Pazifische Platte, sind ganz von Ozeanen überdeckt. Je zwei benachbarte Platten befinden sich relativ zueinander in Bewegung. Einige bewegen sich an mittelozeanischen Rücken voneinander weg (Divergenz), manche stoßen in Subduktionszonen zusammen (Konvergenz), und wieder andere gleiten aneinander entlang. Mittelozeanische Rücken wie etwa der Mittelatlantische (zwischen Europa/Afrika und Amerika) sind von Verwerfungen durchsetzt.

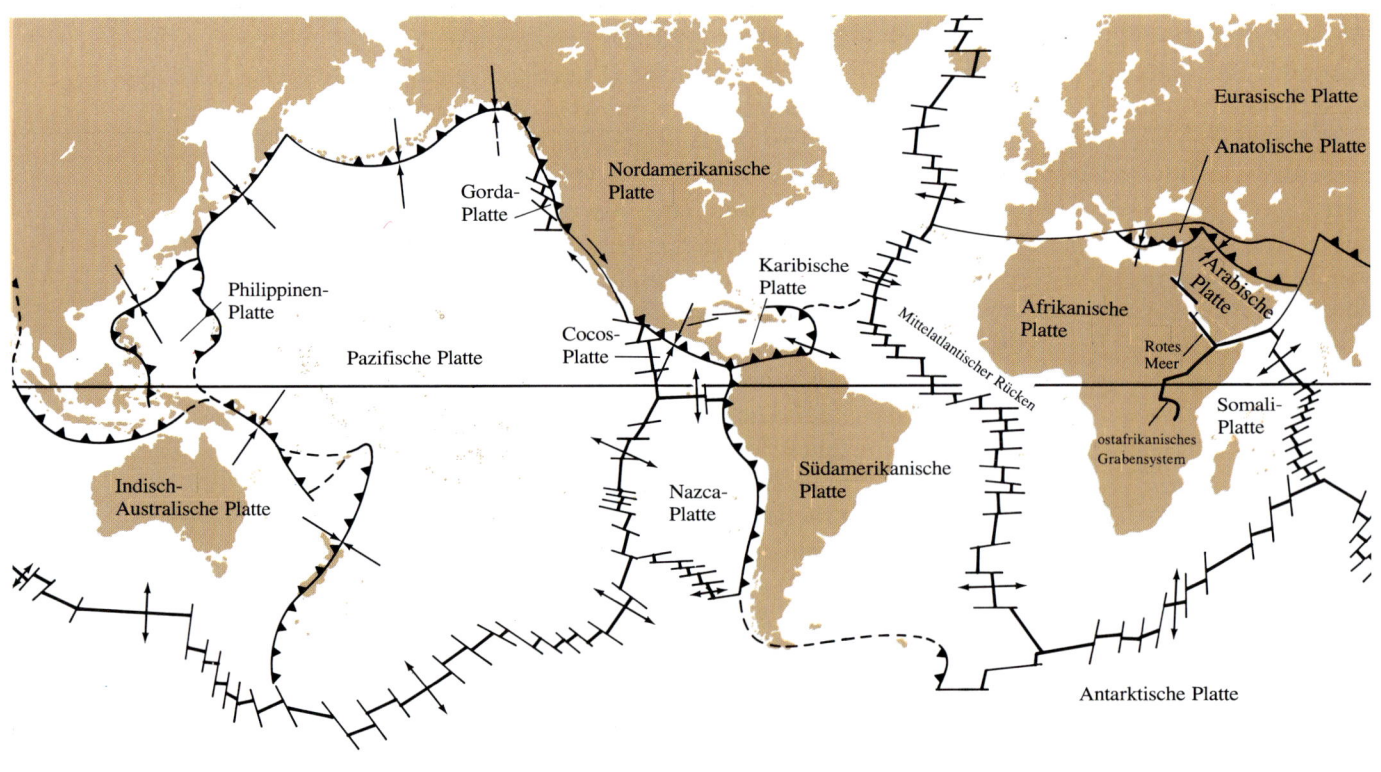

Divergenzzone ——— (Spreizungsachse) Konvergenzzone ▲▲ (Subduktionszone) unsichere Plattengrenze - - - - Transformstörung ——— Richtung der Plattenbewegung ⟶

Die Vorstellung einer seitlichen Bewegung der Kontinente oder Kontinentaldrift, wie sie dann genannt wurde, kam im vorigen Jahrhundert auf. Gleichwohl wurde dieser Hypothese keine sonderliche Beachtung geschenkt, bis 1915 der deutsche Geophysiker Alfred Wegener die erste Auflage seines Buches *Die Entstehung der Kontinente und Ozeane* veröffentlichte. Es war die Vielfalt der von Wegener und seinen Nachfolgern ins Feld geführten Argumente, die die Aufmerksamkeit aller Geologen auf die Kontinentaldrift richtete. Als grundlegendes Beweisstück diente die Tatsache, daß sich die modernen Kontinente wie Mosaiksteinchen zu einem einzigen Super-

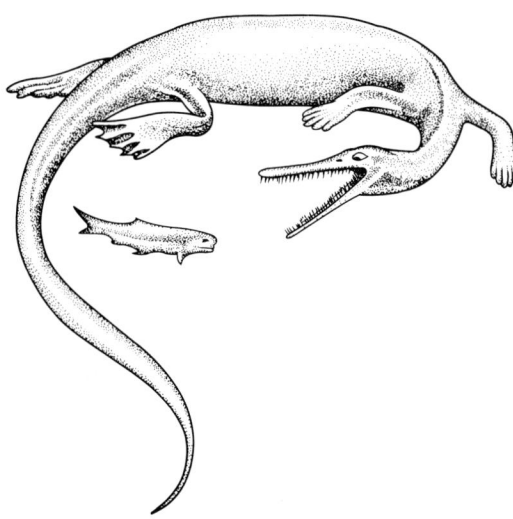

Mesosaurus, ein jungpaläozoisches schwimmendes Reptil von geringer Körpergröße (etwa 60 Zentimeter lang). Obwohl es keine breiten Ozeane überquert haben kann, findet man seine fossilen Überreste in Seeablagerungen sowohl in Südamerika als auch in Afrika. Seine Verbreitung legt somit nahe, daß die beiden Kontinente zu Lebzeiten des Tiers miteinander verbunden waren.

kontinent zusammenfügen lassen, den Wegener Pangäa nannte. Wir wissen heute, daß die Pangäa zeitweise wirklich existierte; sie begann etwa zu der Zeit auseinanderzubrechen, als sich die Saurier entwickelten. Auf eindeutige Indizien dafür, daß die Südkontinente der Pangäa — Südamerika, Afrika, die indische Halbinsel, Australien und die Antarktis — einst miteinander verbunden waren, ist man bereits vor einigen Jahrzehnten gestoßen: Fossilien zeigten nämlich, daß bestimmte Tier- und Pflanzengruppen auf den meisten oder auf allen dieser Landmassen verbreitet waren. Die aufschlußreichsten Fossilien stammten von Lebensformen, die wohl unfähig waren, breite Ozeane zu überqueren. Dazu gehört das kleine Reptil *Mesosaurus*, dessen fossile Überreste man sowohl in Brasilien als auch in Südafrika in jungpaläozoischen Binnenseeablagerungen findet. Die *Glossopteris*-Flora, ebenfalls von jungpaläozoischem Alter, ist noch weiter verbreitet und kommt auf allen erwähnten Südkontinenten vor. Diese Festlandsflora ist nach einer baumartigen Pflanze mit ungewöhnlichen zungenförmigen Blättern benannt; bei der heutigen Lage der Kontinente hätten ihre erbsengroßen Samen unmöglich über die Ozeane geweht werden können, um diese Gattung über alle Südkontinente zu verbreiten. Ähnliche geographische Schlußfolgerungen erlaubt eine etwas jüngere fossile Faunengemeinschaft mit besonderen säugetierähnlichen Landreptilien, die in den meisten Südkontinenten zu finden ist.

Weitere Belege liefern die Gesteinsschichten. Schon die ersten Befürworter

Die Verteilung der fossilen jungpaläozoischen *Glossopteris*-Flora auf den heutigen Kontinenten wird verständlich, wenn man davon ausgeht, daß diese Landmassen einmal als „Gondwanaland" vereinigt waren (siehe die Zeichnungen unten und auf der nächsten Seite). Die Flora setzt sich aus verschiedenen Pflanzengruppen zusammen; der Name *Glossopteris* bedeutet „Zungenfarn" und bezieht sich auf die (im Bild rechts erkennbare) Blattform dieser Pflanze.

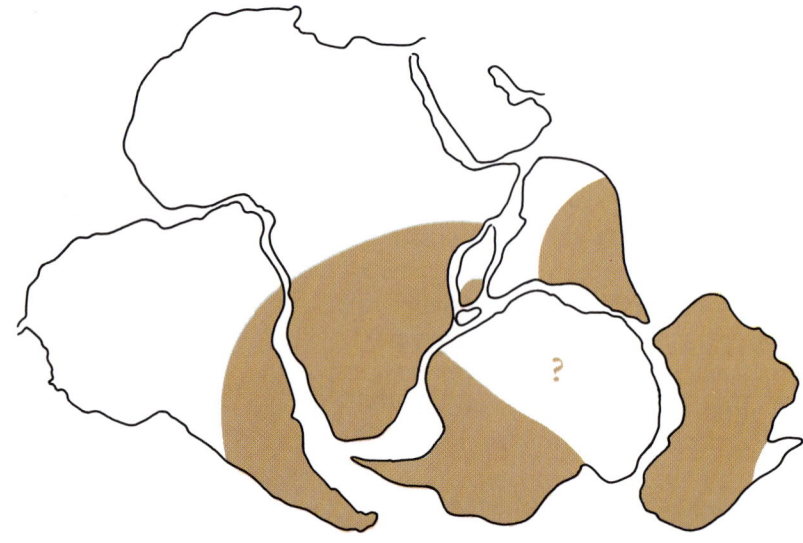

der Kontinentaldrift wiesen auf bemerkenswerte Ähnlichkeiten in den jungpaläozoischen und altmesozoischen Schichtfolgen der Südkontinente hin. Auf jedem dieser Kontinente sind Gletscherablagerungen von Kohlenschichten überdeckt, die die fossile *Glossopteris*-Flora beherbergen. Darüber liegen Wüstenablagerungen mit zu Stein verhärteten Sanddünen, und schließlich folgen (im sogenannten Hangenden) dunkle, durch Lavabkühlung entstandene Gesteine. Es wäre schon ein merkwürdiger Zufall, wenn sich in weit getrennten Kontinenten unabhängig voneinander genau die gleiche Abfolge gesteinsbildender Ereignisse eingestellt hätte. Von Gletschern in den Untergrund gefräste Kratzer liefern zusätzliche Beweise. Aus ihnen kann man die Richtung der Gletscherbewegung ablesen; in Gebieten wie dem Südosten von Südamerika, dem südlichen Australien und Indien liegen sie so, als ob die Gletscher sich — bei der jetzigen Position der Kontinente — vom Ozean her landeinwärts ausgebreitet hätten. Dies ist jedoch unmöglich, weil Gletscher kontinentaler Natur sind und sich nie vom Meer auf das Land zu bewegen. Verständlicher wird das Bewegungsmuster, wenn man die Landmassen zu einem Superkontinent vereinigt; Südafrika bildet darin ein Zentrum, von dem die Gletscher sich in die anderen Bereiche ausgebreitet haben.

Heute gilt als gesichert, daß vor mehr als 600 Millionen Jahren die Südkontinente, die so viele gemeinsame geologische und paläontologische Merkmale aufweisen, miteinander verbunden waren und einen Superkontinent bildeten, den man

Gondwanaland nennt. Kurz bevor das Zeitalter der Dinosaurier begann, wurde er infolge seiner Norddrift an Nordamerika und Asien angeschweißt und bildete mit diesen zusammen die Pangäa. Den verschiedenartigen Belegen für die Vorstellung driftender Kontinente blieb fast ein halbes Jahrhundert lang der Erfolg allgemeiner Anerkennung versagt. Nur für die Südhalbkugel, wo die Geologen mit erdrückendem Beweismaterial konfrontiert wurden, akzeptierte man die Driftidee weitgehend. Der Widerstand in Nordamerika und Europa speiste sich hauptsächlich aus dem Argument der Geophysiker, daß eine laterale Bewegung der Kontinente physikalisch unmöglich sei. Kurz nach der Veröffentlichung von Wegeners Buch ergaben Studien zur Brechung von Erdbebenwellen innerhalb der Erde, daß die Kontinente nicht isoliert auf dem dichteren Gestein des Erdmantels (also der Schicht unter der Kruste) aufliegen. Vielmehr stellen sie nur einen Teil der Erdkruste; zwischen ihnen liegt unter den Wassermassen der Ozeane eine flachere, aber etwas dichtere Krustenschicht. Nachdem Geophysiker die große Widerstandskraft dieser ozeanischen Kruste berechnet hatten, zogen sie den Schluß, daß keine denkbare Kraft die Kontinente dazu bewegen kann, sich dort hindurchzupflügen und über den Mantel zu driften.

Doch im Jahre 1962 räumte plötzlich ein neues Modell der Kontinentalbewegung die Einwände der Geophysiker aus dem Wege. Harry Hess von der Universität Princeton behauptete damals, die gesamte Erdkruste befinde sich in Bewegung — also nicht nur die Kontinente, sondern

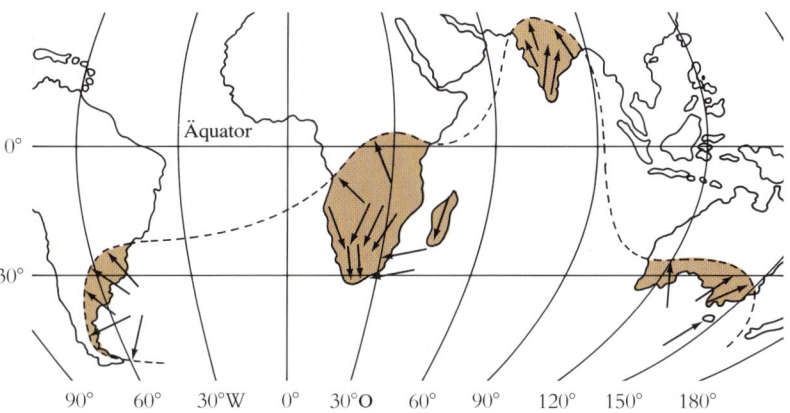

Die Vereisungsgebiete von Gondwanaland in ihrer jetzigen Lage. Die Pfeile zeigen die Richtungen der Gletscherbewegung an. Bezogen auf die heutigen Kontinentpositionen sind diese Richtungen rätselhaft, weil sie eine Gletscherbewegung von den Ozeanen zum Festland hin anzeigen.

Der Thingvellir-Graben auf Island. Diese Spalte (Rift) in der Erdkruste ist ein Teil des Mittelatlantischen Rückens, der hier über den Meeresspiegel gehoben worden ist. Entlang den vertikalen Verwerfungen, die das zentrale Tal begrenzen, steigt periodisch Lava auf und breitet sich über den Talboden aus.

mit ihnen auch die Kruste am Boden der Meere. Seine Vorstellung war, daß sich entlang den großen unterseeischen Bergketten, den mittelozeanischen Rükken, ständig neues Krustenmaterial ausbreitet. Entlang der Mittellinie eines solchen Rückens befindet sich ein tiefes Tal. Der Mittelatlantische Rücken und sein Tal steigen auf Island über den Meeresspiegel und ermöglichen somit einen spektakulären Einblick in diese Strukturen, der die Vorstellung bestätigt, daß hier neue Kruste gebildet wird. Sie entsteht, wenn dunkle Lavamassen aus dem Mantel zur Oberfläche emporsteigen. An Stellen, wo sich frisch erzeugtes Krustenmaterial beidseitig ausbreitet, treten Spannungen auf. Dadurch reißen lange Spalten auf, an denen Krustenstücke absinken; so entsteht ein Tal. Unterdessen steigt weitere Lava auf, füllt die Spalten und vermehrt so die Kruste.

Heute wissen wir, daß der obere Teil des Erdmantels, jene dichte Zone direkt unterhalb der Kruste, sich gemeinsam mit dieser bildet und lateral ausbreitet. Die Kruste und der mit ihr verbundene Teil des Mantels bilden die Lithospäre. Darunter befindet sich die Asthenosphäre, die untere Zone des Mantels, die von teigiger Konsistenz ist.

Wenn man voraussetzt, daß die Gesamtfläche der Erde unverändert bleibt, wenn an den mittelozeanischen Rücken neue Lithosphäre entsteht und sich ausbreitet, dann muß in anderen Gebieten alte Lithosphäre verschwinden. Eben dies geschieht in ausgedehnten Vertiefungen des Meeresbodens, den Tiefseegräben, in denen man die größten Meerestiefen mißt. An der einen Seite eines solchen Grabens sinkt die ozeanische Lithosphäre in den Erdmantel ab und schiebt sich schräg unter die Lithosphäre an der anderen Seite. Sobald die absinkende Lithosphäre große Tiefen erreicht, schmilzt sie und wird somit gewissermaßen von der zähflüssigen Asthenosphäre geschluckt; allerdings steigen die leichtesten Bestandteile der geschmolzenen Lithosphäre als Magma durch den teigigen Mantel nach oben. Ein Teil dieses Magmas durchbricht die Oberfläche und bildet Vulkane. Infolgedessen erstrecken sich entlang den Rändern von Tiefseegräben lange Vulkanketten wie etwa die Alëuten. Den Abstieg der Lithosphäre und ihre Aufzehrung bezeichnet man als Subduktion und den Streifen des Meeresbodens, an der sie stattfindet, als Subduktionszone.

Harry Hess stützte sein Modell der Krustenbewegung ursprünglich auf eine Reihe verschiedener Indizien. So stimmte beispielsweise der starke Wärmefluß, der an den mittelozeanischen Rücken vom Mantel ausgeht, mit der Vorstellung überein, daß hier heißes Material aufsteigt, um neue Kruste zu bilden. Ebenso kamen die an Subduktionszonen im Mantel nachgewiesenen Erdbebenherde der Vermutung entgegen, daß hier ein Plattenrand ruckweise abtaucht. (Hess wußte noch nicht, daß der obere Teil des Mantels sich mit der Kruste bewegt.) Der entscheidende Beweis jedoch ergab sich aus den magnetischen Eigenschaften des Tiefseebodens. Bei der Bildung vieler Gesteine richten sich die darin enthaltenen eisenreichen Mineralkörner nach den Kraftlinien des Erdma-

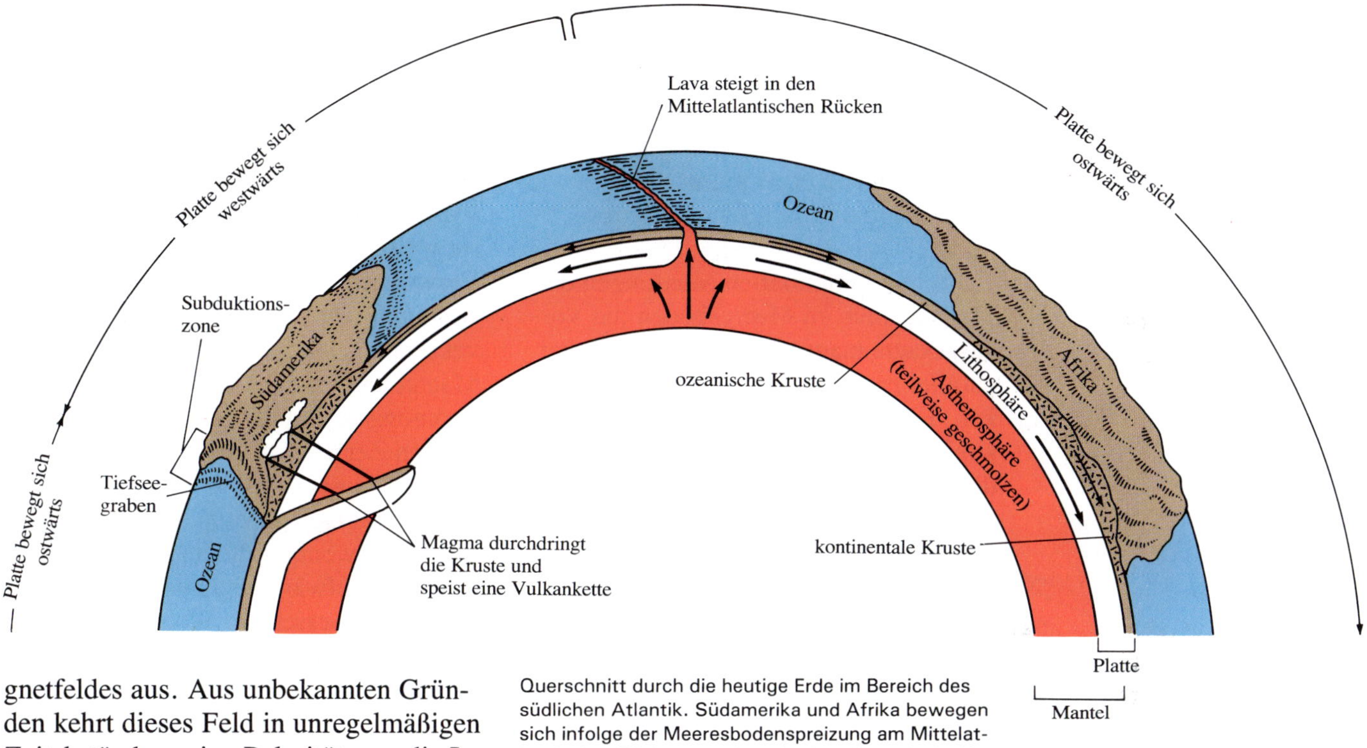

Lava steigt in den
Mittelatlantischen Rücken

Platte bewegt sich
westwärts

Platte bewegt sich
ostwärts

Ozean

Subduktions-
zone

Südamerika

ozeanische Kruste

Lithosphäre

Asthenosphäre
(teilweise geschmolzen)

Afrika

Platte bewegt sich
ostwärts

Tiefsee-
graben

Ozean

Magma durchdringt
die Kruste und
speist eine Vulkankette

kontinentale Kruste

Platte

Mantel

gnetfeldes aus. Aus unbekannten Gründen kehrt dieses Feld in unregelmäßigen Zeitabständen seine Polarität um; die Intervalle bewegen sich häufig in einer Größenordnung von Hunderttausenden oder einer Million Jahre. Zeitabschnitte, in denen die Kompaßnadel wie heutzutage nach Norden zeigt, werden als normal bezeichnet; solche, in denen die Kompaßnadel nach Süden gezeigt haben müßte, nennt man revers oder umgekehrt. Man stellte nun folgende Überlegung an: Wenn sich an einem mittelozeanischen Rücken tatsächlich neue Kruste bildet und beiderseits von ihm wegbe-

Querschnitt durch die heutige Erde im Bereich des südlichen Atlantik. Südamerika und Afrika bewegen sich infolge der Meeresbodenspreizung am Mittelatlantischen Rücken voneinander fort. Ozeanische Kruste sinkt vor Südamerika in den Mantel ab (Subduktion); dabei schmilzt sie und setzt Magma von relativ geringer Dichte frei, das emporsteigt und in den Anden Magmagesteinskörper sowie Vulkane bildet.

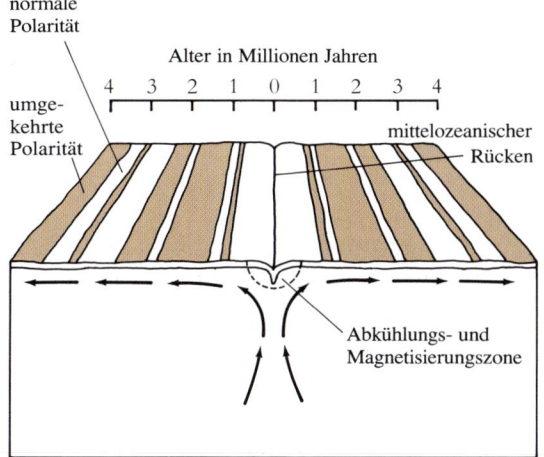

normale
Polarität

Alter in Millionen Jahren

4 3 2 1 0 1 2 3 4

umge-
kehrte
Polarität

mittelozeanischer
Rücken

Abkühlungs- und
Magnetisierungszone

Bildung neuer ozeanischer Kruste entlang einem mittelozeanischen Rücken. Wenn eisenreiches Krustenmaterial nach dem Aufstieg abkühlt, wird es vom Erdmagnetfeld magnetisiert. Gelegentliche Wechsel der Orientierung des Magnetfeldes führen zu rückenparallelen Streifen neugebildeter Kruste mit wechselnder magnetischer Polarität.

wegt, muß der dem Rücken am nächsten liegende Krustenstreifen eine normale magnetische Orientierung aufweisen. Weiter vom Rücken entfernt müßte eine Zone mit umgekehrter Polarität zu finden sein und noch weiter draußen wieder ein normal orientierter Streifen.

Tatsächlich offenbarten Messungen des Magnetismus im Meeresboden das vorausgesagte magnetische Streifenmuster parallel zu den mittelozeanischen Rücken. Es dürfte schwerfallen, die Herkunft dieser Anordnung durch einen anderen Mechanismus zu erklären als

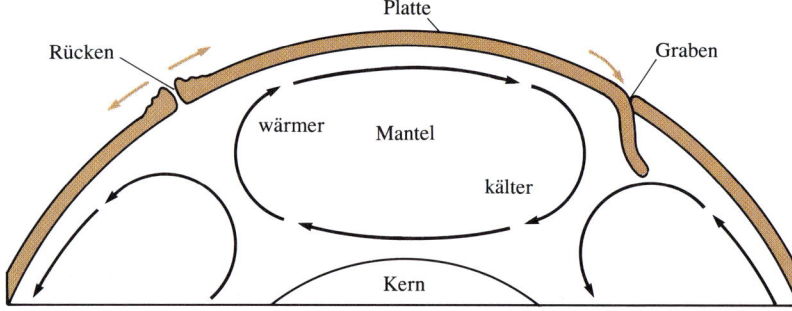

Schematischer Querschnitt des Erdmantels. Er zeigt riesige Konvektionszellen, die an den mittelozeanischen Rücken Magma zur Oberfläche befördern und an Stellen, wo zwei Platten aneinanderstoßen, zur Subduktion der Kruste führen.

durch die Entstehung und seitliche Ausbreitung von Krustenmaterial an den mittelozeanischen Rücken.

Mittelozeanische Rücken und Subduktionszonen teilen die Lithosphäre in Platten auf. Manche Platten führen Kontinente mit sich, während andere nur ozeanische Kruste enthalten. Einige Platten sind relativ klein, aber die größte trägt fast den gesamten Pazifik. An den mittelozeanischen Rücken bewegen sich die Platten voneinander weg, und an den Subduktionszonen begegnen sie sich; dort taucht der Rand der einen unter den der anderen ab. An wieder anderen Stellen bewegen sich die Platten weder voneinander weg noch aufeinander zu; sie gleiten vielmehr entlang enormen Verwerfungen aneinander vorbei. Die Bewegung der Platten wird durch Konvektionsströme im darunterliegenden Mantel angetrieben. Diese Konvektionsströmung beruht auf dem hitzeerzeugenden Zerfall von radioaktivem Material im Mantel, und sie nimmt die Gestalt gewaltiger rotierender Kreisel an: Heißeres, weniger dichtes Mantelmaterial fließt aufwärts und kühleres abwärts, um jenes zu ersetzen. Wo die aufwärts gerichteten Ströme zweier benachbarter Konvektionszellen zusammenkommen und unter der Lithosphäre wieder auseinanderstreben, erzeugen sie ein Rückensystem, an dem neue Kruste gebildet wird. Aus noch nicht ganz geklärten Ursachen verlagern sich gelegentlich die Strömungsmuster im Mantel, wodurch manche Subduktionszonen inaktiviert werden und andere neu entstehen.

Einige Platten tragen Kontinente, deren Krustenmaterial geringer Dichte in die ozeanische Kruste eingelassen ist und sich mit ihr bewegt. Insofern sind die Kontinente Mitreisende im Förderbandsystem der Plattentektonik. Manche Rückensysteme gehen von den Ozeanbecken auf die Kontinente über und reißen diese auseinander. Das kommt jedoch selten vor, weil die kontinentale Kruste viel dicker als die ozeanische ist. Aus diesem Grunde endet die anfängliche Grabenbildung manchmal, wenn sich die Konvektionszelle im Mantel verlagert, bevor der betreffende Kontinent zerbricht. Das Rote Meer ist vor geologisch kurzer Zeit entstanden, als die kontinentale Kruste dort mit Erfolg auseinandergedrückt wurde. Ein benachbartes Spreizungssystem erstreckt sich nach Afrika hinein und bildet dort große Gräben oder Rifts, von denen einige riesige Seen wie den Tanganjika-See enthalten. Der afrikanische Kontinent wird sozusagen dem Härtetest unterzogen; allerdings werden einige Millionen Jahre vergehen, ehe man erkennen kann, ob er entlang den Rückentälern zerbrechen oder ob er zusammenhalten wird, bis die Spreizung aufhört.

Manche Verwerfungen, an denen Platten sich aneinander vorbeibewegen, setzen sich ebenfalls bis in die Kontinente fort. Die berühmteste ist die San-Andreas-Spalte; die Bewegung an ihren Flanken bringt Los Angeles und San Francisco einander näher. Los Angeles liegt am Rand der Pazifischen Platte, die sich relativ zur Nordamerikanischen Platte, auf der sich San Francisco befindet, nach Norden bewegt.

Wenn ein Kontinent an den Rand einer Subduktionszone zu liegen kommt, bildet sich auf ihm eine Gebirgskette. Infolge des durch seine niedrige Dichte erzeugten Auftriebs kann der Kontinent nicht untertauchen. Statt dessen schiebt sich ozeanische Kruste unter seinen Rand. Dadurch entsteht etwas landeinwärts auf dem Kontinent eine Kette von Vulkanen. Ein augenfälliges Beispiel ist die Cascade Range am Nordostpazifik,

wo Subduktion stattfindet. Die vulkanische Aktivität sowie die Bildung von Graniten und anderen magmatischen Gesteinen geringer Dichte unter den Vulkanen ist verantwortlich für das Wachstum der Gebirge. Während Vulkaneruptionen die Erdoberfläche unmittelbar erhöhen, bauen die Gesteine geringer Dichte, die sich innerhalb der Kruste durch Kristallisation des Magmas bilden, Gebirge indirekt auf; sie heben nämlich die Erdoberfläche, weil sie selbst jeweils durch das darunterliegende dichtere Gesteinsmaterial nach oben getrieben werden.

Der Himalaya ist die höchste Gebirgskette der Welt. Die nordwärts gerichtete Bewegung der Indisch-Australischen Platte hat die indische Halbinsel unter der Kruste Südasiens verkeilt, diese angehoben und in riesige Falten gelegt, wie sie hier zu sehen sind.

Gebirge entstehen auch, wenn zwei Kontinente entlang einer Subduktionszone kollidieren; keiner von ihnen kann untertauchen, aber der Rand des einen kann sich unter dem des anderen verkei-

41

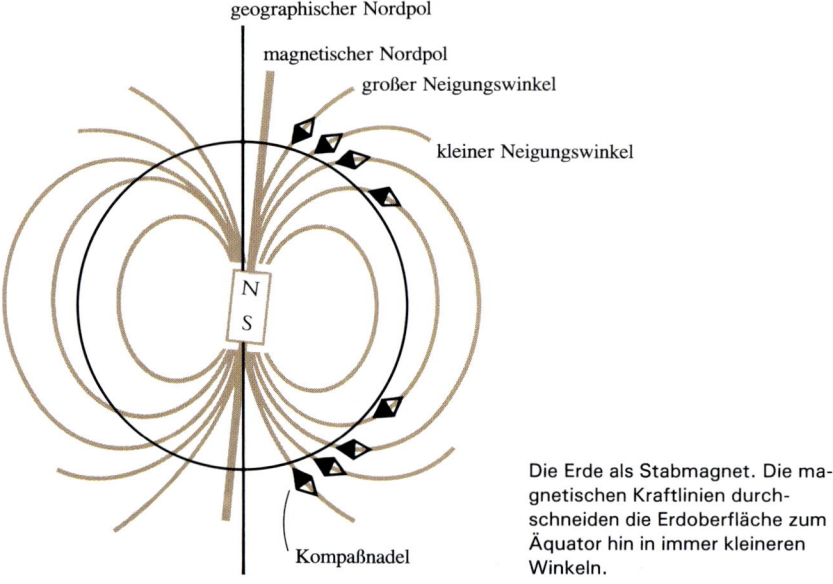

geographischer Nordpol

magnetischer Nordpol

großer Neigungswinkel

kleiner Neigungswinkel

N
S

Kompaßnadel

Die Erde als Stabmagnet. Die magnetischen Kraftlinien durchschneiden die Erdoberfläche zum Äquator hin in immer kleineren Winkeln.

len und dadurch eine Gebirgskette erzeugen. Auf diese Weise ist etwa das hochaufragende Himalaya-Massiv entstanden, als die indische Halbinsel, ein nordwärts gleitendes Bruchstück von Gondwanaland, mit Asien zusammenstieß und sich allmählich darunterschob. Die Kollisionslinie zweier Kontinente bezeichnet man als Naht.

Der Paläo- oder Gesteinsmagnetismus liefert die wichtigsten Hinweise für die Rekonstruktion von Kontinentalbewegungen in längst vergangenen Zeiten. Der Neigungswinkel der Kraftlinien des Erdmagnetfeldes (Inklination) verändert sich mit der geographischen Breite. Der Magnetismus, der einem Gestein zur Zeit seiner Entstehung aufgeprägt wird, weist die Inklination der damaligen magnetisierenden Kraftlinien auf. Folglich verrät dieser in den Gesteinen „eingefrorene" Magnetismus deren

geographische Breitenposition zur Zeit ihrer Bildung. Wie oben erwähnt, besitzt der Gesteinsmagnetismus auch noch eine Polarität, was zusätzlich die ehemalige Ausrichtung des Gesteins bezüglich des Magnetpols enthüllt. Somit können wir, falls das Gestein in seiner Krustenumgebung verblieben ist, sowohl die geographische Breite als auch die Polorientierung dieses Krustenausschnittes für die Zeit ermitteln, in der sein Gestein entstand. Was wir leider nicht aus dem Paläomagnetismus herleiten können, ist die geographische Länge — also die Lage in Ost-West-Richtung.

Die Geschichte der Kontinentalverschiebung

Über die Kontinentbewegungen vor mehr als 700 Millionen Jahren wissen wir nur wenig. Für die Zeit danach ist ihre Geschichte zwar im Detail recht kompliziert, aber von nur wenigen bedeutenden Ereignissen geprägt. Zu Beginn jener Zeit existierte der große Südkontinent Gondwanaland bereits; allerdings lag er vor 600 Millionen Jahren wie die meisten anderen größeren Landmassen auf Höhe des Äquators. Anschließend driftete er nach Süden und drang im Ordovizium, vor etwa 450 Millionen Jahren, zum Südpol vor. Andere Kontinente verharrten auf niedrigeren Breiten. Nordamerika und Grönland, die bereits seit Hunderten von Millionen Jahren fest aneinandergefügt waren, wurden dann während des Mittelpaläozoikum an Europa angeschweißt und bildeten mit ihm den ausgedehnten Old-Red-Kontinent; diese Landmasse ist nach einem Sedimentkörper (*Old Red Sandstone*) benannt, der sich kurz nach der Kollision im damaligen Süßwassergebiet des nördlichen Großbritannien abgelagert hat. Der Old-Red-Sandstein häufte sich am Osthang jener Gebirgszüge an, die während der Nahtbildung entstanden. Ähnliche Ablagerungen sammelten sich an der Westseite der im US-Bundesstaat New York und in Ostkanada neugebildeten Bergzüge (der sogenannten Ur-Appalachen).

Im Jungpaläozoikum (siehe das erste Bild auf Seite 44) ereignete sich ein folgenschwerer Verschweißungsprozeß: Gondwanaland bewegte sich nach Norden und verband sich mit dem Old-Red-Kontinent zur Hauptmasse der Pangäa. Die Angliederung Asiens an Europa entlang dem Uralgebirge vervollständigte kurz darauf diesen Superkontinent.

Einmal vollendet, erwies sich die Pangäa als kurzlebig. Schon im frühen Mesozoikum begann sie auseinanderzubrechen, und im Mittelmesozoikum war sie längs einer von der Mittelmeergegend bis zur Golfküste laufenden Achse zerrissen. Damit hatte sich Gondwanaland wiederum von der nördlichen Landmasse getrennt. Seine weitere Geschichte ist von fortschreitender Zerstückelung geprägt. Ein Blick auf die heutige Position seiner Bruchstücke verrät das Muster der Auflösung: Der Atlantische Ozean wurde geboren, als Südamerika und Afrika auseinandertrieben und sich im Norden gleichzeitig Nordamerika, Grönland und Eurasien trennten; die Antarktis und Australien lösten sich vom Rest des Gondwanalandes, drifteten gemeinsam

Mittelordovizium

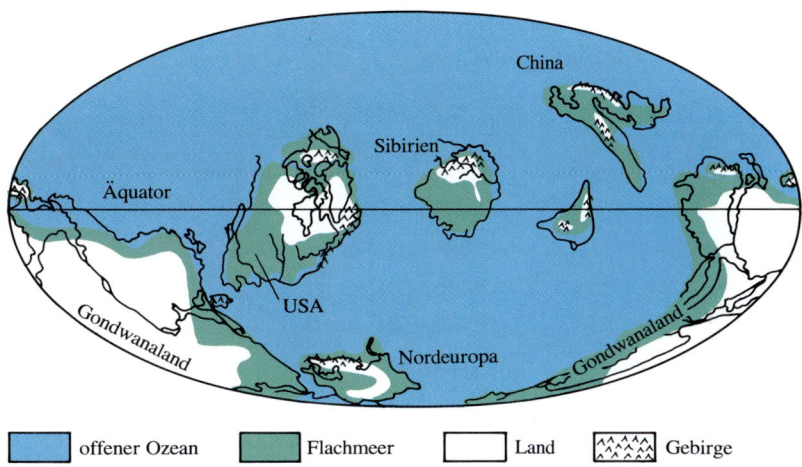

offener Ozean	Flachmeer	Land	Gebirge

Zur Zeit des Mittelordovizium (vor etwa 450 Millionen Jahren) waren die Kontinente weit verstreut. Gondwanaland, der große Südkontinent, begann auf den Südpol überzugreifen; Skandinavien und Nordamerika lagen weit voneinander entfernt.

Im oberen Unterdevon hatte Gondwanaland den Südpol überquert, und Nordamerika sowie Grönland waren mit Skandinavien verbunden; eine Gebirgskette kennzeichnete die Nahtzone.

oberes Unterdevon

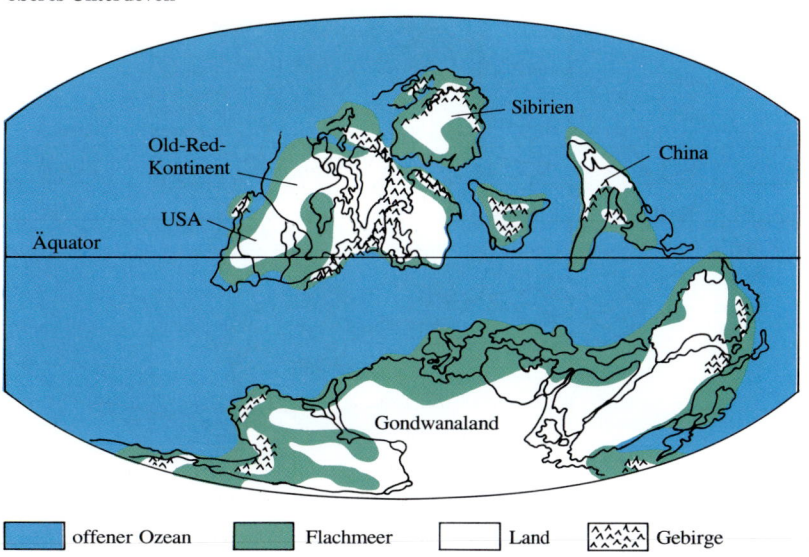

offener Ozean	Flachmeer	Land	Gebirge

43

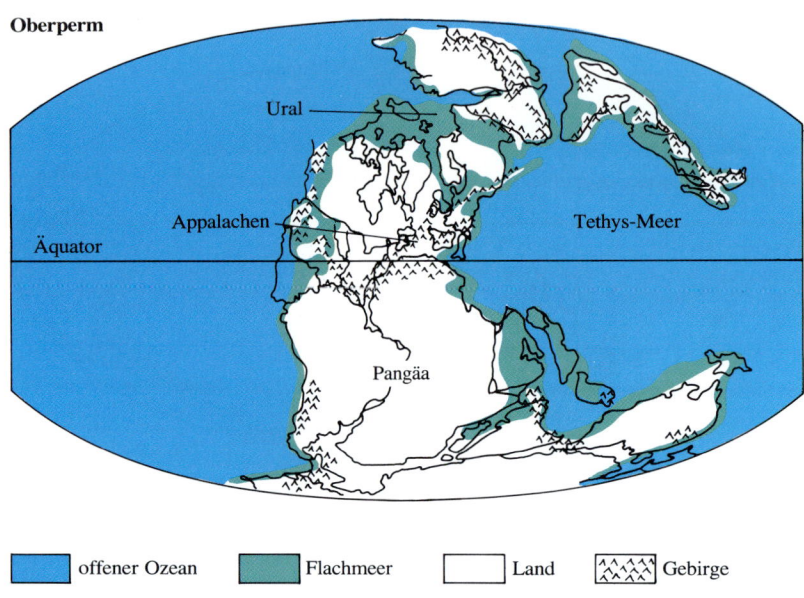

Oberperm

Ural

Appalachen

Äquator

Tethys-Meer

Pangäa

| offener Ozean | Flachmeer | Land | Gebirge |

südwärts und rissen schließlich ebenfalls auseinander; die indische Halbinsel brach von Afrika ab, glitt nach Norden und kollidierte vor etwa 15 Millionen Jahren mit Asien, wobei der Himalaya entstand.

Im Oberperm (vor ungefähr 260 Millionen Jahren) war fast die gesamte kontinentale Kruste der Erde zum Superkontinent Pangäa vereinigt, der sich von Pol zu Pol erstreckte.

Unterkreide

Nordpol

Grönland

Nordamerika

Eurasien

Karibik

Äquator

Tethys-Meer

Südamerika

Afrika

Indien

Antarktis

Australien

Südpol

| offener Ozean | Flachmeer | Land | Gebirge |

Zur Zeit der Unterkreide begann die Pangäa längs neuer Bruchzonen auseinanderzureißen. Der Ur-Atlantik und Ur-Indik existierten bereits, aber die Kontinente lagen noch viel enger zusammen als heute.

Ursachen von Meeresspiegel- und Klimaschwankungen

Während all dieser geographischen Veränderungen breiteten sich die Meere abwechselnd über die Kontinente aus und zogen sich wieder zurück, und auch die Klimabedingungen verschlechterten und besserten sich im Wechsel. Teilweise waren Plattenbewegungen dafür verantwortlich. Und wahrscheinlich haben Schwankungen in der Rate der mittelozeanischen Krustenbildung die Meere relativ zu den Kontinentflächen anschwellen und absinken lassen. Der Grund dafür ist, daß der starke Wärmestrom aus dem Mantel die mittelozeanischen Rücken anhebt. Wenn deren Zahl nun markant zunimmt oder wenn die durchschnittliche weltweite Spreizungsrate wächst, wird das vergrößerte Volumen der Rücken das Wasser in den Ozeanbecken verdrängen und höher über die Kontinentflächen treten lassen. Berechnungen zufolge muß dies ein langsamer Prozeß sein; doch viele der größeren Meeresspiegelschwankungen sind offenbar wesentlich schneller erfolgt. So geben Sedimentgesteine zu erkennen, daß sich manchmal in der ganzen Welt die Küstenlinien in einigen zehntausend Jahren um Dutzende von Metern gesenkt haben. Wahrscheinlich kommt als einziger Mechanismus, der solche erstaunlichen Schwankungen bewirken kann, das Gefrieren und Auftauen von Eis auf dem Festland in Frage. Das Wachstum von Gletschern entzieht dem weltweiten hydrologischen Kreislauf Wasser und senkt den Spiegel der Weltmeere. Die in der letzten Eiszeit gebildeten Gletscher banden genügend große Wassermengen auf dem Festland, um den Meeresspiegel um etwa hundert Meter absinken zu lassen. Einige Geologen führen fast alle schnellen und ausgeprägten Meeresspiegelsenkungen auf das Wachstum von Gletschern zurück — seien es nun ausgedehnte Inlandgletscher wie die der letzten Eiszeit oder nur kleinere Gebirgsgletscher. Manche Geologen neigen außerdem zu der Annahme, daß zahlreiche auf Flachmeerböden beschränkte Tiere durch eine Absenkung des Meeresspiegels vernichtet wurden, da ihr Lebensraum zusammenschrumpfte.

In den folgenden Kapiteln dieses Buches werden wir verschiedene Belege dafür

Der Mackay-Gletscher überdeckt ein großes Gebiet der Antarktis, jenes Kontinents, der heute über dem Südpol liegt.

erörtern, daß Gletscherwachstum oft mit weltweiten Klimawechseln einherging, die ein weiterer möglicher Auslöser von Massensterben sind. Außerdem steht das Wachstum von Gletschern in Beziehung zur geographischen Position der Kontinente. Der Grund dafür ist sehr einfach: Inlandgletscher sind auf Kontinentflächen beschränkt, und ihr Wachstum setzt nur in hohen geographischen Breiten ein; deshalb haben sie sich nur dann entwickelt, wenn die Kontinente auf den Polen oder in deren Nähe lagen. Wenn Gletscher anwachsen, verstärkt ihre weiße Oberfläche die Albedo der Erde; das ist der Anteil des auftreffenden Sonnenlichts, der reflektiert wird. Dadurch kommt es zu einer weiteren Abkühlung der Erde in den Gletschergebieten und vielleicht — durch den Einfluß von Winden und Ozeanströmungen — auch in entfernteren Regionen.

Zu manchen Zeiten dürfte allerdings selbst für Kontinente in sehr hohen Breiten das Klima für eine Vergletscherung zu warm gewesen sein. Die Eisausbreitung läßt sich dann nur einer außerirdisch verursachten weltweiten Abkühlung zuschreiben. Eine mögliche Erklärung, die man aber anhand der Gesteinsüberlieferung so gut wie nicht erhärten kann, bietet die Annahme, daß die Strahlungsintensität der Sonne stark genug variiert hat, um Klima und Vereisungsgrad der Erde zu beeinflussen.

Zwangsläufig hat es auch Schwankungen im Ausmaß des Treibhauseffektes gegeben, der eine Erwärmung der Erde herbeiführt. Kohlendioxid und andere Verbindungen in der oberen Erdatmosphäre wirken genau wie das Glas eines Gewächshauses. Sie lassen Sonnenlicht bis zur Erdoberfläche hindurchdringen, aber sobald sich die Strahlung in Wärme umgewandelt hat, hindern sie diese daran, aus der unteren Atmosphäre zu entweichen. Der Treibhauseffekt ist in aller Munde, nachdem man entdeckt hat, daß durch die Verfeuerung fossiler Brennstoffe und andere Verbrennungsprozesse, derer sich die zivilisierte Welt bedient, der Gehalt an Kohlendioxid in der Atmosphäre enorm zugenommen und die Welt sich dadurch in unserem Jahrhundert merklich erwärmt hat.

Auch in früheren Zeiten dürften verschiedene Faktoren in der natürlichen Umwelt den Kohlendioxidgehalt der Atmosphäre stark genug verändert haben, um Temperaturschwankungen hervorzurufen. Dazu gehören sowohl der Verbreitungsgrad von Pflanzen, die bei der Photosynthese Kohlendioxid verbrauchen, als auch die Fläche von über den Meeresspiegel gehobenen Sedimenten, deren Verwitterung an der Luft Kohlendioxid verbraucht. Leider sind diese variablen Größen für die geologische Vergangenheit schwer abzuschätzen.

Auslöser biologischer Katastrophen

Nachdem wir ein allgemeines Bild der Faktoren gewonnen haben, die zu Klima- und Meeresspiegelschwankungen führen, können wir uns nun damit beschäftigen, inwieweit solche und andere weitreichende Veränderungen zu biotischen Krisen beitragen. Zunächst werden wir zwei Auslöser des Aussterbens betrachten, denen man viele Jahre hindurch große Beachtung geschenkt hat. Eine davon ist die geologisch gesehen plötzliche Absenkung des Meeresspiegels in der ganzen Welt − ein Mechanismus, dem man meines Erachtens als Ursache für den Massenuntergang mariner Lebensformen viel zu viel Bedeutung beigemessen hat. Ich halte die zweite Wirkkraft, den weltweiten Klimawechsel, für den eindeutig wichtigsten Auslöser von Massensterben. Zwei weitere Faktoren wirken sich hauptsächlich auf den marinen Lebensraum aus: der Gehalt an gelöstem Sauerstoff sowie die Salzkonzentration in den Weltmeeren. Ich werde schließlich auch noch kurz auf die schon erwähnte Hypothese eingehen, wonach die Dinosaurier in einer Krise außerirdischen Ursprungs ausgestorben sind.

Der Rückzug der Meere

Eine der traditionell beliebtesten Erklärungen für das Massensterben in den Ozeanen ist die Vorstellung, daß auf dem Meeresboden siedelnde Arten ausgelöscht wurden, als der Meeresspiegel weltweit sank und sich die Flachmeere von den Kontinentflächen zurückzogen. Um dies richtig beurteilen zu können, muß man wissen, daß die Ozeane in der jetzigen Welt relativ zu den Kontinenten niedriger liegen als im erdgeschichtlichen Durchschnitt. Die Schelfflächen der Kontinente − ihre flachen, vom Meer bedeckten Ränder, auf die das Wasser aufläuft wie die Suppe auf den breiten Rand eines Tellers − sind also heute kleiner als in den meisten Zeiten der Vergangenheit. Derzeit bedekken nur wenige seeartige Meere die Kontinentflächen; ein Beispiel ist die Hudson Bay, die nur deswegen existiert, weil in der letzten Eiszeit ein Inlandgletscher die Erdkruste in Ostkanada eingedrückt hat und der rückläufige Prozeß noch nicht abgeschlossen ist. In der Vergangenheit sind weite Teile der Kontinente immer wieder von Flachmeeren überflutet worden, und nach Ansicht mancher Geologen hat deren gelegentlicher weiträumiger Rückzug jeweils das Leben auf den Flachmeerböden weitgehend vernichtet. Wir werden diese Vorstellung als Artendichte-Arealgröße-Hypothese bezeichnen, da sie auf der Beobachtung beruht, daß die Anzahl der Arten, die ein Gebiet besiedeln können, mit dessen als Lebensraum nutzbarer Fläche korreliert.

Die Grenzen dieser Artendichte-Arealgröße-Hypothese liegen offensichtlich darin, daß sie die Krisen, die wir in marinen Ökosystemen beobachten, nur teilweise erklären kann. Viele dieser Ereignisse trafen nämlich nicht nur das Leben auf dem Meeresboden, sondern auch pelagische Organismen, also solche, die im Wasserkörper darüber schwammen oder schwebten − in Gebieten weit ab von den Kontinenträndern.

Es gibt viele Hinweise dafür, daß eine Senkung des Meeresspiegels selbst den bodengebundenen Lebensformen keine so schweren Verluste zugefügt haben kann, wie sie in Zeiten der großen Massensterben auftraten. Eine grundsätzliche Frage ist hierbei, wie viele Arten einen gegebenen Raum miteinander teilen können. Für auf Inseln lebende Wirbeltiere gibt man die Antwort gewöhnlich in Form von Diagrammen, in denen die Fläche der einzelnen Inseln gegen die Anzahl der natürlich auf ihnen vorkommenden Arten aufgetragen ist. Für Massensterben der Vorzeit, die mit einer Meeresspiegelsenkung zusammenfielen, kann man zwar häufig die Abnahme der Meeresbodenfläche sowie der Zahl der bodenlebenden Arten abschätzen, aber leider wissen wir für das Leben auf dem Meeresgrund nicht, wie die Artendichte-Arealgröße-Beziehung aussieht, die uns erlauben würde festzustellen, ob

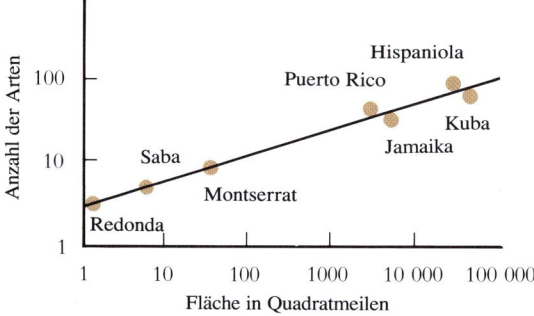

Die Beziehung zwischen Artendichte und Arealgröße für Amphibien und Reptilien der Westindischen Inseln. Die Anzahl der auf einer Insel beheimateten Arten wächst merklich mit der Inselfläche.

eine gegebene Verringerung der Meeresbodenfläche für einen bestimmten Rückgang der Artenzahl verantwortlich sein könnte. Das Problem liegt darin, daß wir nur von wenigen Regionen in der heutigen Welt eine gründliche Kenntnis des Lebens auf dem Meeresboden besitzen. Wie ich schon erwähnt habe und in einem der folgenden Kapitel näher ausführen werde, hatten auch Gebiete wie der Westatlantik während der

letzten Eiszeit erhebliche Aussterberaten zu verzeichnen. Als Folge davon findet man dort heute verarmte Faunen, die nicht ihre wahre ökologische Kapazität zeigen.

Immerhin können wir – mit einem bescheideneren Ansatz – zu dem Schluß kommen, daß Arealveränderungen der Flachmeerböden in weltweiten marinen Massensterben keine größere Rolle gespielt haben. Hierzu ziehen wir einfach die enorme Formenfülle heran, die man heute in einigen gut untersuchten kleinen Flachwasserzonen beobachtet. Eine dieser Zonen ist das winzige Archipel von Hawaii, wo Hunderte von gehäusetragenden Molluskenarten das Flachmeer besiedeln. Etwa 20 Prozent von ihnen sind für die kleine biogeographische Provinz von Hawaii endemisch, das heißt, sie leben in keiner anderen Region der Erde. Von ähnlicher Bedeutung ist der schmale Kontinentalschelf, der die Westküste Amerikas von der Südspitze Chiles bis Alaska säumt. Er unterscheidet sich von dem breiten Schelf vor dem östlichen Nordamerika, der sich seewärts immer weiter aufbaut, weil die vom Lande abgetragenen Sedimente sich dort anhäufen und einen breiten Ablagerungsfächer bilden. Dagegen ist der Schelf an der Westküste eine schmale Schulter des Kontinents, die fortwährend von Erdbeben erschüttert und angehoben wird. Über einen Großteil seiner Länge verläuft er parallel zu einer Tiefseerinne, an der die ozeanische Kruste unter dem Pazifik sich unter den angrenzenden Kontinent schiebt. Die auf diesem schmalen Schelf erhaltenen fossilen Seetierschalen lassen erkennen, daß die marinen Mollusken jener Region in der letzten Eiszeit von Massensterben weitgehend verschont geblieben sind; deshalb finden wir heute in diesem kleinen, aber biotisch stabilen Gebiet eine überaus formenreiche Fauna. Es gibt dort etwa 3000 Arten von Mollusken des Flachmeeres, die fast alle auf den Ostpazifik beschränkt sind. Diese gewaltige Anzahl scheint um so bemerkenswerter, als der Schelfbereich hier während der letzten Eiszeit noch stärker zusammengeschrumpft war als heute; damals sank der Meeresspiegel infolge der Ausbreitung der Inlandgletscher. Wenn ein so eng begrenzter Flachmeersaum so viele bodenlebende Arten versorgen kann, so spricht dies gegen die Vorstellung, die Regression der Meere (mit diesem Begriff bezeichnen die Geologen die seewärtige Verlagerung der Küstenlinie) habe in der Vorzeit das Leben auf den Meeresböden vernichtet.

Die Artendichte-Arealgröße-Hypothese entstand aber keineswegs als reine Spekulation. Aufgrund von Geländestudien haben Paäontologen schon vor langem zwei der großen Aussterbeperioden — jene, die das Paläozoikum beziehungsweise das Mesozoikum beendeten — mit einer weltweiten Absenkung des Meeresspiegels in Verbindung gebracht. Während der Schlußperioden dieser Zeitalter (Perm und Kreide) stand das Meer weltweit höher als heute und überdeckte ausgedehnte Kontinentflächen. Im Unterperm erstreckten sich die Flachmeere beispielsweise von Texas bis Wyoming, und in der Unterkreide verlief eine breite Meeresstraße der Länge nach über Nordamerika — vom Polarmeer bis zum Golf von Mexiko. Viele Jahre lang glaubte man, am Ende von Perm und Kreide sei dann der Meeresspiegel gefallen, und das Flachmeer habe viele Gebiete geräumt. Doch in den letzten Jahren hat sich herausgestellt, daß sich das Meer in der Endphase der Kreidezeit gar nicht zurückgezogen hat, und ob es zum Abschluß des Perm gesunken oder angestiegen ist, wird noch diskutiert. Wie ich an anderer Stelle noch beschreiben werde, ereigneten sich weitere größere biotische Krisen eindeutig in Zeiten, in denen der Meeresspiegel nicht absank.

Einige der vielen für das winzige Hawaii-Archipel endemischen Arten von Gastropoden (Schnecken).

49

Die Artendichte-Arealgröße-Hypothese wird durch die Tatsache noch mehr entkräftet, daß es in manchen Zeiten, in denen der Meeresspiegel auf der ganzen Welt drastisch absank, überhaupt keine großen Massensterben gab. Zu diesen Zeiten gehört die Mitte des Oligozän (im Jungpaläogen) vor etwas mehr als 30 Millionen Jahren, was in der geologischen Zeitskala soviel wie gestern bedeutet. Nach Peter Vail und anderen Geologen von der Exxon Production Research Company, die durch Untersuchungen an Sedimenten unter den Kontinentalschelfen die Meeresspiegelschwankungen sehr genau kartiert haben, ist der Meeresspiegel damals auf einen weitaus tieferen Stand gefallen als irgendwann sonst in den letzten 200 Millionen Jahren. Davor hatte sich das Meer weit über das europäische Festland ausgedehnt, und als es dann absank, fiel der Meeresspiegel auf ein Niveau, das um mehr als hundert Meter unter dem heutigen liegt. In den folgenden Kapiteln werde ich noch näher auf diese und auf andere, vergleichsweise harmlose Meeresspiegelsenkungen eingehen.

Die Rolle klimatischer Veränderungen

Es gibt eine einfache Tatsache, die Klimawechsel als allgemeine Auslöser von Massenuntergängen wahrscheinlich macht: die Leichtigkeit, mit der eine weltweite Temperaturänderung Myriaden von Arten ausrotten kann. Zwei Aspekte des Massensterbens sind in dieser Hinsicht von Bedeutung. Zum einen kommt ihm eine umfassende Durchschlagskraft auf zwei Ebenen zu. Die erste Ebene ist die der Art. Hier sollten wir uns einfach ins Gedächtnis zurückrufen, daß definitionsgemäß eine Art dann ausstirbt, wenn ihre Population auf Null zurückgeht. Bei einer individuenreichen und dazu noch weitverbreiteten Art ist das sehr viel verlangt — und etwas völlig anderes als selbst eine ernsthafte Dezimierung, von der die Art sich wieder erholen kann. Die zweite Ebene umfassender Verluste betrifft die höheren taxonomischen Gruppen. Wie wir schon gesehen haben, vernichten Massenuntergänge in bezeichnender Weise zahlreiche Familien und manch-

Oligozän-Meere vor dem Rückzug

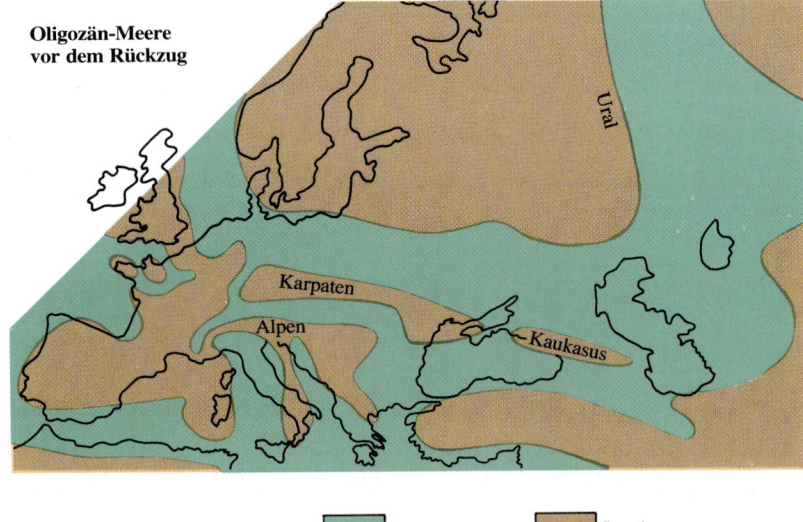

Flachmeer Land

Verteilung der Oligozänmeere über Europa vor der weltweiten Meeresspiegelabsenkung im Mitteloligozän; dieses Ereignis hat nur wenige marine Lebensformen aussterben lassen.

mal sogar ganze Tierklassen, indem sie jeder einzelnen Art dieser Gruppe den Garaus machen. Diese Vorbedingungen bürden kausalen Hypothesen eine schwere Last auf, und viele von ihnen greifen offenbar zu kurz, wenn nicht die jeweiligen Auslöser mit weiteren zerstörenden Wirkkräften zusammen auftreten.

Die Bedeutung von Temperaturänderungen als Aussterbeursache liegt in ihrer weltweiten Wirkung auf die Umwelt. Kein Lebewesen kann ihrem Einfluß entrinnen. Das ist auch in der heutigen Welt an der klimaabhängigen geographischen Verbreitung der Arten abzulesen. Massensterben erfolgen großräumig, nicht lokal, und die Temperatur ist der entscheidende limitierende Faktor, der die großräumige geographische Verteilung des Lebens steuert. Wir können uns leicht ausmalen, was geschähe, wenn die Tropen bis unter die thermische Toleranzgrenze der meisten oder aller Arten bestimmter höherer taxonomischer Gruppen abkühlen würden. Marine Riffbildner wären ein gutes Beispiel, da sie in ihrer langen und häufig unterbrochenen Geschichte fast ausschließlich auf tropische Zonen beschränkt gewesen sind. Wenn man über die Florida Keys (eine Inselgruppe südlich von Florida) hinaus nordwärts reist, verschwindet auf der Höhe von Miami plötzlich die karibische, von Korallen beherrschte Rifflebensgemeinschaft. Sogar die unmittelbar südlich davon gelegenen Gebiete, ja, die ganze Karibik, sind bezüglich der Temperaturen, die für das Riffwachstum notwendig sind, Grenzzonen. Ohne Zweifel würde die ganze Riffgemeinschaft zerstört werden, wenn sich

in dieser Region die mittlere Jahrestemperatur um sieben oder acht Grad Celsius erniedrigen würde.

Die Annahme, daß die Temperatur ein wahrscheinlicher Auslöser biotischer Krisen ist – eine These, die wir schon aufstellen können, bevor wir die Spuren einzelner Katastrophen untersucht haben –, folgt der traditionellen hypothetisch-deduktiven Methode der Wissenschaft. Die Gültigkeit einer Hypothese ist vielleicht nie abschließend zu beweisen. Wenn wir aber viele Hypothesen aufstellen (im Idealfall jede denkbare) und

In tropischen Korallenriffen wie diesem am Ant-Atoll im Pazifik wimmelt es nahe der Meeresoberfläche von Leben.

wenn dann bei einem Vergleich der daraus abgeleiteten Vorhersagen mit den beobachteten Aussterbemustern nur eine von allen gut abschneidet (in diesem Fall die Vorstellung vom Temperaturwechsel als dem wichtigsten direkten Auslöser von Massensterben), dann muß man dieser einen Hypothese den Vorrang lassen. Die möglichen nichtklimatischen Auslöser von Massensterben, denen mit diesem Ansatz nicht bloß eine zweitrangige oder unbedeutende Rolle zufällt, sind in den meisten Fällen entweder außerirdischen Ursprungs — wie etwa ein sprunghafter Anstieg der kosmischen Strahlung — oder unwahrscheinlichen irdischen Ursprungs, wie der Ausstoß schädlicher vulkanischer Gase im weltweiten Maßstab. All diese Wirkkräfte hätten zwar das nötige Zerstörungspotential; inwieweit sie aber wirklich eine Hauptrolle gespielt haben können, muß man anhand zweier Faktoren überprüfen: a) der Wahrscheinlichkeit ihres Auftretens und b) des Ausmaßes, in dem ihr vorausgesagter Einfluß auf das Leben und die Umwelt mit dem Bild übereinstimmt, das wir der geologischen Überlieferung entnehmen.

Es gibt ein ganz typisches Kennzeichen von Massenuntergängen, das mit der Vorstellung vom Klimawechsel als wichtigstem Auslöser vereinbar ist, sich aber mit den meisten alternativen Hypothesen nur schlecht verträgt. Größere Krisen pflegen nämlich in tropischen Regionen besonders schwere Verwüstungen anzurichten — jedenfalls im marinen Lebensraum. Dies zeigt sich im Meer besonders an der Gemeinschaft der Riffbildner, die sich infolge von Massensterben wiederholt umgestaltet hat. Im Kambrium bauten hauptsächlich primitive Kalkalgen und seltsame vasenförmige Organismen unbekannter biologischer Verwandtschaft Riffe auf. Keine dieser Formen hat bis ins Mittelpaläozoikum

überlebt, als eine Gemeinschaft von Schwämmen und Korallen die beherrschende Rolle übernahm; doch auch diese wurden durch Massensterben dezimiert. Im Jungpaläozoikum dominierten wieder andere Typen von Schwämmen und Algen. Erst nachdem diese der Krise am Ausgang des Paläozoikum zum Opfer gefallen waren, rückte die Gruppe der heutigen riffbauenden Korallen in den Vordergrund. Doch selbst ihr Erfolgsweg verlief nicht ohne Unterbrechungen. In der Mittelkreide entwickelte eine merkwürdige, den grabenden Herz- und Venusmuscheln nahestehende Molluskengruppe (die Rudisten) kegelförmige Gehäuse nach Art der Deckelkorallen und verdrängte dank überlegener Wettbewerbsfähigkeiten die Korallen als dominierende Riffbildner. Erst als diese eigenartigen Muscheln zusammen mit den Dinosauriern ausstarben, gelangten die Korallen wieder zur Vorherrschaft, die sie bis heute beibehalten haben.

Manche Paläontologen haben behauptet, die Anfälligkeit der Riffbildner und anderer tropischer mariner Gruppen in größeren Krisen sei auf die beschränkte Anpassungsfähigkeit tropischer Arten im allgemeinen zurückzuführen. Zwar mögen einige tropische Arten tatsächlich Nahrungsspezialisten sein, doch gilt diese Verallgemeinerung nicht für alle. So weisen in niederen Breiten lebende Arten grabender Muscheln dieselbe Vielfalt von Lebensräumen und ein gleichermaßen breites Nahrungsspektrum auf wie Arten, die in hohen Breiten beheimatet sind. Trotzdem erlitten in der Schlußkrise des Mesozoikum die grabenden Muscheln — ähnlich wie die riffbauenden Rudisten – nur im südlichen Nordamerika schwere Verluste. Im Golf von Mexiko wurden sie ausgelöscht, doch 1500 Kilometer weiter nördlich in Nord-Dakota, wo das Flachmeer den Kontinent vor und nach der Krise überflutete, blieben sie so gut wie unangetastet.

Es gibt ein einfaches Denkmodell für das Massensterben durch Klimawechsel, das die bei tropischen Arten beobachtete Tendenz, besonders schwere Verluste zu erleiden, voraussagt. Dieses Modell beruht auf der Tatsache, daß eine weltweite klimatische Abkühlung den Tropengürtel vollständig verschwinden lassen kann, ohne andere Klimazonen zu vernichten. Wenn die Erde deutlich kühler wird, können sich die nichttropischen Zonen einfach in niedrigere Breiten verlagern, und wo es keine Barrieren gibt, kann das Leben dieser Zonen mitwandern. Die äquatoriale Zone dagegen muß zwangsläufig abkühlen; sie hat keinen Platz zum Ausweichen. Deshalb ist von einer stärkeren Abkühlungsepisode eine Zerstörung des tropischen Lebens zu erwarten. Gleichermaßen müßte eine weltweite Erwärmung Arten ausrotten, die an polare Klimate angepaßt sind, da auch Polarzonen nicht ausweichen können und sich daher erwärmen müssen. Dieses Modell wird dadurch untermauert, daß es ein zeitliches Muster zu erklären vermag, das in Krisen der Vorzeit häufig zu erkennen ist: Ein einzelnes Massensterben tritt als Serie von Rückschlägen auf. Diese Zusammenbrüche mögen einfach immer dann eingetreten sein, sobald die Temperatur die thermische Toleranzschwelle einer bestimmten Organismengruppe überschritt.

In bestimmten Zeiten der Vergangenheit war die äquatoriale Klimazone wahrscheinlich wesentlich wärmer als heute. Fossile Pflanzen zeigen zum Beispiel, daß in der mittleren Kreidezeit, also 30 bis 40 Millionen Jahre vor dem Untergang der Dinosaurier, im US-Bundesstaat Wyoming – von hohen Breiten einmal abgesehen – subtropische Ver-

Während der mittleren Kreidezeit waren die Polargebiete wärmer als heute, und auf Grönland wuchsen damals Brotfruchtgewächse, deren Blätter denen der heutigen Brotfruchtbäume mit ihren eßbaren Früchten (siehe nächstes Bild) sehr ähnlich waren.

Neuzeitlicher Brotfruchtbaum aus dem Pazifikgebiet.

hältnisse herrschten und daß auf Grönland Brotfruchtbäume wuchsen (wie sie heute in Polynesien weit verbreitet sind). Und in Südostengland dehnten sich im Vorfeld einer mäßig schweren biotischen Weltkrise vor nicht ganz 40 Millionen Jahren tropische Dschungel aus, die denen des heutigen Malaysia ähnelten. Der Schluß scheint demnach nur vernünftig, daß in solchen Zeiten auch die Äquatorzone wärmer als heute war, und ich schlage vor, ihre damaligen Klimaverhältnisse als supertropisch zu bezeichnen. Dies bedeutet nichts anderes, als daß damals Arten die Äquatorregion besiedelten, die heute weder dort noch sonstwo in der Welt leben könnten.

Die Belege dafür, daß es vor geologisch nicht langer Zeit in England viel wärmer war als heute, machen nur einen Bruchteil jener Fülle von Informationen aus, die uns fossile Pflanzen über die Klimate der Vorzeit vermitteln. Vor allem für die letzten ungefähr 100 Millionen Jahre, in denen die heutigen bedecktsamigen Blütenpflanzen (einschließlich der Hartholzbäume) sich entfalteten, gelten Pflanzen als die Thermometer der Vergangenheit. Wo sie gute fossile Dokumente stellen, sind sie unsere beste Informationsquelle über die Klimate der Vorzeit. Wie in den folgenden Kapiteln beschrieben wird, zeigen Pflanzenfossilien und auch die von ehemaligen Gletschern hinterlassenen Sedimentkörper, daß es tatsächlich in mehreren weltweiten biotischen Krisen zu klimatischen Abkühlungen gekommen ist. Vor 20 Jahren besaßen wir noch für keine dieser Krisen einen solchen Nachweis.

Sauerstoff und Salz in den Ozeanen

Die Konzentration an gelöstem Sauerstoff ist einer der limitierenden Faktoren im marinen Lebensraum, der vermutlich von Zeit zu Zeit stark genug geschwankt hat, um zu Massensterben beigetragen zu haben. In tiefen Meeresbecken kann das Wasser unterhalb des Einflußbereichs der Oberflächenwellen anoxisch werden, das heißt, an Sauerstoff verarmen, wenn der beim Abbau von organischem Material verbrauchte Sauerstoff nicht durch aus der Atmosphäre eingetragenen ersetzt wird. Anoxisches Wasser, das man heute am Grunde tiefer stagnierender Seen findet, scheint in bestimmten Zeitabschnitten der Vorzeit auch für die Tiefsee kennzeichnend gewesen zu sein. Heute ist die Tiefsee demgegenüber durch kalte dichte Wassermassen, die nahe der Erdpole von der Oberfläche absinken und zum Äquator fließen, gut mit Sauerstoff versorgt. Infolgedessen besiedelt eine große Vielfalt von Tieren den Meeresboden. Als in manchen früheren Zeiten die Erdpole viel wärmer waren, sank das kühle Wasser nicht schnell genug in die Tiefsee ab, die folglich anoxisch wurde und ihre Lebensgemeinschaften verlor. In manchen dieser Perioden haben sich die sauerstoffentleerten Wassermassen so weit nach oben ausgebreitet, daß sogar flache Ausläufer der hohen See, die sich über die Kontinente erstreckten, in ihren tieferen Bereichen anoxische Bedingungen aufwiesen. Das läßt sich an der weiten Verbreitung von Fossilien bodenlebender Tiere und an der Anhäufung von schwarzem Schlamm ablesen, dessen hoher Gehalt an organischem Kohlenstoff das Fehlen aerober, also Sauerstoff verbrauchender Bakterien widerspiegelt. In gut durchlüfteten Siedlungsbereichen zersetzen solche Mikroben das organische Material.

Es ist hier zu fragen, ob sich die anoxische Zone sogar bis in Flachwasserzonen hinein ausdehnen und somit über weite Meeresgebiete hinweg Leben vernichten kann. Genau hier, könnte man sagen, liegt das Problem, wenn man anoxische Bedingungen als wesentlichen Auslöser von Massensterben annimmt. Massenuntergänge haben eigentlich immer die Lebensformen mariner Flachwasserzonen betroffen; gewöhnlich wühlt jedoch der Seegang stets die oberen zehn Meter des Meerwassers auf und versieht sie mit atmosphärischem Sauerstoff. Sofern es nicht einen drastischen Abfall der Sauerstoffkonzentration in der Atmosphäre gegeben hat, dürfte dieses oberflächennahe Wasser praktisch immer als Zufluchtsort für zahllose Arten gedient haben.

Die Salzkonzentration oder Salinität des Wassers schließt zu allen Zeiten etliche Organismen von jenen küstennahen Lebensräumen aus, in denen das Seewasser durch Süßwasser aus Bächen und Flüssen verdünnt wird. Stabile Brackwasserzonen oder Bereiche mit schwankender Salinität sind für die meisten marinen Arten unbewohnbar. So leben in Buchten und Lagunen nur wenige Arten. Kann sich ein solcher limitierender Faktor weltweit auswirken und gewaltige Anzahlen von Arten, Gattungen und Familien vernichten? Der hierbei am häufigsten in Betracht gezogene Mecha-

55

nismus ist die Verdunstung von Flachmeeren — ein Vorgang, der Natrium-
chlorid und andere Salze in trockener
Form auf dem Lande zurückläßt, während das verdunstete Wasser durch Re-
genfälle wieder ins Meer gelangt. Natürlich verdünnt dieses zurückkehrende
Wasser das Seewasser; aber um wieviel?
Die meisten Berechnungen ergeben,
daß die in kurzen geologischen Zeitabschnitten ausgefällten Salzmengen wohl
niemals ausgereicht haben, um die Salinität der Weltmeere so weit herabzuset-
zen, daß es zu einem heftigen Massenaussterben gekommen wäre. Allerdings
kann man die Möglichkeit nicht ausschließen, daß einige besonders salz-
empfindliche Arten schon infolge geringer Unregelmäßigkeiten im Salzgleich-
gewicht der natürlichen Gewässer
ausgestorben sind.

Iridium und das Bombardement aus dem Weltraum

Viel Aufsehen hat seit 1980 die Behauptung einer Forschergruppe an der Universität von Kalifornien in Berkeley er-
regt, daß vor 65 Millionen Jahren ein
großer Meteor in die Erde eingeschlagen
sei und das Aussterben der Dinosaurier
und vieler anderer Tierarten in der Krise
am Ende des Mesozoikum verursacht
habe. Das schon erwähnte Hauptindiz
für diese Hypothese ist der ungewöhnlich hohe Gehalt des Elementes Iridium,
der an vielen Stellen der Erde einen nur
wenige bis 30 Zentimeter dicken Sedimentabschnitt an der Grenze zwischen
mesozoischen und känozoischen Gesteinen kennzeichnet.

Die Befürworter dieser sogenannten
„Impakt"-Hypothese (vom englischen
impact für Einschlag, Aufprall) führen
für den Einschlag eines großen Meteors
etliche tödliche Konsequenzen an. Dazu
gehören saure Niederschläge und weltweite Temperaturschwankungen infolge
von Veränderungen in der irdischen Atmosphäre. Ob einzelne dieser vermute-
ten Veränderungen tatsächlich wesentlich zum Aussterben beitragen konnten,
ist zweifelhaft, weil sie wahrscheinlich
kaum mehr als einen Bruchteil der Individuen irgendeiner Art zu töten vermochten. Nehmen wir beispielsweise die
Erzeugung von Trübströmen, also
durch feinverteiltes Sediment verunrei-
nigten Wasserströmen, in den Weltmeeren. Ein in den Ozean stürzender Meteor
würde große Sedimentmengen in die
darüberliegenden Wassermassen wir-
beln. Träfe er im flachen Wasser auf,
also dort, wo das Aussterben normalerweise besonders ausgeprägt ist, würde
sich das Sediment sehr schnell — wahrscheinlich innerhalb von Tagen — wieder absetzen, und die das Leben auf dem
Meeresboden überdeckende Schicht
wäre relativ dünn. Fast alle Arten können für eine so kurze Zeit ohne Nahrung
auskommen, und viele besitzen wirksa-
me Einrichtungen, um ihren Atemstrom
von störendem Sediment freizuhalten.
Zwar gibt es auch Gruppen, die gegen
Sedimentablagerungen sehr anfällig
sind, etwa manche Korallenarten, aber
selbst bei diesen finden sich unvermeid-
lich Kolonien mit Individuen, die oberhalb des Meeresbodens kopfunter wachsen oder im Schutz anderer Organismen
leben. Eine totale Vernichtung solcher
Arten bedeutet nun einmal, daß jeder

einzelne Polyp (wie man die tentakel-tragenden, knospenartigen Individuen nennt) aller ihrer in die Milliarden gehenden Kolonien sterben muß − was sehr unwahrscheinlich ist.

Im Kapitel über die Krise am Ende des Mesozoikum werde ich die Belege für den tödlichen Aufprall eines außerirdischen Objekts ausführlich besprechen. Vorerst soll die Feststellung genügen, daß es keine handfesten geologischen Daten gibt, die diese Art von Auslöser für frühere Massenuntergänge wahrscheinlich machen. Vielmehr spricht bei einigen jener Ereignisse sogar manches gegen diese Hypothese − und für „weltlichere" Ursachen. Hiermit meine ich die in irdischen Sedimentgesteinen dokumentierten Klimawechsel, die auf Bewegungen der Kontinente über die Erdoberfläche beruhten.

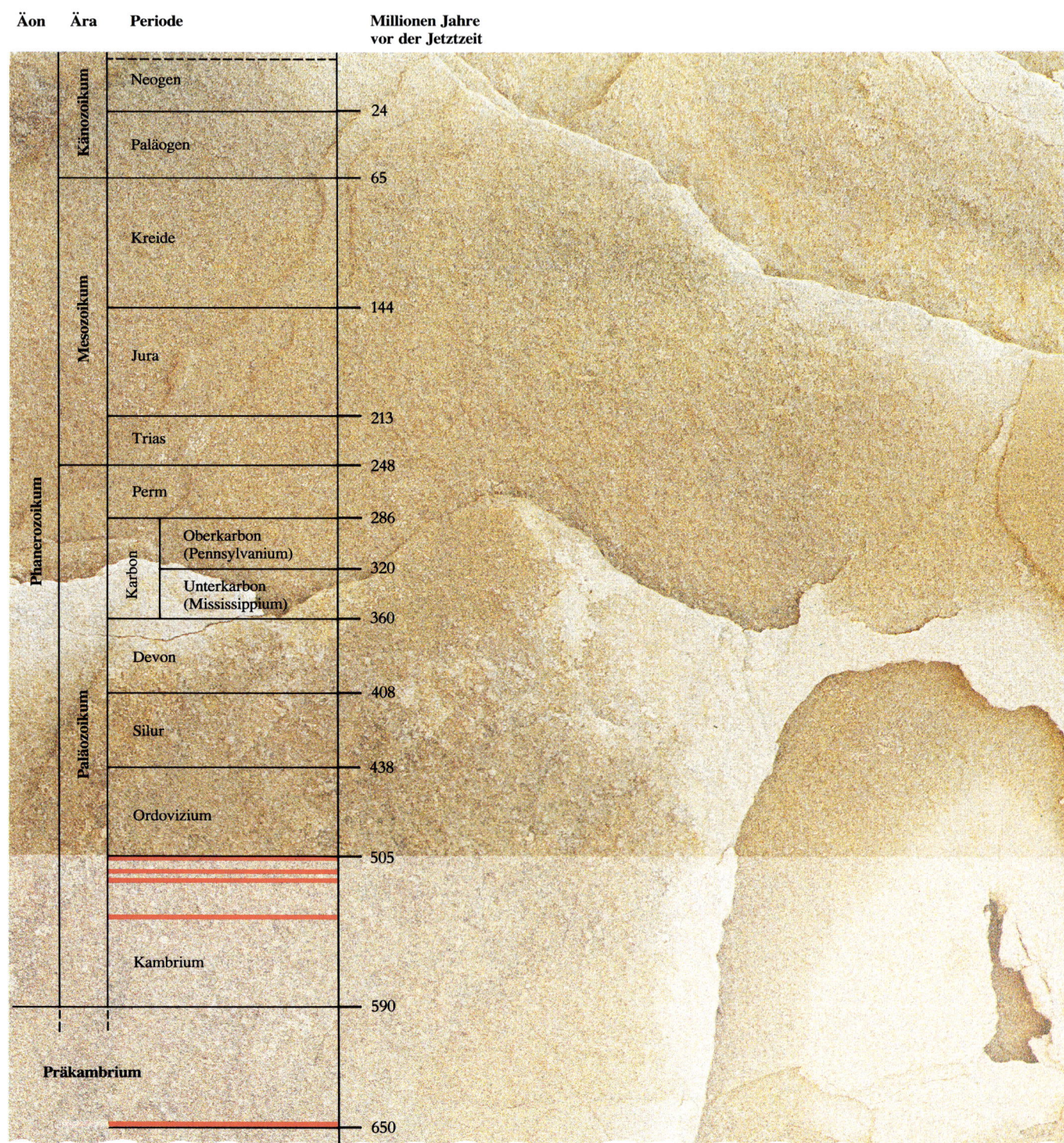

Äon	Ära	Periode		Millionen Jahre vor der Jetztzeit
Phanerozoikum	Känozoikum	Neogen		
		Paläogen		24
	Mesozoikum	Kreide		65
		Jura		144
		Trias		213
	Paläozoikum	Perm		248
		Karbon	Oberkarbon (Pennsylvanium)	286
			Unterkarbon (Mississippium)	320
		Devon		360
		Silur		408
		Ordovizium		438
		Kambrium		505
				590
Präkambrium				
				650

Erste Krisen und die Entwicklung höherer Lebensformen

Wenn wir dem frühesten bekannten Massensterben nachspüren wollen, müssen wir in der geologischen Zeit mehr als eine halbe Milliarde Jahre zurückgehen — bis kurz vor den Übergang zwischen den zwei Hauptabschnitten der Erdgeschichte. Das erste dieser beiden Intervalle war bis nahe an sein Ende von einzelligen Organismen dominiert. Aufgrund der Tatsache, daß sich ihm unmittelbar das Kambrium anschließt, hat man es schlicht als Präkambrium bezeichnet. Im Kambrium hinterließen dann vielzellige Lebensformen erstmals reichhaltige Fossildokumente, denn viele Tiergruppen entwickelten nun dauerhafte und damit voll erhaltungsfähige Skelette. Das Kambrium ist die erste Periode des zweiten Hauptabschnittes (Äons) der Erdgeschichte, des sogenannten Phanerozoikum, was soviel wie „Zeit des gut sichtbaren Lebens" bedeutet.

Das Leben im Präkambrium

Das erste Massenaussterben, von dem wir Kenntnis haben, ereignete sich relativ kurz vor Beginn des Phanerozoikum. Es unterscheidet sich in einem wesentlichen Punkt von allen folgenden Krisen: Die biologische Vielfalt seiner Opfer war begrenzt. Dies steht durchaus nicht im Widerspruch zu unserer früheren Definition von Massensterben; bloß hatte sich das Leben — selbst in den Weltmeeren — noch nicht sonderlich entfaltet. Es gab erst wenige Sorten von Organismen, die einer katastrophalen Umweltänderung unterworfen werden konnten. Doch genau wie bei den meisten folgenden Krisen passen auch bei diesem Massensterben die Indizien zu der Annahme, daß ein Klimawechsel der Hauptauslöser war.

Das Präkambrium begann mit der Entstehung der Erde vor etwa 4,6 Milliarden Jahren, und die ältesten Fossilien, die man bisher entdeckt hat, sind ungefähr eine Milliarde Jahre jünger. Erwartungsgemäß handelt es sich bei diesen frühesten Formen um Prokaryonten — Vertreter jener Organismengruppe, der die primitivsten lebenden Zellen angehören. Prokaryonten sind einzellige Lebewesen, denen ein Zellkern fehlt und deren genetisches Material nicht in Chromosomen organisiert ist. Sie bilden das Reich der Monera, das in zwei Abteilungen zerfällt: in die Schizophyta (traditionell Bakterien genannt) und die Cyanophyta (blaugrüne Algen). Wie die Algen und höheren Pflanzen sind die

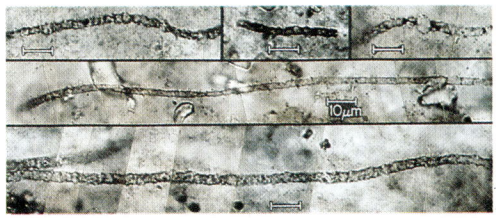

Oben: Prokaryontische Fadenalgen des Typs, der Stromatolithen aufbaut. Diese sonderbaren Zellketten haben jungpräkambrisches Alter. Unten: Querschnitte fossiler Stromatolithen aus dem Jungpräkambrium. In den säulenartigen Gebilden sind deutlich Schichten zu erkennen.

Cyanophyten zur Photosynthese fähig, bei der molekularer Sauerstoff frei wird. Von den ältesten Prokaryonten gibt es zwei Arten von Fossilien: mikroskopisch kleine Reste von Zellen und ausgedehnte geschichtete Strukturen, die man Stromatolithen nennt. Die Zellreste umfassen sphärische, aber auch fadenförmige Gebilde aus Zellketten. Einige die-

Bei Niedrigwasser freigelegte, heutzeitliche Stromatolithen in der westaustralischen Haifischbucht (Shark Bay), wo das Wasser für Tiere, die diese Gebilde zerstören könnten, zu salzig ist. Die größten Stromatolithen erreichen hier ungefähr den Umfang eines dicken Sitzkissens.

ser Strukturen sind anscheinend Schizophyten, andere dagegen Cyanophyten, aber es ist bei einem Teil des Fossilmaterials schwierig festzustellen, welcher dieser Gruppen man es zuordnen soll. Stromatolithen entstanden (und entstehen auch heute noch, siehe oben) überwiegend aus fadenförmigen Cyanophyten.

Nirgendwo in der Fossilüberlieferung hat man ein echtes Massenaussterben prokaryontischer Lebewesen entdeckt, und diese Gruppen gedeihen auch heute noch. Allerdings nahm die Verbreitung der Cyanophyten im Altphanerozoikum merklich ab. Zuvor hatten die von ihnen gebildeten Stromatolithen, die teils wie Kohlköpfe wuchsen, teils riffartige Formen annahmen, ausgedehnte Areale des Flachmeerbodens überzogen. Für sie gibt es aus dieser Zeit sehr umfangreiche, teilweise spektakuläre fossile Dokumente. Peter Garrett hat als Doktorand an der Johns-Hopkins-Universität starkes Beweismaterial dafür zusammengetragen, daß die Ausbreitung der Tierwelt im Altphanerozoikum den Niedergang der Stromatolithen verursacht hat. Jene Sorten von fädigen Cyanophyten, welche die damaligen Stromatolithen erzeugt haben, leben auch heute noch, aber selten gedeihen sie üppig genug, um Stromatolithen zu bilden. Damit ein solches Gebilde entsteht, müssen sie zunächst auf dem Meeresboden zu einer dünnen Matte von verknäuelten, klebrigen Filamenten zusammenwachsen, in der sich Sedimentpartikel fangen können. Durch die so entstehende Sedimentlage dringen einige wenige Filamente nach oben und erzeugen eine neue Matte. Der Wechsel zwischen an organischem Material reichen und armen Lagen verleiht den hügel- oder kissenförmig emporwachsenden Stromatolithen ihre innere Schichtstruktur. Heutzutage wird das Wachstum derartiger Stromatolithen gewöhnlich durch die Anwesenheit von weidenden und grabenden Tieren wie Schnecken und Würmern vereitelt, die die Algenmatten zerstören. Wenn man aber in kontrollierten Experimenten solche Tiere von den Wuchsorten der fadenförmigen Cyanophyten fernhält, können diese auch mit Erfolg ihre Matten bauen. Die Natur selbst hat derartige Experimente mit dem gleichen Ergebnis durchgeführt. Stromatolithen gedeihen heute nur in zwei Typen von marinen Randbezirken, die für die meisten Tierformen keine günstigen Lebensbedingungen aufweisen. Der eine ist das Supralitoral — jene schmale Uferzone, die weder Land noch Meer darstellt und ebenso der brennenden Sonne wie dem Regen ausgesetzt ist, wenn nicht gelegentliche Stürme sie mit Seewasser überströmen. Hier, wo weder Land- noch Meerestiere gedeihen, haben die Cyanophyten Gelegenheit, Stromatolithen aufzubauen; jedenfalls trifft das für tropische Gebiete wie die Große Bahamabank zu, wo die für ihr Wachstum nötigen Temperaturen herrschen. Die Organismen, die Stromatolithen hervorbringen, sind unglaublich widerstandsfähig: Wenn man sie austrocknet, fallen sie in einen scheintoten Zustand; fügt man Wasser hinzu, erwachen sie zu neuem Leben. Den zweiten Lebensraum, der das Wachstum von Stromatolithen fördert, bilden Meereslagunen, deren Wasser so viel salziger ist als das des offenen Meeres, daß darin nur wenige Tiere überleben können. Solche Gewässer entstehen in heißen, trockenen Gegenden, wo die hohe Verdunstungsrate und die geringe Verbindung zum offenen Meer die Salzkonzentration bis zur Giftigkeit ansteigen lassen. Das beste Beispiel hierfür ist die Haifischbucht (Shark Bay) in Westaustralien; dort gedeihen die Stromatoli-

then infolge des fast völligen Fehlens von tierischen Feinden sowohl im Supralitoral als auch in der Zone darunter.

Während die Stromatolithen sich vor der Entwicklung der sie zerstörenden Tiere über die weiten spätpräkambrischen Meeresböden ausdehnten, lebten andere Sorten von Cyanophyten planktonisch, das heißt, sie schwebten in Gewässerzonen, die flach genug waren, um vom Sonnenlicht durchdrungen zu werden. In jenem Frühstadium der Erdgeschichte gab es ausschließlich pflanzenartige Schweborganismen — sogenanntes Phytoplankton. Schwebende Tiere oder Zooplankton, zu denen heute Formen wie Protozoen (Einzeller) und winzige Krebse gehören, hatten sich noch nicht entwickelt. Die fossile Überlieferung zeigt, daß vor etwa 1,4 Milliarden Jahren — also mindestens zwei Milliarden Jahre nach der Entstehung prokaryontischen Lebens — der moderne Typ von Zelle ins Dasein trat: Im marinen Plankton gesellten sich erste eukaryontische Algen zu den Cyanophyten. Anders als Prokaryonten besitzen Eukaryonten einen Zellkern, und ihr Genmaterial ist auf Chromosomen aufgeteilt. Zu ihnen gehören also nicht nur viele einzellige Organismen und Algen, sondern auch alle vielzelligen Pflanzen und Tiere.

Der Nachweis für die Existenz eukaryontischer Zellen vor 1,4 Milliarden Jahren beruht hauptsächlich auf der Größe und dem Wandaufbau fossiler Zellen. Viele eukaryontischen Algen haben stachelige oder mit komplizierten Strukturen versehene Zellwände. Der sowjetische Paläontologe B. F. Timofejew und

J. William Schopf von der Universität von Kalifornien in Los Angeles haben sowohl abgeplattete Zellen in dichtem, stark gepreßtem Schiefer als auch in ihrer Raumstruktur erhaltene Zellen aus Hornstein untersucht (einem wenig zusammengedrückten Sedimentgestein aus feinkristallinem Quarz). Dabei entdeckten sie für die Zeit vor etwa 1,4 Milliarden Jahren eine Veränderung im Größenspektrum der Algenzellen. Vor dieser Zeit gab es nur wenige Zellen, die eine Größe von zehn Mikrometern überschritten (ein Mikrometer $= 10^{-6}$ Meter), und fast keine erreichte einen Durchmes-

lerdings keine einheitliche taxonomische Sippe, sondern ein Sammelsurium eukaryontischer Formen dar, deren biologische Eigenheiten man aus den erhaltenen Fossilresten nicht ohne weiteres erschließen kann.

Das erste große Aussterben?

Die fossile Überlieferung der Acritarchen dokumentiert ein Ereignis, das vielleicht als das erste Massenaussterben der Erdgeschichte gelten kann. Nach bescheidenen Anfängen vor ungefähr 1,4

Beispiele von Acritarchen, jener Organismengruppe, die das erste bekannte Massensterben der Erdgeschichte erlitten hat. Acritarchen sind die dauerhaften Ruhestadien einzelliger Algen.

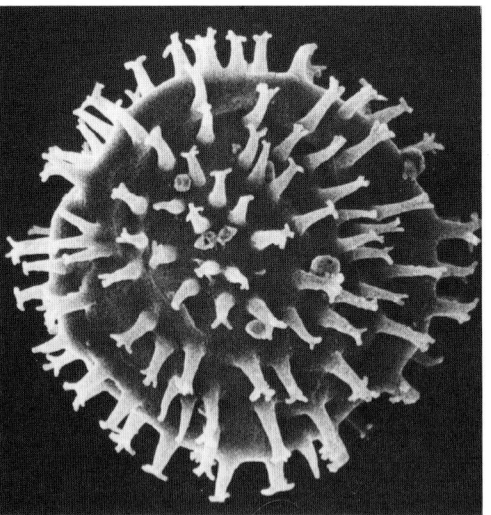

ser von 60 Mikrometern. Heute sind Größen von weniger als 20 Mikrometern typisch für prokaryontische Zellen, und so gilt das erste Auftreten zahlreicher größerer Zellen in der fossilen Überlieferung als Startmarke für die Entstehung eukaryontischer Lebensformen. Fast alle jener großen eukaryontischen Zellen werden einer als Acritarchen bekannten Algengruppe zugeordnet; diese stellt al-

Milliarden Jahren entfaltete sich die Gruppe der Acritarchen so weit, daß sie etwa 700 Millionen Jahre später zahlreiche Arten umfaßte. Gonzalo Vidal von der Universität Lund in Schweden und Andrew Knoll von der Harvard-Universität haben diese Ausbreitung dokumentiert. Sie stellten auch fest, daß die Entfaltung der Acritarchen vor etwa 650 Millionen Jahren plötzlich zum Stillstand

kam. Nach der geologischen Zeitskala ereignete sich diese Krise kurz vor dem Phanerozoikum, das vor etwa 590 Millionen Jahren begann. Zwar haben die beiden Wissenschaftler sie lediglich für Skandinavien genau dokumentiert, wo ungefähr 70 Prozent der Flora verschwanden, aber zwei der von ihnen angeführten Indizien sprechen dafür, daß dieses Ereignis tatsächlich ein Massensterben gewesen ist. Erstens kamen die verschwundenen Pflanzen- und Tierformen nach der Krise nicht mehr zurück; sie waren also wirklich ausgestorben und nicht bloß zeitweise abgewandert. Und

Erdgeschichte kam. Dieses Ereignis hat in erstaunlich vielen Gebieten durch Gletscher zusammengeschobene Geröllablagerungen hinterlassen: unter anderem auf Grönland, in Schottland, Skandinavien, der Sowjetunion, China und Australien. Überraschenderweise lagen manche dieser Regionen während der Vereisung anscheinend auf niedrigen Breiten. Messungen des Gesteinsmagnetismus zufolge befand sich beispielsweise Australien damals in der Nähe des Äquators. Aus heutiger Sicht erscheint es schon bemerkenswert, daß sich vor 650 Millionen Jahren in der

zweitens spiegelt sich in Fossilfunden aus Afrika und Australien ein gleichartiger Rückgang wider.

Vidal und Knoll heben außerdem eine zeitliche Übereinstimmung hervor, die womöglich von großer Bedeutung ist: Das Aussterben der Acritarchen fiel in eine Episode, in der es zu der vermutlich stärksten kontinentalen Vereisung der

Zeugnisse der jungpräkambrischen Vereisung in Australien. Die Kratzer auf dem alten Grundgebirge (rechts) rühren von Gesteinsbrocken her, die auf der Unterseite der fließenden Gletscher eingefroren waren. Der Mann im linken Bild betrachtet einen solchen im groben Sediment eingebetteten Findling, der vom Gletscher aufgepflügt und hier wieder abgelagert wurde.

Rekonstruktion einiger wirbelloser Tiere, die durch Fossilien des jüngsten Präkambrium nachgewiesen sind. Diese Tiere unterscheiden sich deutlich von den Geschöpfen unserer Tage, und ihre biologische Verwandtschaft wie auch ihre Lebensweise sind noch umstritten.

Nähe des Äquators Gletscher über weite Gebiete Australiens erstreckt haben sollen. Demgegenüber waren während der letzten Eiszeit, die vor etwa drei Millionen Jahren einsetzte, die großen Inlandgletscher (in Abgrenzung von den kleinen Talgletschern in Gebirgen) auf hohe Breiten beschränkt; die Zentren lagen in Kanada, Grönland, Skandinavien und der Antarktis. (Wie wir im Kapitel über das Neogen sehen werden, haben die Gletscher damals zu- und abgenommen, und sie werden wiederkommen.)

Nach Ansicht von Vidal und Knoll deutet die zeitliche Übereinstimmung des Acritarchensterbens mit der außergewöhnlich weit verbreiteten Vergletscherung auf eine mögliche kausale Verknüpfung hin. Ein solcher Zusammenhang ist nicht endgültig bewiesen, paßt aber zu der im vorigen Kapitel vorgetragenen These über die Beziehung zwischen Massensterben und Klimawechsel.

Trilobiten kommen und gehen wieder

Die ersten Massenuntergänge, die die Tierwelt betrafen, erfolgten bald nach dem Beginn der evolutionären Ausbreitung und Weiterentwicklung (Diversifikation) der höheren Tiere. Im Gegensatz zu höheren Pflanzen sind höhere Tiere von Natur aus anfällig für Massensterben. Die ersten primitiven vielzelligen Tiere erschienen sehr spät im Präkambrium. Die Datierung ihres Ursprungs ist wegen der Ungenauigkeit radiometrischer Altersbestimmungsmethoden schwierig; darüber hinaus bestehen Kontroversen, inwieweit bestimmte geologische Gebilde wirklich Fossilreste sind. Die Paläontologen haben viele Jahre hindurch die Schichten des Präkambrium nach sehr alten Urkunden tierischen Lebens durchmustert. Als mögliche frühe Tierfossilien in diesen Sedimenten kommen röhrenförmige Strukturen in Betracht, bei denen es sich um Grabbauten wurmähnlicher Tiere handeln könnte. Allerdings sind Annahmen eines biologischen Ursprungs solcher Gebilde vor über einer Milliarde Jahre von vornherein fragwürdig. Strukturen, die übereinstimmend als Tierfossilien anerkannt werden, treten erst in Gesteinen häufiger auf, deren Alter man auf 700 bis 800 Millionen Jahre datiert hat. Dazu gehören Kriechspuren, Fährten und Grabbauten von Weichkörpertieren, die sich auf oder im Sand und Schlamm fortbewegt haben. Außerdem findet man Abdrücke von Weichkörpertieren, die man als Quallen, als segmentierte Würmer oder als Lebensformen interpretiert hat, welche mit keiner taxonomischen Gruppe jüngeren Alters näher verwandt sind. Da ihnen Panzer oder Stützelemente aus hartem mineralisierten Material fehlen, scheinen diese Tiere ein frühes Evolutionsstadium darzustellen, in dem räuberische Arten noch klein und primitiv waren (siehe die Rekonstruktion auf der gegenüberliegenden Seite).

Das Kambrium, die erste Periode des Phanerozoikum, ist durch das Erscheinen zahlreicher Tiere mit Skeletten gekennzeichnet. Die Basis des Kambrium stimmt ungefähr mit der Zeit überein, in der sich solche Tiere erstmalig entwickelten. Die ältesten skelettbesitzenden Tiere waren winzige Lebewesen, deren Größe im allgemeinen im Millimeterbereich lag. Viele von ihnen dürften einem Zoologen unserer Tage völlig fremd vorgekommen sein, aber manche gehörten zu Schwamm- und Molluskenklassen, die es auch heute noch gibt. Nachdem diese kleinen Lebensformen ungefähr 15 Millionen Jahre lang den Meeresboden beherrscht hatten, traten die Trilobiten in Erscheinung. Diese — wie ihr Name verrät — dreilappigen Gliederfüßer besaßen auf ihrer Oberseite dicke verkalkte Außenskelette, die

Ein Trilobit des Unterkambrium aus der Gruppe der Olenelliden, der ursprünglichsten Trilobiten. Die Segmentierung dieser Tiere ähnelt der vieler anderer Arthropoden (Gliederfüßer) wie etwa Asseln und Tausendfüßer.

sich als Fossilien ausgezeichnet erhalten haben. Mit ihren vielen Beinpaaren, die sich jeweils unter den einzelnen Segmenten des Außenskelettes befanden, krabbelten zahlreiche Trilobitenarten auf dem Meeresboden umher oder gruben sich in ihn ein. Die in einigen seltenen Fällen erhaltenen Mundpartien auf der Unterseite des Körpers lassen darauf schließen, daß Trilobiten nur kleine Nahrungsteilchen verzehrten. Vielleicht waren manche von ihnen Kleintierjäger, die sich von winzigem Getier ernährten, während andere organische Abfallprodukte (Detritus) bevorzugten. Ihr gesamtes Nahrungsspektrum werden wir nie kennenlernen. Andere Trilobitenarten, besonders die sogenannten Agnostiden, verbrachten ihr Leben oberhalb des Meeresbodens. Es waren zumeist kleine Formen, die vermutlich im Wasser schwebten, aber in geringem Maße auch aktiv schwimmen konnten. Ihre Fossilvorkommen erstrecken sich über weite Gebiete; man muß deshalb annehmen, daß Trilobiten durch Ozeanströmungen über große Entfernungen ver-

Röntgenbild eines in Schiefer eingeschlossenen Trilobiten. Hier sind sowohl die Antennen als auch einige der Gliedmaßen zu erkennen, die über den Panzer hinausragen.

driftet wurden. Tatsächlich findet man viele Formen von Agnostiden, die in Nordamerika vorkommen, auch in Asien und Australien.

Schon früh im Kambrium eroberten die Trilobiten auf den Flachmeerböden eine ökologische Vormachtstellung. Doch bis zum Ende dieser Periode machten sie

mindestens vier Massensterben durch, von denen drei besonders gut dokumentiert sind. Die erste Trilobitenkrise scheint sich am Schluß des als Unterkambrium bezeichneten Zeitabschnittes ereignet zu haben. An dieser Schnittstelle starb mit den Olenelliden die älteste Trilobitengruppe aus. Sie war jedoch nicht allein betroffen: Mit ihr verschwand auch eine seltsame Gruppe von Organismen, die man heute dem Tierreich zuordnet und deren Vertreter die allerersten von Lebewesen erzeugten Riffe aufbauten. Diese sogenannten Archaeocyathiden schieden merkwürdig geformte Skelette aus, die zwei ineinanderge-

Rekonstruktion von Archaeocyathiden; diese seltsamen kegel- oder schüsselförmigen Riffbildner überlebten das Unterkambrium nicht.

stellten Vasen oder Schüsseln ähnelten; beide Teile waren durchlöchert und durch radiale Scheidewände miteinander verbunden. Wenngleich dieses frühe Massensterben noch nicht eingehend untersucht ist, stellt es doch die erste jener schon erwähnten Reihe von Krisen dar, in denen die riffbildenden Lebensgemeinschaften tropischer Meere dezimiert wurden.

Die drei übrigen Massensterben von Trilobiten, die sich im Oberkambrium ereigneten, sind viel gründlicher erforscht – vor allem durch Untersuchungen von Sedimentgesteinen und ihren Fossilien auf dem nordamerikanischen Kontinent. Mindestens eine dieser Krisen hat aber nachweislich auch Australien getroffen. Die Gesteine Nordamerikas lassen folgendes erkennen: Als die Kambriumzeit voranschritt, griffen Randmeere immer weiter auf den Kontinent über, der damals allgemein recht niedrig lag und keinerlei Hochland aufwies. In den Vereinigten Staaten sind die Gesteine des ältesten Kambrium auf die Ost- und Westgebiete beschränkt, wo sich jetzt Gebirge erheben. Als sich später die kambrischen Meere weiter landeinwärts ausdehnten, häuften sich auf ihren flachen Böden Calciumcarbonatsedimente an, die typischerweise auf tropische Klimazonen beschränkt sind. Mit der Zeit verwandelten sie sich in Kalkstein. Diese Gesteinsart besteht hauptsächlich aus Calciumcarbonatteilchen, die von zerbrochenen Skeletten verschiedener Mee-

Diese Karte verdeutlicht die weite Verbreitung von Flachmeeren sowie von Stromatolithen auf dem nordamerikanischen Subkontinent während des Oberkambrium.

jüngstes Kambrium

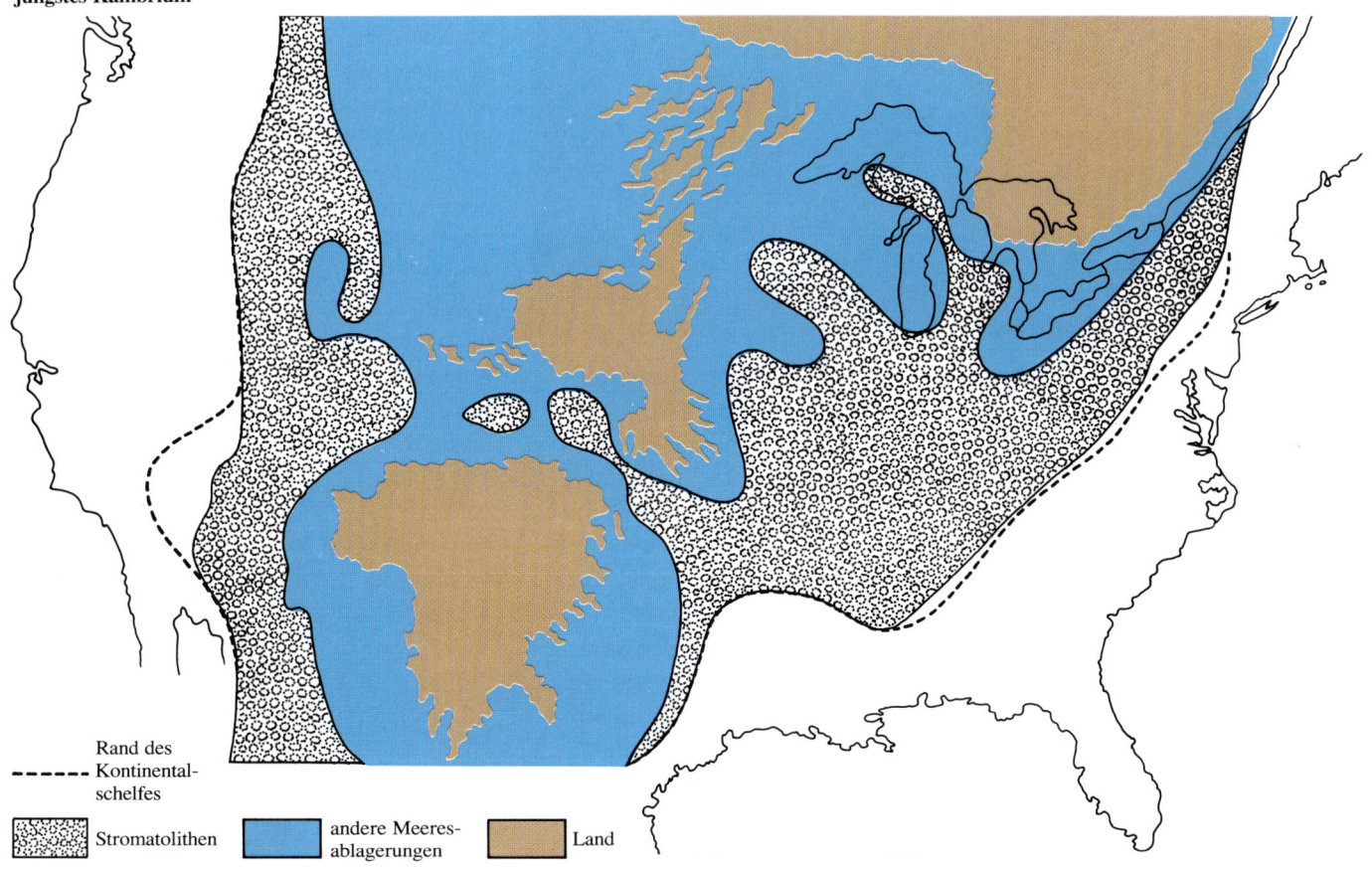

Rand des
- - - - Kontinental-
schelfes

Stromatolithen   andere Meeres-   Land
ablagerungen

Conodonten nennt man diese winzigen (millimetergroßen) zahnartigen Gebilde ausgestorbener aalartiger Tiere. Abdrücke vollständiger conodontentragender Tiere sind in der Fossilüberlieferung sehr selten, die „Zähnchen" dagegen weit verbreitet.

Oberkambrium Carbonatsedimente über weite Gebiete von Nordamerika erstreckten, ist nicht verwunderlich, denn nach gesteinsmagnetischen Messungen saß dieser Kontinent damals sozusagen rittlings auf dem Äquator. In den flachen Gewässern, die ihn überfluteten, lebten Trilobiten, die an tropische Bedingungen angepaßt waren, und während des größten Teils des Oberkambrium war lediglich eine kleine Insel im Inneren des Kontinents nicht von ihnen besiedelt.

Jedes der drei oberkambrischen Massensterben beendete eine größere adaptive Radiation der Trilobiten: Ein ums andere Mal wurden die Tiere in einer Blütephase getroffen. Die Auswirkungen dieser Krisen konzentrierten sich aber nicht nur auf die Trilobiten. Mindestens eine von ihnen dezimierte auch die Brachiopoden oder Armfüßer — Tiere mit einem zweiklappigen Gehäuse, die man wegen ihrer Form manchmal auch „Lampenmuscheln" nennt. Eine der Krisen verlangte darüber hinaus den Conodonten(tieren) einen hohen Tribut ab; diese Tiere haben in der Fossilüberlieferung eine Unmenge zahnartiger Gebilde hinterlassen (meist bezeichnet man allein diese „Zähne" als Conodonten), und von einem einzelnen fossilen Körperabdruck weiß man, daß es aalähnliche Schwimmer gewesen sein müssen.

resorganismen herrühren. Heute sind Mollusken, Kalkalgen und Seeigel die Hauptlieferanten. Calciumcarbonatsedimente werden durch ein Bindemittel zu Kalkstein verfestigt, das ebenfalls aus Kalk besteht und oftmals aus dem Sediment selbst herausgelöst und anschließend wieder zwischen den Körnern ausgefällt wurde. Organische Riffe sind Kalksteingebilde mit einem festen Gerüst, die über dem Meeresboden emporwachsen; das Gerüstwerk wird hauptsächlich von Korallen und kalkabscheidenden Algen aufgebaut, die sich untereinander verkitten. Daß sich im

stratigraphische Reichweiten der Trilobiten   Periode

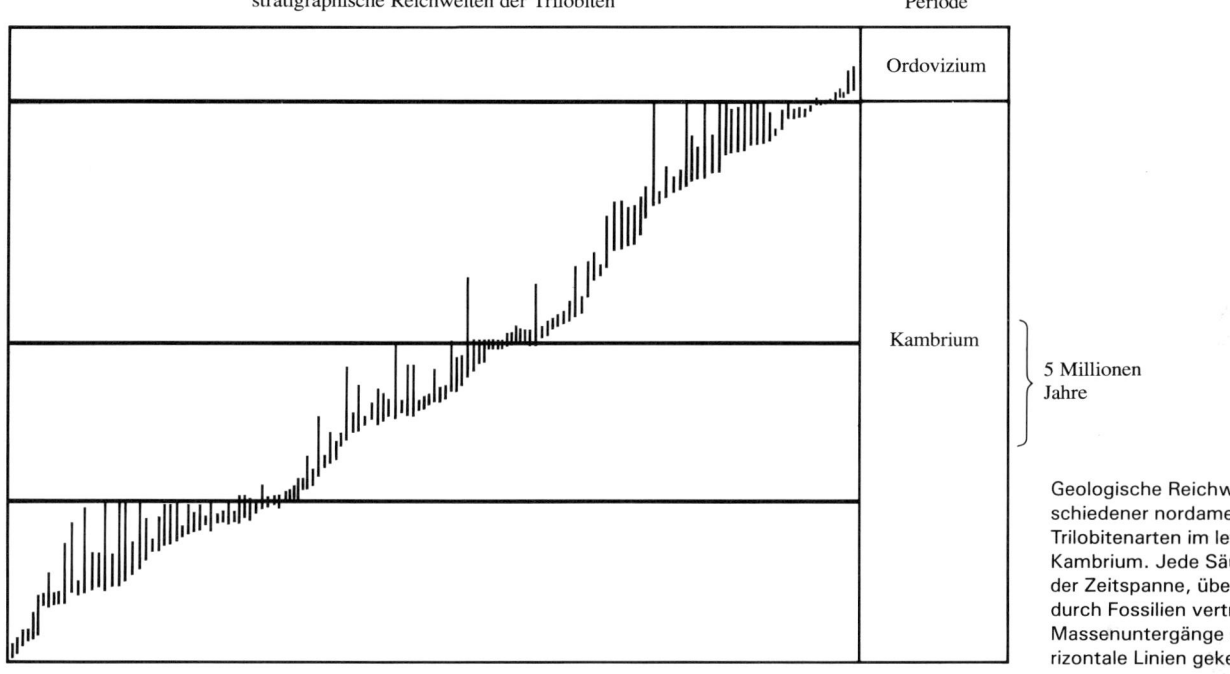

Geologische Reichweiten verschiedener nordamerikanischer Trilobitenarten im letzten Teil des Kambrium. Jede Säule entspricht der Zeitspanne, über die eine Art durch Fossilien vertreten ist. Drei Massenuntergänge sind durch horizontale Linien gekennzeichnet.

Die Suche nach einer Ursache

Allison Palmer von der Geological Society of America hat durch Geländearbeiten in den westlichen Vereinigten Staaten das Grundmuster der oberkambrischen Massensterben in allen Einzelheiten analysiert. Sorgfältig entnahm er in Schritten von wenigen Zentimetern Proben jener Schichten, die Gesteinsdokumente von den Massenuntergängen enthalten. Die auf diese Weise gesammelten Trilobitenfossilien lassen für alle drei Massensterben ein gleichartiges Grundmuster erkennen. Palmer untersuchte die Proben in stratigraphisch aufsteigender Reihenfolge und stellte dabei fest, daß innerhalb eines Abschnittes von einem Zentimeter oder noch weniger die meisten der Gattungen, die vor den einzelnen Krisen noch existierten, aus der Überlieferung verschwanden und nie mehr wiederkehrten. Nur jeweils zwei oder drei Gattungen überlebten die Krise, und zusammen mit einigen wenigen aus anderen Gebieten eingewanderten Gattungen gediehen sie anschließend weiter, wie es durch die große Häufigkeit entsprechender Fossilfunde belegt ist. Sehr schnell gelangte dann eine der neuen Gattungen zur Vorherrschaft — in einer Zeit, die man insofern als Endpunkt der Aussterbeepisode bezeichnen muß, als sich anscheinend nur eine einzige Tierform (Ökologen sprechen von einem Opportunisten) den veränderten Umweltbedingungen erfolgreich anzupassen vermocht hatte. Nur langsam verzweigte sich dann die Fauna wieder, indem sich neue Arten entwickelten.

69

Kambrische Sedimentgesteine enthalten keine für genaue radiometrische Datierungen geeigneten Minerale; doch aufgrund magmatischer Gesteine, in denen solche Minerale enthalten sind, ergibt sich für das Oberkambrium eine Dauer von etwa 20 Millionen Jahren. Daher wissen wir, daß die Trilobitenuntergänge jeweils eine Million Jahre auseinanderliegen. Es kann jedoch nur wenige Tausende von Jahren oder noch beträchtlich kürzer gedauert haben, bis jener Zentimeter Kalk abgelagert war, der jeweils das plötzliche Verschwinden der in den drei Massensterben vernichteten

Kalkfelsen in Utah, die den Zeitabschnitt eines der Massensterben im Oberkambrium repräsentieren. Der Pfeil weist auf den Horizont im Gestein, in dem plötzlich zahlreiche Trilobiten verschwanden. Eine Sedimentationsunterbrechung fand zur Zeit des Aussterbens nicht statt.

Faunen dokumentiert. Jedes dieser drei kurzen Intervalle ist eingehend untersucht worden. In den Schichten der ersten beiden Krisen blieb die Suche nach Anomalien in der Iridiumkonzentration, die auf einen außerirdischen Meteor oder Kometen deuten könnten, ergebnislos. Die Beschaffenheit der schmalen Gesteinslagen ist zwar für alle drei Krisen von Ort zu Ort verschieden, aber zumindest für die beiden ersten gibt es keinen Hinweis auf eine Unterbrechung der marinen Sedimentation, die einen Rückzug der Flachmeere von der weiten Fläche des nordamerikanischen Kontinents anzeigen würde.

Im Horizont der dritten Aussterbeepisode in Nordamerika hat James F. Miller von der Southwest Missouri State University jedoch eine Erosionsfläche festgestellt. Er schließt daraus, daß zu jener Zeit die Meere aus weiten Bereichen des Kontinents abflossen. Ein ähnlicher Meeresrückzug ist auch aus Skandinavien bekannt, was die Vorstellung zu bestätigen scheint, daß sich der Meeresspiegel zu jener Zeit weltweit gesenkt hat. Diese Episode kennzeichnet das Ende des Kambrium und den Beginn des Ordovizium. Wie Miller bemerkt hat, enthalten Gesteine aus Südamerika, die nach Datierungen etwas jünger als das höchste Kambrium sind, Sedimente glazialer Herkunft; sie zeichnen sich durch Geröllsteine und Findlinge mit parallelen Kratzern aus, die an der Basis von fließenden Gletschern mitgeführt und an felsigem Boden entsprechend bearbeitet wurden. Vermutlich hat das Wachstum der Gletscher in der Frühzeit des Ordovizium eine beträchtliche Wassermenge

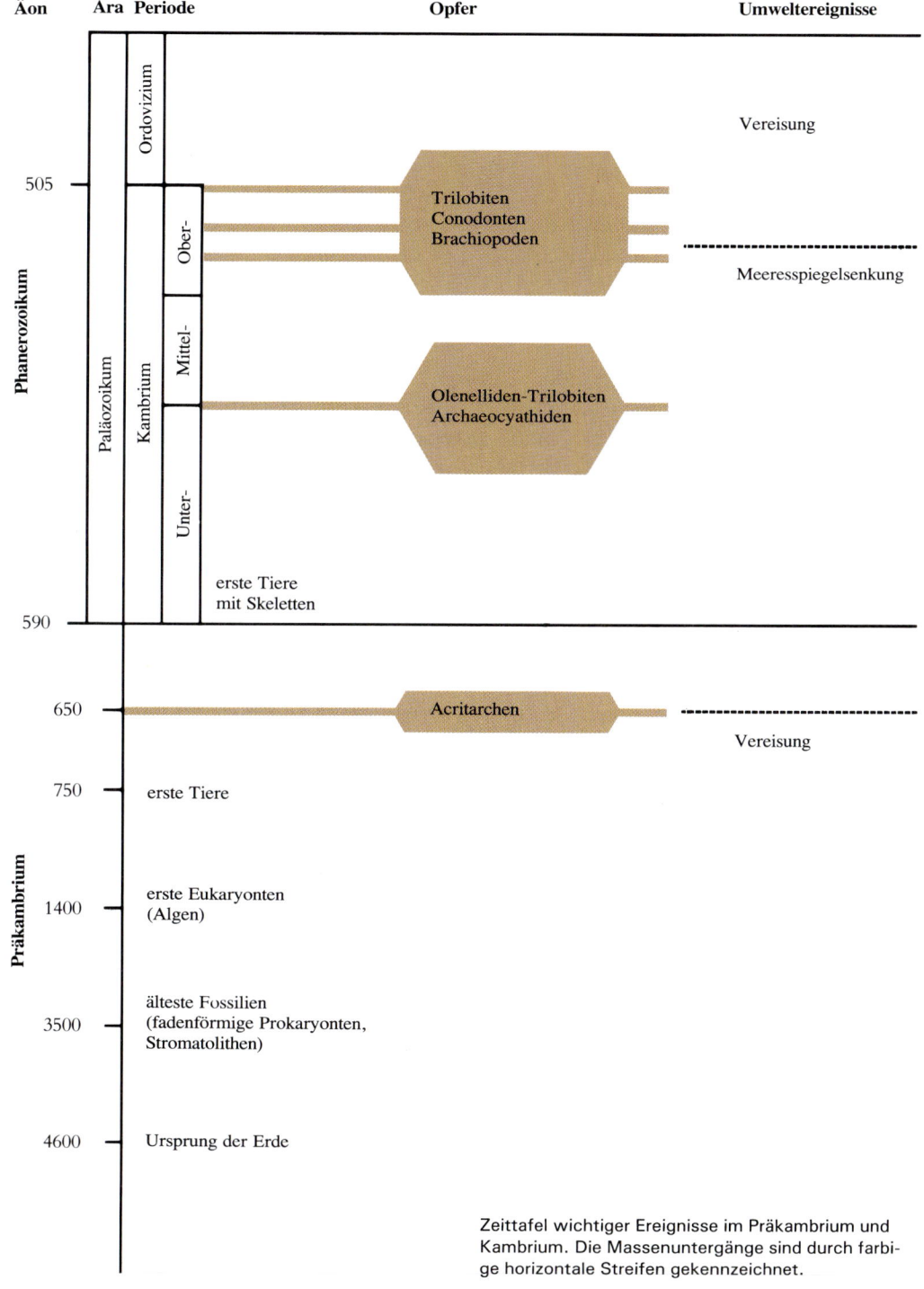

Zeittafel wichtiger Ereignisse im Präkambrium und Kambrium. Die Massenuntergänge sind durch farbige horizontale Streifen gekennzeichnet.

als Eis an Land gebunden, wodurch es weltweit zum Absinken des Meeresspiegels kam. Mutmaßlich fiel das Gletscherwachstum mit einer weitgehenden Abkühlung zusammen, jedenfalls auf regionaler Ebene.

Ein Rückzug der Meere kommt jedoch – auch wenn er in der Schlußkrise des Oberkambrium eingetreten sein mag – als ursächliche Erklärung für dieses Ereignis nicht in Frage. Wäre er ein wirksamer Auslöser von Massensterben, dann hätte er auch genau zwischen dem ersten und dem zweiten oberkambrischen Massenuntergang schwere Verluste verursachen müssen, denn wie die Geologen schon seit langem wissen, zogen sich auch zu dieser Zeit die Flachmeere aus den meisten Gebieten Nordamerikas zurück.

Allison Palmer hat zusammen mit Michael Taylor vom United States Geological Survey und James Stitt von der Universität von Missouri die Hypothese aufgestellt, daß die Katastrophen im Oberkambrium sich jeweils dann ereigneten, als kühles Wasser aus den Tiefen des Ozeans sich über die Kontinente ausbreitete und dort außer den widerstandsfähigsten alle Arten von marinen Lebewesen ausrottete. Tiefenwasser ist nicht nur kalt, sondern häufig auch an Sauerstoff verarmt, und Palmer und Taylor haben beides, Abkühlung wie Sauerstoffmangel, als mögliche Auslöser für das Aussterben vorgeschlagen. Die Sauerstoffhypothese birgt allerdings ein großes Problem: Es scheint kaum möglich, daß in den oberen 15 bis 20 Metern des Wasserkörpers eines breiten, seit-

lich nicht abgeschlossenen Meeres dauerhaft niedrige Sauerstoffwerte erhalten bleiben. Bis zu dieser Tiefe wühlen nämlich Wellen die Wassermassen genügend auf, um sie mit atmosphärischem Sauerstoff zu versorgen. Damals waren nicht nur weite Gebiete des Meeresbodens in Nordamerika flacher, sondern es wurden auch viele planktonische Trilobiten der Agnostidengruppe, die nahe der Oberfläche umhergeschwebt sein müssen, von der Krise erfaßt.

Die Vorstellung, daß die Abkühlung der flachen kambrischen Meere die Krisen ausgelöst hat, läßt sich empirisch untermauern. Erstens scheinen die meisten Trilobiten, die jene Lebensräume aufs neue besiedelt haben, aus der Gruppe der Oleniden hervorgegangen zu sein. Diese lebten – und das ist die entscheidende Beobachtung – gewöhnlich auf kühlen Meeresböden unweit der Küste sowie in den Flachwasserzonen Skandinaviens, das in jener Zeit vermutlich auf einem höheren Breitengrad lag als Nordamerika. Aufgrund dieser Verteilungsmuster nimmt man an, daß die Oleniden damals wegen ihrer geringen Kälteempfindlichkeit weitgehend ungeschoren blieben und daß ihre Nachkommen die nach den Massensterben verödeten Flachmeere wieder zu besiedeln vermochten, weil ihnen die noch vorherrschenden kühlen Bedingungen nichts ausmachten. Die Kalksteinsedimentation setzte sich allerdings während der Massensterben an vielen Stellen ohne Unterbrechung fort; daher muß man annehmen, daß immer noch ein annähernd tropisches Klima erhalten blieb. Als weiteres Indiz hat Michael Taylor angeführt, daß die nordwestamerikanischen Trilobitenfaunen zwischen der Küstenlinie und dem untermeerischen Kontinentalhang gegen Ende des Kambrium einförmiger wurden. Während der vorletzten Stufe des Kambrium besiedelte eine spezielle Artengruppe die küstennahen Bereiche. Im Laufe der letzten Stufe wurden diese Räume dann von weiter verbreiteten Gattungen erobert, die nicht nur in Küstennähe, sondern auch weiter draußen in vermutlich kühleren Gewässern leben konnten. Dieser Wechsel mag den Beginn einer großräumigen Temperaturveränderung widerspiegeln. Leider haben wir keine Ahnung, was die wiederholten klimatischen Abkühlungen im Oberkambrium verursacht haben könnte.

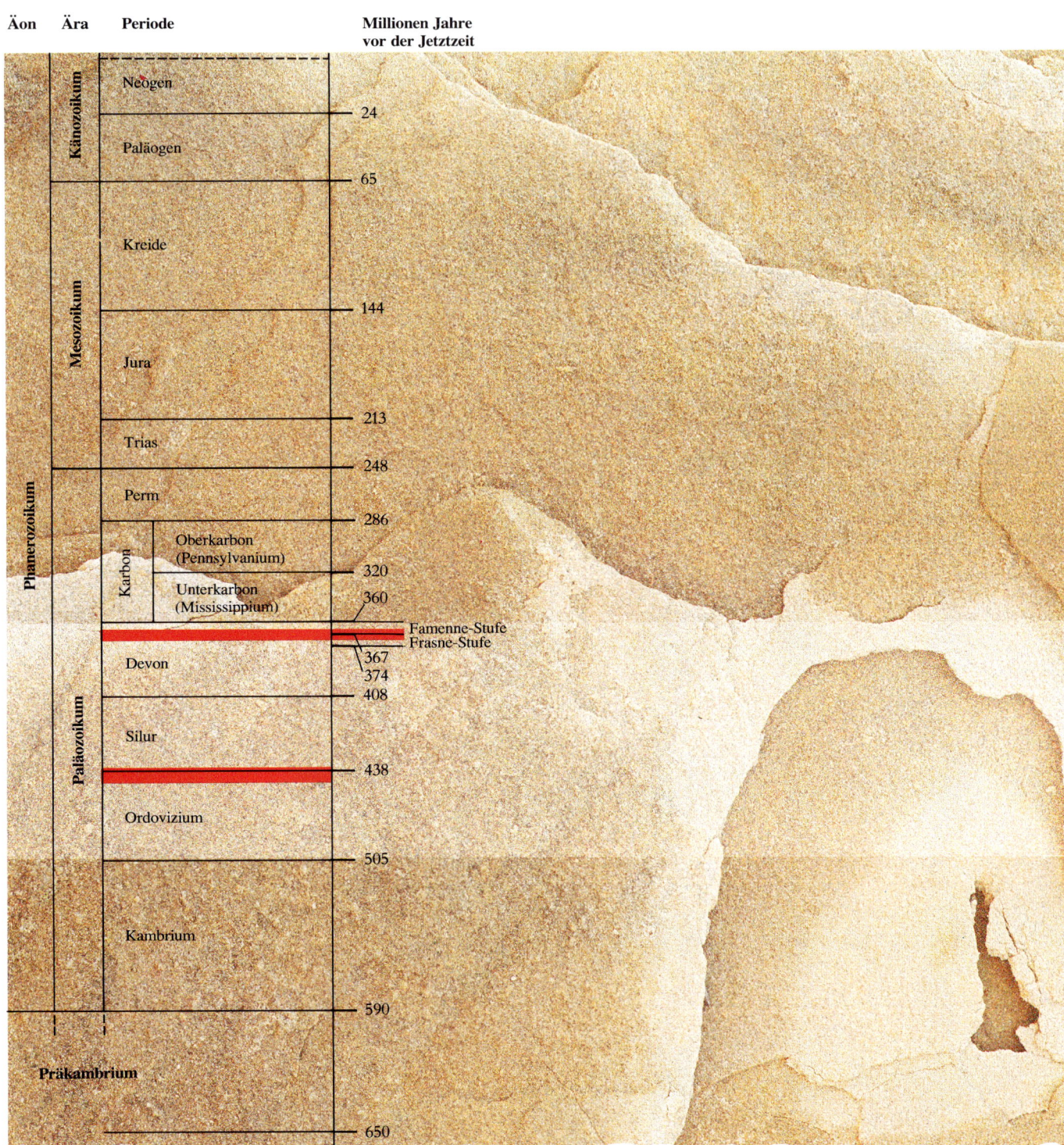

Äon	Ära	Periode	Millionen Jahre vor der Jetztzeit
Phanerozoikum	Känozoikum	Neogen	
			24
		Paläogen	
			65
	Mesozoikum	Kreide	
			144
		Jura	
			213
		Trias	
			248
	Paläozoikum	Perm	
			286
		Karbon — Oberkarbon (Pennsylvanium)	
			320
		Karbon — Unterkarbon (Mississippium)	
			360
			Famenne-Stufe / Frasne-Stufe
		Devon	367 / 374
			408
		Silur	
			438
		Ordovizium	
			505
		Kambrium	
			590
		Präkambrium	
			650

Zeiten der Vereisung
und die Krisen in Ordovizium und Devon

Das Massensterben am Ausgang des Kambrium markiert eine Wende in der Geschichte des Lebens. Während man für jene geologische Periode den Trilobiten als das natürliche biologische Symbol ansehen kann, ist das nachfolgende Ordovizium nicht so leicht zu charakterisieren. Zwar blühte das Leben wie nach den vorangegangenen Massensterben der Trilobiten auch nach der Krise am Ende des Kambrium wieder auf. Doch reichte diesmal die Expansion weiter. Tiergruppen, die in den kambrischen Meeren nur eine Nebenrolle gespielt hatten, gelangten zur Vorherrschaft, und vollkommen neue Gruppen erschienen. Bis zu einem gewissen Grade erholten sich auch die Trilobiten, aber sie erlangten weder im Ordovizium noch jemals danach ihre einstige Vielfalt zurück und spielten fortan im Ökosystem nur noch eine unbedeutende Rolle.

Die reiche Fauna, die sich nach dem Kambrium entwickelte, erlebte im weiteren Verlauf des Paläozoikum drei Massenuntergänge: den ersten am Ende des Ordovizium (vor etwa 440 bis 450 Millionen Jahren), den zweiten gegen Ende des Devon (vor etwa 360 bis 370 Millionen Jahren) und den dritten am Ausgang des Perm (vor etwa 250 bis 255 Millionen Jahren). Mit dem letzten Ereignis kam das Paläozoikum zum Abschluß. Was die Verheerungen in den Weltmeeren betrifft, gehören diese drei Massensterben zu den fünf größten aller Zeiten. Sie löschten jeweils einen höheren Prozentsatz von Meerestierfamilien aus als später das für die Vernichtung der Dinosaurier berüchtigte Ereignis am Ende der Kreidezeit.

Dieses Kapitel handelt von den Krisen im Ordovizium und im Devon, das nächste von der im Perm. Auffällig ist bei diesen paläozoischen Krisen, daß sie in vielerlei Merkmalen übereinstimmen, die in den beiden Kapiteln jeweils ausführlich erörtert werden. Nach den Aussterbemustern zu urteilen, muß für jedes dieser Ereignisse eine klimatische Abkühlung die treibende Kraft gewesen sein, und geologische Befunde deuten darauf hin, daß sie jeweils zu Beginn einer Vereisungsperiode stattfanden, die ausgelöst wurde, als ein großer Kontinent sich einem der Erdpole näherte oder ihn überquerte.

Bevor wir den Charakter der einzelnen Massensterben untersuchen, müssen wir die „dramatis personae" besprechen, also die Organismengruppen, welche die Erde jeweils zu Beginn jener Ereignisse bevölkerten.

Die Erholung der Tierwelt im Ordovizium

Die Trilobiten gewannen nie mehr die Bedeutung zurück, die sie im Kambrium genossen hatten. Es ist kaum daran zu zweifeln, daß dieser Mißerfolg auf der enormen Verbreitung anderer Lebensformen beruhte. Der Hauptgrund war möglicherweise das Erscheinen eines neuen Typs von Räubern, der Nautiloideen, der Vorfahren aller Tintenfische und Kraken. Die Perlboote der Gattung *Nautilus*, eine nah mit ihnen verwandte Artengruppe, sind die einzigen überlebenden Nautiloideen. Anders als die spiralig eingerollten Formen der heutigen Zeit besaßen die ersten, noch kleinen Nautiloideen gestreckte oder sanft gebogene Gehäuse. Wie praktisch alle Nachfahren der Molluskenklasse der Cephalopoda (Kopffüßer) waren die Urnautiloideen wohl sehr bewegliche Räuber, die nach dem Rückstoßprinzip schwammen. Ihre Beute umklammerten sie mit einer Batterie von Fangarmen, um sie dann mit ihrem papageienschna-

Die Ausbreitung neuer Formen von Meereslebewesen nach dem Kambrium. Familien, deren Ursprung im Kambrium liegt, sind als kambrische Fauna gekennzeichnet. Aufgrund einer dramatischen adaptiven Radiation nahm im Laufe des Ordovizium die Formenvielfalt des Lebens enorm zu.

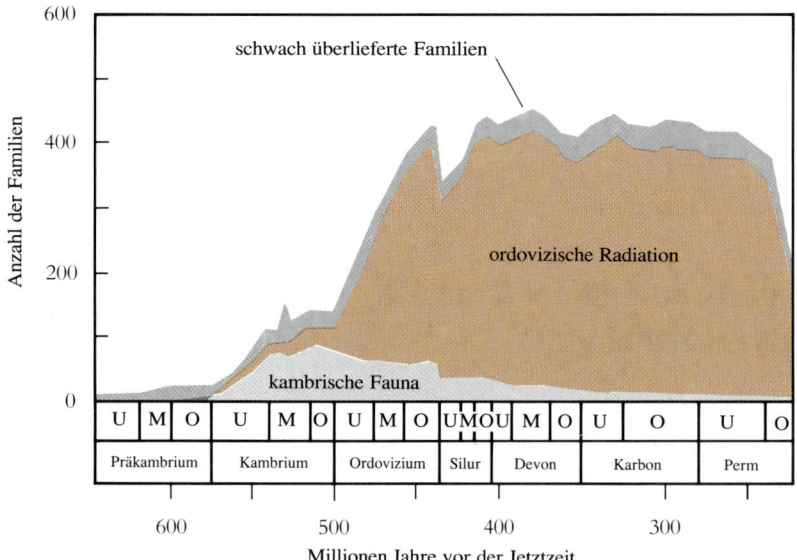

belähnlichen, aber unten verlängerten Kieferapparat zu zerreißen.

Erst kürzlich hat man entdeckt, daß die Nautiloideen gegen Ende des Kambrium eine zwar örtlich begrenzte, aber recht auffällige adaptive Radiation durchliefen. Dieses Ereignis ist in den Sedimenten Chinas dokumentiert und war offensichtlich auf die – schwer zu bestimmende – Region beschränkt, in der dieses Land zur Zeit des Oberkambrium lag. Wenn man vom kambrischen Ursprung der Nautiloideen ausgeht, ist es gut möglich, daß sie im frühesten Ordovizium die Trilobiten evolutionär überflügelten: Sie entwickelten rasch vielfältige Formen und vereitelten infolge ihrer räuberischen Lebensweise die Erholung der Trilobiten. Gegen Ende des Ordovizium erreichten manche Nautiloideen mit gestreckten Gehäusen fast drei Meter Länge. Nahezu alle Trilobitengruppen, die nach dem Kambrium gelebt haben, konnten sich etwa so wie eine Assel einrollen; aber dieses Verhalten, das zwar die weiche Bauchseite kurzfristig schützte, war auf Dauer nicht geeignet, um so hartnäckigen und kräftigen Angreifern wie den Nautiloideen zu entkommen. Heutige Krebse sind demgegenüber vollständig in ein kastenartiges Außenskelett gehüllt, denn ihr Panzer (Carapax) greift auf die Körperunterseite über und läßt nur die Beine für die Fortbewegung frei. Krebse sind deshalb durch Räuber viel weniger verwundbar, als es die Trilobiten waren.

Außer den Nautiloideen bremste vielleicht auch die schnelle Ausbreitung anderer Lebensformen eine erneute Expansion der Trilobiten; so besiedelten nicht nur neue Arten von Räubern die Meere, sondern auch Nahrungs- und Raumkonkurrenten. Viele der Gruppen, die sich in den ordovizischen Meeren entwickelten und vermehrten, gediehen auch während der ganzen folgenden 200 Millionen

Jahre bis zum Abschluß des Paläozoikum. Sie waren gewissermaßen die Hauptdarsteller der drei großen Massensterben dieser Ära.

Zu den Tieren, die im Ordovizium zur Blüte gelangten, gehören auch weitere Molluskengruppen, vor allem Schnecken und Muscheln, die Schaltiere des Meeres. Die Schnecken — auch die im Süß-

Die Nautiloideen, Verwandte der heutigen Tintenfische und Kraken, waren schwimmende Räuber, die in den Meeren des Ordovizium eine wichtige ökologische Rolle spielten. Die Gehäuse der Nautiloideen sind durch Querscheidewände in einzelne gasgefüllte Kammern unterteilt; einige davon sind in dem Fossil ganz oben zu sehen, dessen Außenwand teilweise abgewittert ist. Viele Nautiloideen des Ordovizium besaßen — wie der oben dargestellte — gestreckte Gehäuse. Im Gegensatz dazu ist das Gehäuse der einzigen überlebenden Gattung, *Nautilus*, eingerollt (Mitte); Unterwasserphotos wie dieses, das ein „Perlboot" in freier Natur zeigt, sind sehr selten. Der Tintenfisch (unten), ebenfalls lebend photographiert, ist ein Cephalopode (Kopffüßer) ohne äußeres Gehäuse, aber mit einem Innenschulp; er kann viel schneller schwimmen als das Perlboot.

Ein fossiler Vertreter der Trilobiten, der in der eingerollten Abwehrstellung, in der er starb, erhalten ist.

wasser und auf dem Lande lebenden — bilden die Klasse der Gastropoda. Die andere Klasse, die Bivalvia, umfaßt beispielsweise die Venusmuscheln, die Miesmuscheln, die Pilgermuscheln, die Austern und ihre Verwandten. Während die Schnecken schon im Kambrium wesentliche Entwicklungsschritte getan hatten, waren die Bivalvia bis zum Mittelordovizium selten. Doch schon im Oberordovizium gab es dann eine breite Palette von Muscheln, die sich teils im Sediment eingruben, teils auf der Oberfläche des Meeresbodens lebten.

Typische Brachiopoden (Armfüßer) aus dem Ordovizium. Man nennt diese zweiklappigen Tiere auch Lampenmuscheln, weil manche Arten an Aladins Öllampe erinnern; sie sind jedoch nicht mit den Muscheln verwandt. Die heute nur noch relativ selten vorkommenden Tiere stellen die häufigsten makroskopischen Fossilien paläozoischer Gesteine dar.

Die auch „Lampenmuscheln" genannten Brachiopoden (Armfüßer) waren auf den Meeresböden des Ordovizium besonders weit verbreitet und mannigfaltig. Diese zweiklappigen Meeresschaltiere gehören zwar nicht zu den Mollusken, ähneln aber auf den ersten Blick den Muscheln, und wie die meisten von diesen filtrieren sie ihre Nahrung aus dem Wasser. Die Brachiopoden behaupteten trotz zeitweiliger Rückschläge durch Aussterbeepisoden im gesamten Paläozoikum ihre Vormachtstellung, so daß sie die häufigsten Fossilien dieser Ära sind. Heute gibt es bedeutende Vorkommen von Brachiopoden nur noch in wenigen Gebieten — besonders im Flachmeersaum um Neuseeland —, und viele dieser Tiere leben unter Steinen oder in Höhlen von Korallenriffen.

In der zweiten Hälfte des Ordovizium bauten weitläufige Vettern der Brachiopoden, die Bryozoen (Moostierchen), Kolonien aus Kalkstein auf, die teils kompakt, teils fingerartig verzweigt waren. Bryozoen der heutigen Welt bilden weniger umfangreiche Kolonien; viele überkrusten harte Flächen wie etwa Bootsrümpfe.

Auch die Seesterne erschienen im Ordovizium. Obwohl ihre fossile Überlieferung wegen des schwach entwickelten Innenskelettes spärlich ausfällt, genügen die Funde als Beleg dafür, daß alle ihre heute lebenden Großgruppen bereits in dieser frühen Zeit entwickelt waren. Es bestehen kaum Zweifel, daß die ordovizischen Seesterne wie ihre lebenden Verwandten Fleischfresser gewesen sind, die ihren Magen ausstülpten, um die Beute, die sie mit Reihen hydraulisch arbeitender Saugnäpfe auf ihren Armen festhielten, außen zu verdauen.

Auch die Crinoiden oder Seelilien, die den Seesternen sehr nahe stehen, faßten auf den Meeresböden des Ordovizium Fuß. Sie behaupteten ihre Stellung bis zum Ausklang des Paläozoikum, wurden aber danach zu eher unbedeutenden Bewohnern der meisten marinen Lebensräume. Ihr Fußfassen ist wörtlich zu nehmen: Die meisten Crinoiden verankerten sich nämlich mit wurzelartigen Haftorganen auf dem Meeresgrund und breiteten ihre Arme aus, um Nahrung zu filtrieren, die durch Wasserströmungen herbeischwebte.

Nach einer bemerkenswerten adaptiven Radiation im Ordovizium besiedelte außerdem eine Korallengruppe die Meeresböden des Paläozoikum, die man als Rugosa („Runzelkorallen") bezeichnet. Ihr Name beruht auf der rauhen Außenwand der steinharten Kalkbecher, in denen ihr mit Tentakeln besetzter Weichkörper saß. Anders als die meisten heutigen riffbauenden Korallen lebten die Rugosa eher einzeln als in Kolonien; ihre wie Hörner geformten Becher waren also nicht untereinander verbunden. Tatsächlich bauten nur wenige dieser frühen Korallen Riffe auf. Die vierfache Symmetrie der blattartigen inneren Scheidewände unterscheidet die Rugosakelche von denen einer heutigen Koralle, die

Crinoiden oder Seelilien haben ihren Ursprung im Ordovizium. Im Laufe des Paläozoikum gelangten die Gruppen der Flachwasserzone zu großer Formenfülle, aber später nahm ihre Häufigkeit ab. Gestielte Formen, die sich am Meeresboden festhielten, sind heute auf das tiefe Wasser beschränkt — offenbar, weil sie im Flachmeer dem Jagdeifer von Räubern wie etwa Fischen wehrlos ausgesetzt wären. Wie man auf dem Unterwasserphoto sieht, breiten die Crinoiden ihre Arme aus, um kleine Nahrungsteilchen aus dem Wasser zu filtern.

Die rugosen Korallen oder Rugosa (oben) waren nicht so sehr Koloniebildner als vielmehr einzeln lebende „Becherkorallen" und gehörten nie zu den wichtigen Riffbauern. Dagegen wuchsen die Tabulaten in Form riffbildender Kolonien; das gezeigte Beispiel (Mitte) könnte man durchaus mit einer kompakten Koloniekoralle unserer Zeit vergleichen, obwohl die ordovizischen Korallengruppen mit den heutigen nur entfernt verwandt sind. Von den Stromatoporen (unten) jenes Formtyps, der als Mitglied der Riffgemeinschaft Skelette toter Tiere umkrustete, weiß man inzwischen, daß sie zu den Schwämmen gehörten. Die Buckel auf den Oberflächen ihrer Kolonien enthielten Ausströmöffnungen für das Wasser, aus dem sie ihre Nahrung filtrierten.

eine sechsfache Radiärsymmetrie aufweist. Es ist nicht sicher, ob sich die jetzigen Korallen aus den Rugosa oder unabhängig aus nackten Seeanemonen entwickelt haben. Die Rugosa scheinen am Ende des Paläozoikum ausgestorben zu sein, ohne Nachfahren zu hinterlassen.

Zu den Riffbauern der ordovizischen Flachmeere gehörten auch Korallengruppen, die man als Tabulata bezeichnet, weil ihre röhrenartigen Individualskelette häufig horizontale Querböden enthielten. Diese Korallen umfaßten verschiedene koloniebildende Formen; manche von diesen wuchsen wie Orgelpfeifen, andere eher hügel- oder krustenartig. Aber die Erbauer der ersten gut entwickelten Riffe des Ordovizium waren auch sie nicht. Diese Rolle kam den kompakten Kolonien der Bryozoen zu. Erst später beteiligten sich auch die Tabulaten am Aufbau der Riffe, und zwar gemeinsam mit widerstandsfähigen, verzweigten und krustenbildenden Tieren, die man als Stromatoporen bezeichnet. Die entwicklungsgeschichtlichen Verwandtschaftsbeziehungen der koloniebildenden Stromatoporen blieben bis in die sechziger Jahre ungeklärt, als die Entdeckung ihrer Nachfahren auf Korallenriffen des Karibischen Meeres sie als Schwämme entlarvte. Die Abkömmlinge, die eine bisher unbekannte Schwammklasse bilden, haben Skelette, die in etlichen diagnostisch wichtigen Merkmalen denen der Stromatoporen gleichen. Die dichte Struktur dieser Skelette erlaubt nur ein sehr langsames Wachstum im Vergleich mit den Zuwachsraten der riffbildenden Korallen, die poröse Skelette ausscheiden. Offensichtlich macht dieses langsame Wachstum jene seltsamen Schwämme in heutigen Riffen zu schwachen Wettbewerbern um den Lebensraum, so daß die meisten nur unter Korallen oder in Höhlen und Spalten gedeihen.

Verhältnismäßig wenig wissen wir über die Lebensformen, die über den ordovizischen Meeresböden schwebten oder schwammen. Plankton – die in Meeren und Seen treibenden Lebewesen – muß es in den Gewässern des Ordovizium im Überfluß gegeben haben. Uns liegen allerdings nur wenige direkte Nachweise ihrer Existenz vor, da den meisten planktonischen Gruppen dauerhafte Skelette jenes Typs fehlen, der eine fossile Überlieferung ermöglichen würde. Immerhin wissen wir, daß unter den Algen, die vielen marinen Tieren als Nahrung dienten, zahlreiche verschiedenartige Acritarchen vorkamen, also jene einzelligen Algen, die durch das Aussterben am Ende des Präkambrium zurückgedrängt worden waren. Aus früheren Zeiten überdauert hatten auch die Conodonten(tiere); die Zähne dieser – wie wir gesehen haben – aalartigen Schwim-

mer findet man häufig als Fossilien. Die Schichten des Ordovizium enthalten auch vorzügliche Fossildokumente von Graptolithenkolonien, von denen die meisten Formen passiv im Meer schwebten und Nahrung aus dem Wasser filtrierten.

Die allgemeine adaptive Radiation der wirbellosen Tiere (Invertebraten) im Ordovizium brachte die für das Paläozoikum charakteristische Meeresfauna hervor: Die meisten Klassen, die sich im Ordovizium entwickelten oder weiter ausgestalteten, überlebten auch bis zum Ende dieser Ära, und nur wenige neue kamen hinzu.

Die Krise im Oberordovizium

Ganz kurz vor dem Ende des Ordovizium wurde das Leben im Meer von einem Aussterben globalen Ausmaßes betroffen, das, geologisch gesehen, als sehr plötzlich bezeichnet werden muß. Fast ein Drittel aller vorhandenen Brachiopodenfamilien verschwand – Vertreter jener Tiergruppe also, die in den Gesteinen des Ordovizium die auffälligsten Fossilien hinterlassen hat. Auch viele weitere bedeutende Gruppen traten ab: Gruppen von Conodonten, Trilobiten, Bryozoen sowie große Teile der riffbildenden Faunen. Tatsächlich sind organisch aufgebaute Riffe in den ältesten Gesteinen der nächsten Periode, also des Silur, ganz selten und schlecht entwickelt. Die Verluste waren so hoch, daß die oberordovizische Krise im gesamten Phanerozoikum, also 600 Millionen Jahre lang, hinsichtlich ihrer

81

Wirkung auf die marinen Lebensformen wohl nur noch von dem Ereignis übertroffen wird, das die Ära des Paläozoikum abgeschlossen hat.

Es kam im Ordovizium nicht allein auf den Meeresböden zu einem erheblichen Aussterben, sondern auch in den darüberliegenden Gewässern. So wurde etwa die Formenvielfalt der Graptolithen stark dezimiert. Deren Aussterbemuster verdient insofern unsere besondere Aufmerksamkeit, als es die Ausdehnung kühler Temperaturen von den Polen zum Äquator nahelegt. David Skevington

Graptolithen aus dem Ordovizium, die man gewöhnlich zusammengepreßt in verfestigten schwarzen Schiefern findet. Die zerbrechlichen Kolonien der meisten Graptolithenarten schwebten im Ozean.

von der Universität Cambridge hat gezeigt, daß die Graptolithen im Unterordovizium eine normale geographische Verbreitung aufwiesen: Einige Arten waren auf niedrige Breiten beschränkt, andere auf hohe. Im weiteren Verlauf des Ordovizium wurden dann die Verbreitungsgebiete bestimmter Arten äquatorwärts komprimiert, und ihre Anzahl verringerte sich. Am Ende dieser Periode waren alle übriggebliebenen Ar-

ten auf niedrige Breiten beschränkt. Peter Sheehan vom Milwaukee Public Museum hat seinerseits Belege dafür erbracht, daß die Brachiopoden auf dem Meeresboden ähnlichen geographischen Verschiebungen unterworfen waren: Die an die Kaltwasserbedingungen der Tiefseebereiche und der hohen Breiten angepaßten Faunen verlagerten sich gegen Ende des Ordovizium in äquatornähere Flachmeere.

Die Südpolvereisung

Geographische Befunde lassen auf eine Ausbreitung kühler Temperaturen aus den hohen Breiten schließen. Doch erst seit kurzem verstehen wir, warum sich ein solches Muster entwickelt hat. Gegen Ende der sechziger Jahre berichtete eine französische Geologengruppe unter der Leitung von Serge Beuf von einer bemerkenswerten Entdeckung in Nordafrika: nämlich von Gletscherablagerungen oberordovizischen Alters. Dabei handelt es sich um grobe Konglomerate mit Geröllsteinen und Findlingen, die vielfach deutliche Kratzer aufweisen, das Erkennungsmerkmal jeder Vergletscherung. Diese, wie der Geologe sagt, gekritzten Gesteine waren an der Basis von Gletschern mitgeschleppt worden, wo sie über den Boden schabten, auf dem die Gletscher sich vorwärtsschoben. Man findet auch jene unterlagernden Felsflächen, die durch die Gletscherbewegung abgescheuert und angekratzt wurden. Es mag überraschend anmuten, daß man die oberordovizische Vereisung erst kürzlich entdeckt hat, aber die Erklärung ist einfach: Da diese Vereisungsdo-

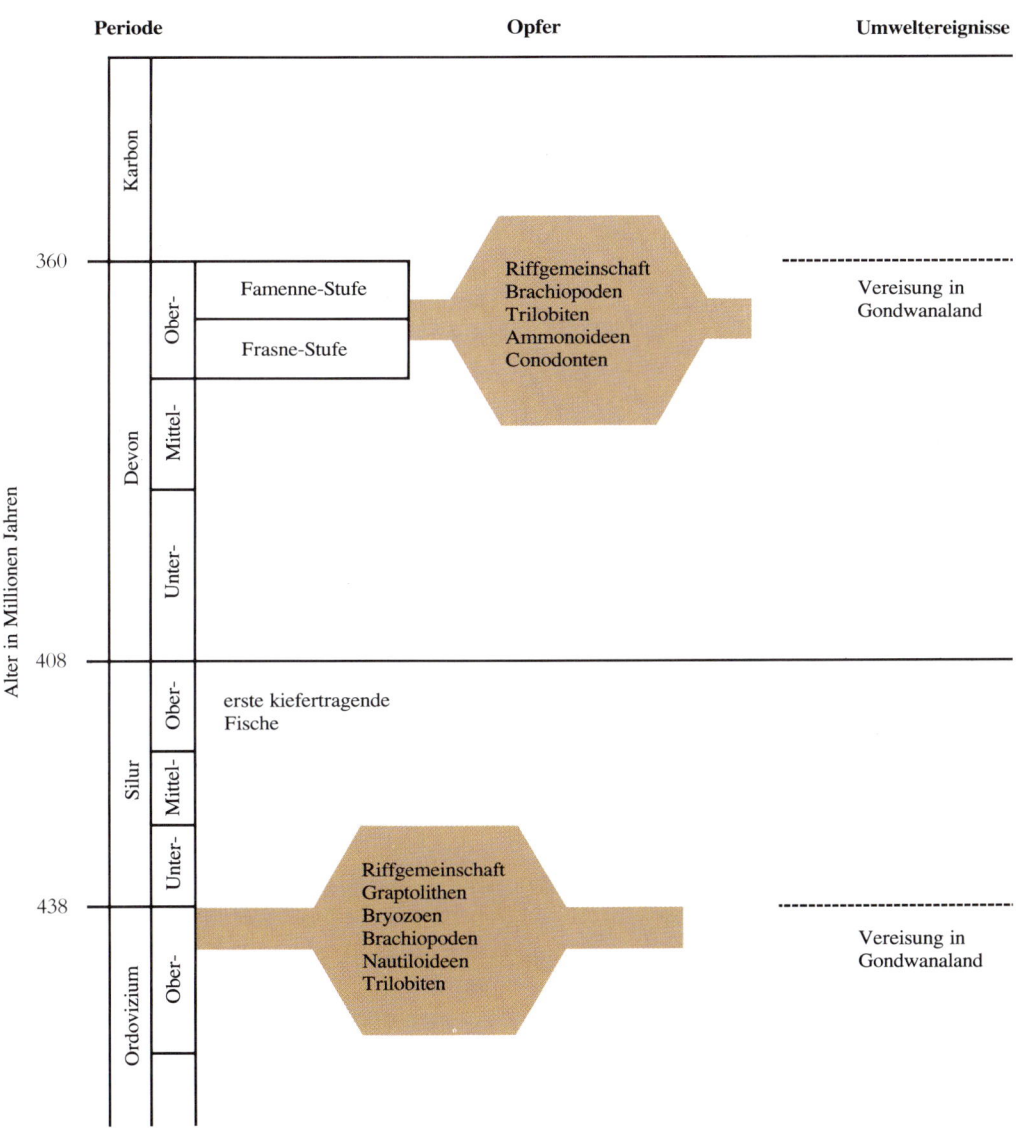

Periode			Opfer	Umweltereignisse

Karbon

360

Devon — Ober- — Famenne-Stufe / Frasne-Stufe

Riffgemeinschaft
Brachiopoden
Trilobiten
Ammonoideen
Conodonten

Vereisung in
Gondwanaland

Mittel-

Unter-

408

Silur — Ober- — erste kiefertragende Fische

Mittel-

Unter-

438

Ordovizium — Ober-

Riffgemeinschaft
Graptolithen
Bryozoen
Brachiopoden
Nautiloideen
Trilobiten

Vereisung in
Gondwanaland

Alter in Millionen Jahren

kumente vornehmlich in der Sahara zu finden sind, hat man sie viele Jahre lang übersehen.

Die Ursache dieser starken Inlandvereisung ist durch gesteinsmagnetische Befunde aufgedeckt worden: Gegen Ende des Ordovizium bewegte sich der Su-

Die wichtigsten Ereignisse in Ordovizium, Silur und Devon. Die Massenuntergänge sind durch farbige Querbalken dargestellt. Im Oberordovizium lag der nordafrikanische Teil von Gondwanaland am Südpol, wo sich ausgedehnte Gletscher bildeten.

83

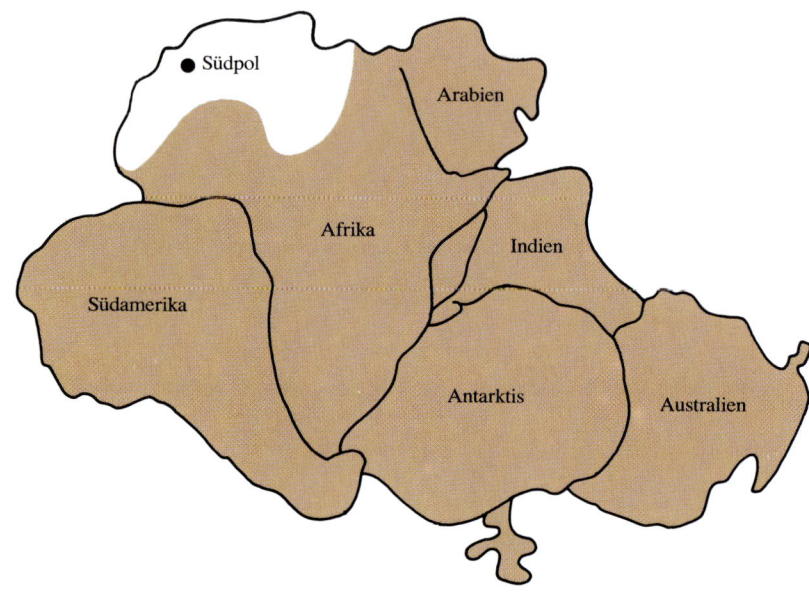

Eine Karte von Gondwanaland im Oberordovizium; sie zeigt die damalige Lage des Südpols und die Ausdehnung der Vereisung.

perkontinent Gondwanaland über den Südpol. In Polnähe kühlte sich diese Landmasse dermaßen ab, daß sich Gletscher entwickelten. Tatsächlich ist es nicht unwahrscheinlich, daß jedesmal, wenn sich in den letzten Milliarden Jahren der Erdgeschichte ein Kontinent über einen Pol bewegt hat, er einer Vereisung unterlag.

Wie wir gesehen haben, weist die kontinentale Vereisung zwei bemerkenswerte Begleiterscheinungen auf: erstens eine weitreichende Abkühlung, zweitens eine weltweite Meeresspiegelsenkung. Wenn Gletscher wachsen, entziehen sie dem Wasserkreislauf der Erde und letzten Endes den Ozeanen eine gewaltige Menge Wasser, die sie auf dem Festland binden. Deshalb ist zu erwarten, daß die Vereisungsepisode im Oberordovizium sowohl den Meeresspiegel gesenkt als auch das Klima verändert hat. Die Ge-

steinsdokumente bestätigen diese Voraussage: Die zuvor von Flachmeeren überfluteten Gebiete waren zur Zeit der oberordovizischen Vereisung verlandet.

Hypothetisch können wir den Klimawechsel oder die Meeresspiegelsenkung oder auch beide Ereignisse gemeinsam heranziehen, um das Massensterben am Schluß des Ordovizium zu erklären. In der jüngsten Eiszeit haben allerdings wiederholte weltweite Meeresspiegelsenkungen keinerlei schwerwiegendes globales Massensterben hervorgerufen. Wie ich im Kapitel über das Paläogen besprechen werde, wurde das Leben der Flachmeere in der letzten Eiszeit nur in Gebieten beeinträchtigt, wo die Temperaturen abnahmen. Die Überlieferung aus dem Ordovizium bietet bestätigende Befunde. Sie erlaubt uns, einen kritischen Test durchzuführen: nämlich zu prüfen, was geschieht, wenn anscheinend ohne Klimawechsel der Meeresspiegel fällt. Im oberen Unterordovizium zogen sich die Flachmeere, die zeitweise den größten Teil Nordamerikas überflutet hatten, zu den Kontinentalrändern zurück. Weite Gebiete, die vorher marin gewesen waren, fielen damals trocken. Die kritische Frage lautet: Wie beeinflußte diese Veränderung das marine Leben? Tatsächlich blieb sie ohne große Folgen; das Leben ging weiter. Dieses kontrollierte — wenn auch vor Millionen von Jahren ohne menschliche Planung durchgeführte — Experiment zeigt uns, daß ein Absinken des Meeresspiegels ohne Klimawechsel auf das Leben im und auf dem Meeresboden nur geringen Einfluß hat, solange noch Flachmeere die Kontinente umsäumen.

Peter Sheehan − wohl der erste Forscher, der das Aussterben im Oberordovizium mit der Vereisung in Verbindung gebracht hat − führt als Unterstützung für diese Annahme eine Beobachtung von Arthur J. Boucot von der Oregon State University an. Die Meeresfaunen des ersten Abschnitts der darauffolgenden Silurperiode sind auf der Welt bemerkenswert weit verbreitet. Dieses Verbreitungsmuster legt nahe, daß die Krise mit einer klimatischen Abkühlung verbunden war. Es gibt hier zwei Möglichkeiten. Erstens könnte das Massensterben vorwiegend Tiergruppen ausgelöscht haben, die nur eine geringe Temperaturtoleranz aufwiesen, so daß in der Folgezeit lediglich einige kosmopolitische Formen übrigblieben. Zweitens wäre es möglich, daß in den Nachwehen der Krise jahreszeitliche Abkühlungen noch bis in niedrige Breiten gereicht haben. Beide Bedingungen setzen voraus, daß der Übergang zum Silur von einer klimatischen Abkühlung begleitet wurde.

Ein anderes Kennzeichen des Meeresbereiches unmittelbar nach der Krise im Oberordovizium war die verringerte Ablagerung von Kalkstein. Genau wie Riffe, die nach der Krise so gut wie ganz fehlten, entsteht Kalkstein hauptsächlich in warmen Meeren, wo viel Calciumcarbonat, die Hauptkomponente von Riffen und Kalkstein, erzeugt wird. Ein weiteres Ereignis, das eine Temperaturabnahme widerzuspiegeln scheint, war der Rückgang einer bedeutenden Gruppe von grünen Kalkalgen, die heute auf warme Meeresgebiete beschränkt sind (siehe das Photo rechts).

Silur und Devon: Das Leben breitet sich wieder aus

Während das Silur voranschritt und schließlich ohne größere biotische Störungen in das Devon überging, erholten sich die wirbellosen Meereslebewesen wieder und breiteten sich durch adaptive Radiation erneut aus. Diese Rückkehr erfolgte auf relativ niedriger taxonomischer Ebene. Die Krise am Schluß des Ordovizium hatte größtenteils Familien, Gattungen und Arten ausgelöscht, und die Erholung beruhte im wesentlichen auf der Vermehrung von überlebenden Gruppen dieser taxonomischen Ränge. Die meisten Stämme, Klassen und Ordnungen überlebten dagegen jene Krise.

Kalkalgen des Typs, der in den warmen Meeren des Paläozoikum üppig gedieh.

85

Rekonstruktion eines mitteldevonischen Riffes im US-Bundesstaat New York. Die Hauptriffbildner sind tabulate Korallen, aber über ihnen erheben sich auch kegelförmige rugose Korallen (links) sowie gestielte Crinoiden, die ihre Arme nach oben strecken (rechts). Auf dem Meeresboden im Vordergrund ruhen ein riesiger Nautiloid und ein Vertreter der größten Trilobitenart aller Zeiten.

Zu größerer ökologischer Bedeutung stieg jedoch die Lebensgemeinschaft der Riffbildner auf. Ihre dominierenden Vertreter waren jetzt die tabulaten Korallen und die Stromatoporen; rugosen Korallen und Bryozoen waren nur noch Nebenrollen beschieden. Riffe silurischen und devonischen Alters findet man in vielen Teilen der Welt, beispielsweise im Gebiet der Großen Seen in den Vereinigten Staaten; viele dort sind in Gesteinen unter der Oberfläche begraben, doch in einigen Gegenden liegen sie auch frei, etwa um Chicago herum und auf der unteren Halbinsel von Michigan. In Westkanada enthalten unterirdische Riffe dieses Alters, die wie viele andere Riffe aus der Vorzeit porös sind, wirtschaftlich bedeutende Erdöllagerstätten.

Zu den neuen Lebensformen, die sich im Mittelpaläozoikum entwickelten, gehören die Ammonoideen sowie Fische mit Kiefern — beides räuberische Tiergruppen. Die Ammonoideen, die man zu den Kopffüßermollusken (Cephalopoden) zählt, erschienen am Ende des Unterdevon; mit ihren eingerollten Gehäusen ähnelten sie dem *Nautilus*-Perlboot. Als Nachfahren der geradhörnigen Nautiloideen wiesen die Ammonoideen einige Neubildungen auf, unter anderem Septen, also Quertrennwände, in ihren gekammerten Gehäusen, die an der Naht-

Primitive Ammonoideen aus Deutschland. Diese Tiere waren wie die Nautiloideen, von denen sie abstammen, schwimmende Räuber. Den Höhepunkt ihrer Entwicklung erreichten die Ammonoideen im Zeitalter der Dinosaurier.

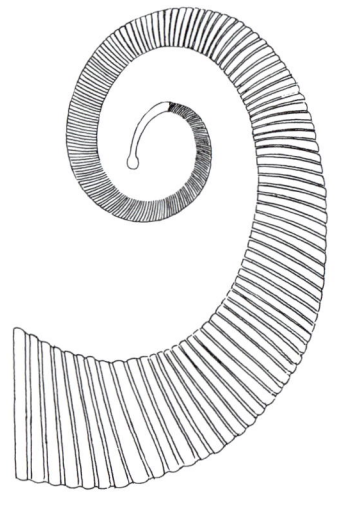
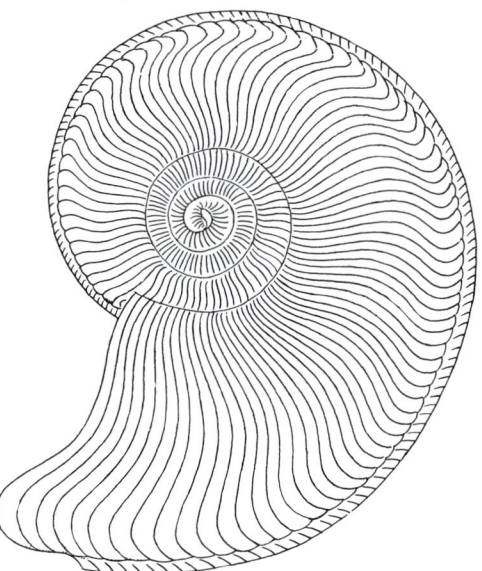

stelle zur Außenwand nicht glatt, sondern gewellt waren. Wahrscheinlich stellten die Ammonoideen, die später zusammen mit den Dinosauriern ausstarben, wie die Nautiloideen und die heute lebenden Cephalopoden aktiv schwimmende Räuber dar. Die Gehäuse heutiger Kopffüßer haben mit Gas gefüllte Kammern; dieses Gas kompensiert das Gewicht der Schale und ermöglicht ein Schwebegleichgewicht für das Schwimmen. Formverwandtschaft und Herkunft lassen für die Ammonoideen auf ähnliche Verhältnisse schließen.

Der Ursprung der kiefertragenden Fische liegt weiter zurück; ihre ältesten Vertreter stammen aus dem Obersilur. Ihnen gingen kieferlose „Fische" (Agnatha) voraus, deren fossile Überlieferung bis ins Kambrium zurückreicht. Da die Kieferlosen nur kleine Nahrungsstücke aufnehmen konnten, bedeutete die Entwicklung von Kiefern für die Fische eine enorme Erweiterung ihrer ökologischen Rolle, auch wenn die ältesten Kieferträger nur wenige Zentimeter lang waren. Einige der frühen Kieferfische besiedelten Süßwasserhabitate; in entsprechenden Ablagerungen aus dem Unterdevon tauchen die ersten kiefertragenden Panzerfische (Placodermen) in der geologischen Überlieferung auf. Die Placodermen besaßen eine besondere ökologische Bedeutung, weil sie im Laufe des Devon nicht nur den marinen Lebensraum eroberten, sondern auch eine große Formenvielfalt mit bis zu zehn Meter langen Exemplaren entwickelten. Die Kopfregion dieser Fische war mit massiven Knochen gepanzert; Teile davon bildeten kräftige,

Stammbaum der frühen Fische. Die Quastenflosser besaßen Lungen, die sie den Amphibien vererbten. Haie und Panzerfische brachten keine weiteren Großgruppen hervor. Die Haifische, schnelle Schwimmer mit einem Stützskelett aus Knorpel anstatt aus Knochen, haben bis heute überlebt. Dagegen starben die Placodermen mit ihrem Hautknochenpanzer im Laufe des Paläozoikum wieder aus.

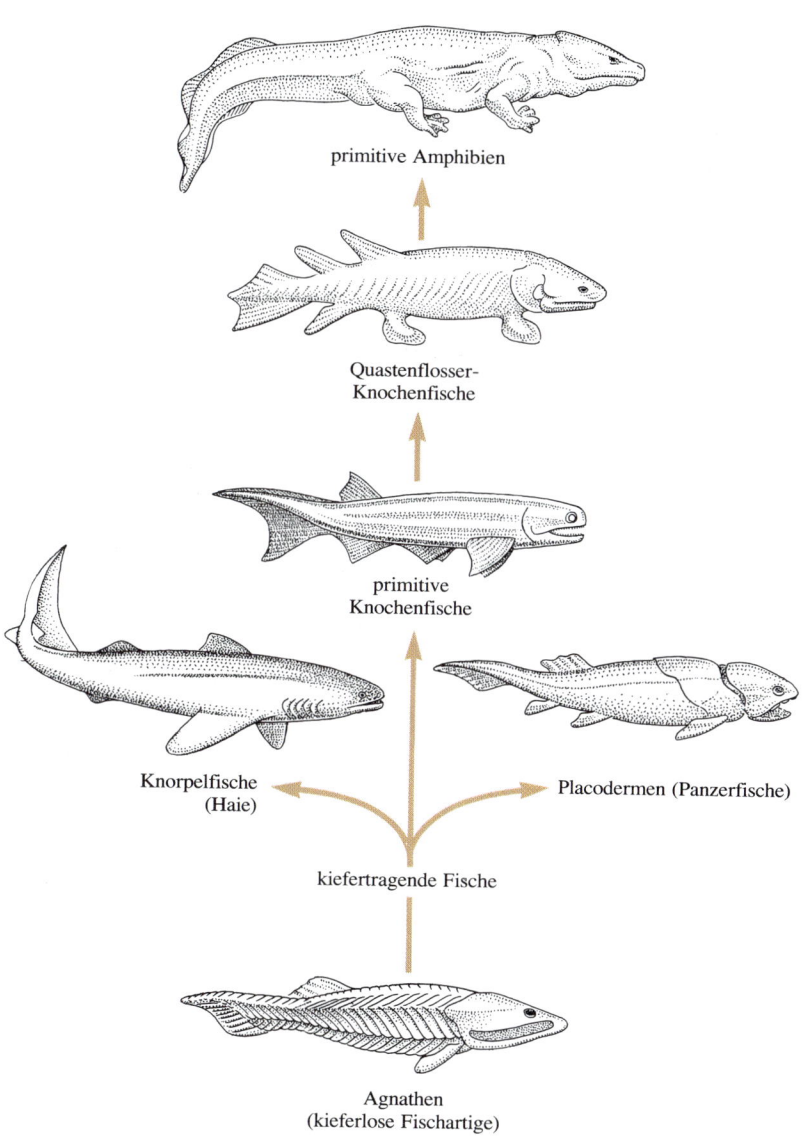

primitive Amphibien

Quastenflosser-Knochenfische

primitive Knochenfische

Knorpelfische (Haie)

Placodermen (Panzerfische)

kiefertragende Fische

Agnathen (kieferlose Fischartige)

mit kegelförmig zugespitzten Kanten versehene Kiefer. Der hintere Körperabschnitt blieb dagegen von einer starren Panzerung frei und für das Schwimmen biegsam. Diese schrecklichen Räuber der Tiefe, die in marinen Schiefern von Nordost-Ohio besonders gut erhalten sind, gestalteten dank ihrer Fähigkeit, große Beutetiere anzugreifen, das Ökosystem der Meere um. Es ist wahrscheinlich, daß die größten von ihnen sich sowohl von kleinen Placodermen als auch von Haifischen ernährt haben. Die Haie jener Zeit traten ebenfalls schon in mannigfachen Formen auf; Abdrücke ihrer

Körper sind in den Gesteinen zusammen mit Knochenfischen erhalten. Genau wie heute besaßen die Haie damals Skelette aus Knorpel.

Im Mittelpaläozoikum drangen schließlich auch erstmals höhere Organismen mit Macht auf das Festland vor. Da die Faunenwelt sich von pflanzlichem Leben ernährt, errichteten die Tiere diesen entwicklungsgeschichtlichen Brückenkopf erst, nachdem die Pflanzen die Niederungen besiedelt hatten. Die ersten Landpflanzen waren nichts weiter als blatt- und wurzellose Halme, die durch

Links: Der gepanzerte Kopf von *Dunkleosteus*, dem größten Panzerfisch aller Zeiten, der in den Meeren des Oberdevon in der Gegend von Cleveland (Ohio) lebte und eine Länge von zehn Metern erreichte. Rechts: Rekonstruktion von *Ichthyostega*, dem ältesten bekannten Amphibium. Dieses Tier aus dem höchsten Oberdevon hatte zwar die Füße eines Lurchs, aber einen Flossensaum am Schwanz, der an seine Fischvorfahren erinnert.

einfache unterirdische Stengel Feuchtigkeit und Nährstoffe aus dem Boden sogen. Vermutlich lebten die allerersten halbaquatisch und bedeckten Sumpfflächen in stehenden Gewässern. Wann genau die Pflanzen auf das trockene Land kamen (eventuell geschah dies schon im Ordovizium), bleibt unsicher, aber noch vor dem Ende des Devon ragten ihre Nachfahren als hohe Bäume auf und bildeten die ersten Wälder der Welt.

Ganz kurz vor dem Abschluß des Devon gesellten sich dann Wirbeltiere zu den höheren Pflanzen auf dem Festland. Veranschaulicht wird dieses Ereignis durch *Ichthyostega* – ein Tier, dessen merkwürdige Anatomie es entwicklungsgeschichtlich zwischen bestimmte devonische Fische und die Amphibien stellt; die Tierklasse der Amphibien, zu der Kröten und Salamander gehören, umfaßt Wirbeltiere, die ihren Lebensanfang im Wasser verbringen und sich dann zu Landtieren entwickeln. *Ichthyostega*, dessen Überreste man in Süßwasserablagerungen in Grönland gesammelt hat, ist ein echtes „missing link". Das Tier besaß Beine, mit denen es an Land laufen konnte, behielt aber einen Flossensaum am Schwanz sowie die für seine fischartigen Vorfahren kennzeichnende Zahnstruktur. *Ichthyostega* lebte wahrscheinlich sehr spät im Devon und war daher dem großen Massensterben entgangen, das sich kurz zuvor ereignet hatte. Diese Krise ist unser nächstes Thema; sie überbrückte die etwa sieben Millionen Jahre vor dem Ende des Devon liegende Grenze zwischen der Frasne- und der Famenne-Stufe.

Das Massensterben im Oberdevon

Die Krise vor dem Ende des Devon wirkte sich wie diejenige am Schluß des Ordovizium hauptsächlich im marinen Lebensraum aus. Die höheren Pflanzen, die sich im Laufe des Devon an Land etabliert hatten, wurden anscheinend nicht davon beeinträchtigt. Zu den schwer in Mitleidenschaft gezogenen marinen Gruppen gehörten bestimmte Formen von Brachiopoden, Trilobiten, Conodonten und Acritarchen. Es gibt viele Hinweise dafür, daß diese Krise wie jene im Oberordovizium hauptsächlich auf eine weitverbreitete Abkühlung zurückzuführen ist, die eine Periode kontinentaler Vereisung einleitete.

Damit läßt sich wohl auch der vielleicht hervorstechendste Aspekt der Oberdevonkrise erklären: die Dezimierung der Riffgemeinschaft, die ungefähr 100 Millionen Jahre lang, seit dem Mittelordovizium, in Blüte gestanden hatte. Während diese Lebensgemeinschaft sich von der Schlußkrise des Ordovizium noch erholt hatte, führte das folgende Ereignis zu ihrem Untergang. Nach dem Devon traten weder die tabulaten Korallen noch die Stromatoporen jemals wieder als hauptsächliche Riffbildner auf. Und für den Rest des Paläozoikum, also mehr als 100 Millionen Jahre lang, blieb das Riffwachstum relativ spärlich; keine andere Gruppe vermochte diese Rolle mit sonderlichem Erfolg zu übernehmen, ehe sich schließlich im Altmesozoikum die heutigen Korallenformen entwickelten.

Über den zeitlichen Verlauf der Devonkrise herrscht Uneinigkeit. Nach Ansicht von Digby McLaren, dem ehemaligen Direktor des Geological Survey of Canada, ist der Massenuntergang in einer einzigen Ablagerungsfläche dokumentiert – einer Trennfuge zwischen verschiedenen Schichten, die eine geologisch abrupte weltweite Katastrophe kennzeichnet. Andere Paläontologen haben dagegen Indizien vorgebracht, wonach der Massenuntergang sich über mehrere Millionen Jahre hingezogen hat.

Ein Gebiet, in dem sich Hinweise auf eine langanhaltende Krise finden lassen, ist der nördliche Teil des US-Bundesstaates New York, wo Gesteine des Oberdevon besonders gut aufgeschlossen sind. Hier wurde auch in den Vereinigten Staaten erstmals geologische Wissenschaft in großem Maßstab betrieben, als in der Mitte des letzten Jahrhunderts James Hall die mächtige Abfolge oberdevonischer Sandsteine und Schiefer untersuchte. Wir wissen inzwischen, daß diese Ablagerungen sich hier deshalb zu so großer Mächtigkeit angehäuft haben, weil die Vorläufer der heutigen Appalachen rapide abgetragen wurden und das Sedimentmaterial dafür lieferten. Diese zerfurchten Höhenzüge waren emporgedrückt worden, als Nordamerika mit Europa kollidierte. (Der heutige Atlantische Ozean hat sich erst im Mesozoikum herausgebildet, als die zusammenhängende Landmasse gespalten wurde.) Den alten Superkontinent, der entstand, als Nordamerika mit Europa zusammengeschweißt wurde, hat man zu Ehren des Old-Red-Sandsteins, der sich in England das ganze Devon hindurch abgelagert hat, Old-Red-Kontinent genannt. Die Old-Red-Sedimente häuften sich in den Tiefebenen östlich der Ur-Appalachen an. Westlich davon setzten sich dort, wo heute der Staat New York liegt, die von den Bergen abgetragenen Sedimente in Flußtälern und einem benachbarten See ab. Diese Gegenüberstellung mag seltsam anmuten, doch wie das in der Vorzeit häufig geschehen ist, überfluteten damals Meere einen Großteil des nordamerikanischen Kontinents. Im Oberdevon erstreckten sich Meeresgebiete von der Westküste über die ganze Landfläche bis zu einer Zone von Tiefebenen vor dem Gebirgsgürtel, entlang dem Nordamerika mit Europa vereinigt war. Diese Wasserflächen waren nur durch eine oder zwei große Inseln in den Zentralstaaten der USA unterbrochen – herausragende topographische Elemente im sogenannten transkontinentalen Bogen, einer Schwelle, die einen großen Teil des Paläozoikum überdauerte. Die jetzige Region von Nordost-Ohio lag weit von der Küste entfernt, und im mäßig tiefen Wasser schwammen hier Haie und riesige furchterregende Panzerfische über dem Meeresboden, auf welchem sich allmählich dunkler Schlamm anhäufte.

George McGhee von der Rutgers University hat die oberdevonischen Wirbellosenfaunen, welche die marinen Bereiche westlich des Gebirgsgürtels der Ur-Appalachen besiedelten, eingehend untersucht. Diese Faunen sind in der mächtigen Schichtfolge enthalten, die jetzt in Schluchten und Straßenböschungen des Staates New York aufgeschlossen ist. Nach McGhees Schätzung hat

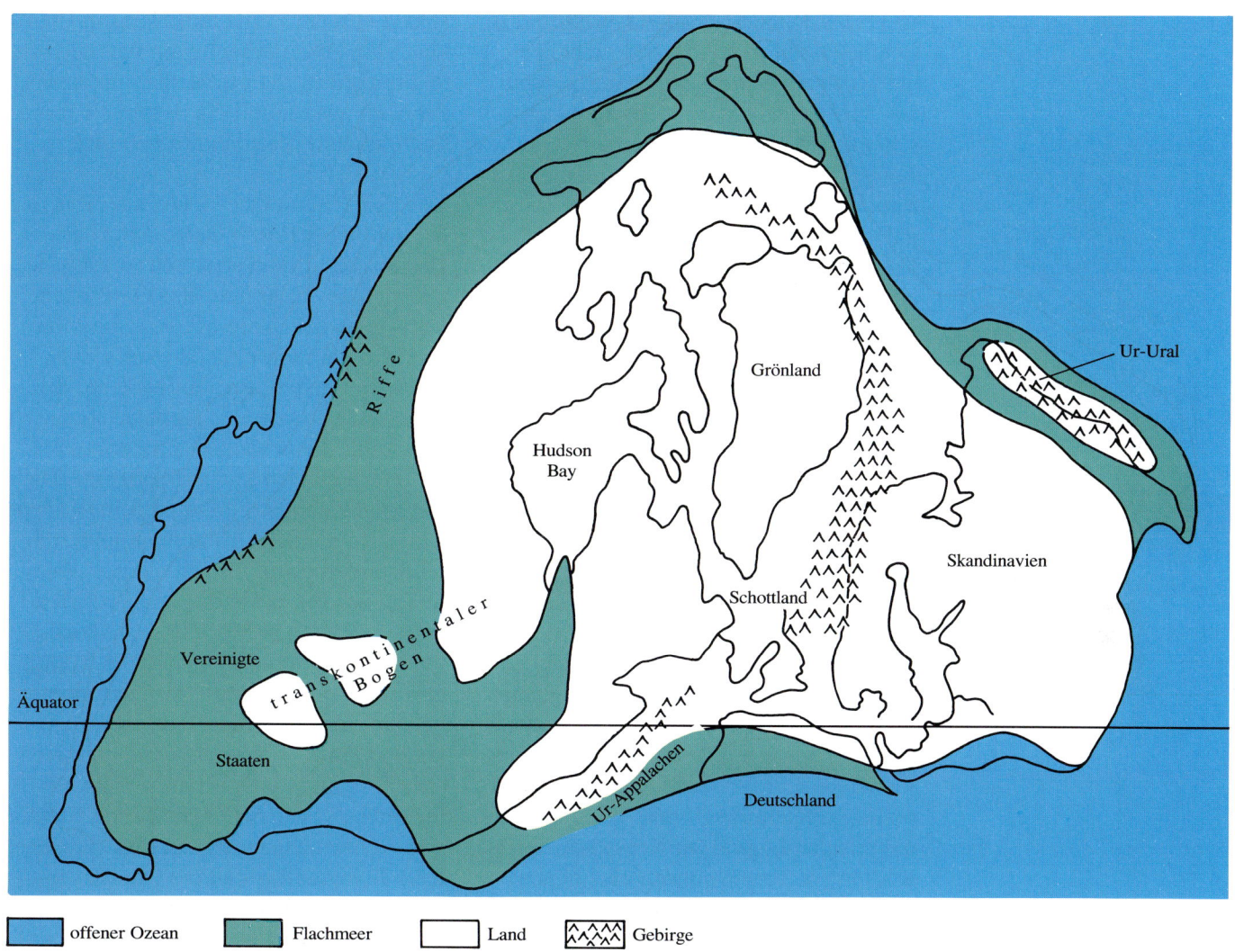

| | offener Ozean | | Flachmeer | | Land | | Gebirge |

Der Old-Red-Sandstein-Kontinent im Oberdevon. Der Staat New York, aus dem eine reiche Meeresfauna fossil erhalten ist, lag damals nahe am Äquator.

das vor dem Ende des Devon hereinbrechende Massensterben mindestens 70 Prozent aller wirbellosen Tierarten jener Region hinweggerafft. Aufzeichnungen der Artenvorkommen in diesen Schichten zeigen an, daß ein massives Aussterben in der Frasne-Stufe einsetzte und sich bis in das darauf folgende Famenne, die Endstufe des Devon, hinein fortsetzte; das entspricht einem Zeitraum von etwa sieben Millionen Jahren. In Zusammenarbeit mit anderen Forschern hat McGhee in den Schieferhorizonten des Staates New York, die jenen kritischen Zeitabschnitt repräsentieren, systematisch nach hohen Iridiumkonzentrationen gesucht; die Ergebnisse waren jedoch negativ. Es gibt also für diese Krise keinen Hinweis auf einen möglichen außerirdischen Auslöser.

Auch andere Studien deuten darauf hin, daß die Oberdevonkrise sich über mehrere Millionen Jahre hingezogen hat. In einer davon hat J. Thomas Dutro vom United States Geological Survey in einer fast lückenlosen stratigraphischen Abfolge in New Mexico eine allmähliche Abnahme der Brachiopoden nachgewiesen, die schon im Mitteldevon einsetzt. Desgleichen ist Paul Copper von der Laurentian University in Kanada auf eine lange Phase des weltweiten Rückgangs der Atrypoiden gestoßen, einer großen Brachiopodengruppe, die in der Frasne-Famenne-Krise erlosch. Von den Atrypoidengattungen und -untergattungen, die noch zu Beginn der Frasne-Stufe gelebt hatten, verschwanden drei gegen Ende des Unterfrasne und fünf weitere gegen Ende des Mittelfrasne. Nur die verbliebenen vier sowie eine Gattung, die sich anscheinend im Mittelfrasne neu entwickelt hatte, starben gegen Ende dieser Stufe aus. Überdies hat Copper den Schluß gezogen, daß es keine mehr oder weniger mit der Frasne-Famenne-Grenze übereinstimmenden Horizonte gibt, die — selbst auf lokaler Ebene — einen plötzlichen Massentod von Atrypoiden anzeigen. Für eine ganz andere Gruppe, die Ammonoideen, hat Michael

House von der Universität Hull in England eine Phase erheblichen Aussterbens dokumentiert, die offenbar in mehreren Schüben auftrat und die gesamte Frasne- und Famenne-Zeit hindurch anhielt.

Das Ereignis im Oberdevon hat nicht nur bei den Wirbellosen Opfer gefordert. Die Fische erlitten so schwere Verluste, daß sich der Charakter des Ökosystems im Wasser über dem Meeresgrund tiefgreifend verändert hat. So verschwanden zum Beispiel aus den Meeren, die sich westwärts der Ur-Appalachen erstreckten, die besonders großen und furchterregenden Panzerfischarten. Die wenigen Placodermen, die bis in das dem Devon folgende Karbon hinein überlebten, starben ebenfalls alsbald aus und überließen die Rolle der „großen Meeresräuber" den Haien, die sich damals — vielleicht als Reaktion darauf — kräftig entwickelten. Die als Clevelandschiefer bekannten feinkörnigen schwarzen Ablagerungen von Nordost-Ohio enthalten eine besonders vielgestaltige Placodermenfauna sowie eine bedeutende Flora von Acritarchenalgen. Dies ist ein weiterer Beleg dafür, daß die Oberdevonkrise sich nicht in einem kurzen geologischen Augenblick während der Übergangszeit vom Frasne zum Famenne ereignet hat; der Clevelandschiefer stammt nämlich aus dem Famenne. In einer Dissertation an der Universität von Kalifornien in Los Angeles hat E. Reed Wicander aufgezeigt, daß die Acritarchen erst nach der Zeit der Ablagerung des Clevelandschiefers zu einer Formenarmut zusammenschrumpften, von der sie sich nie wieder erholten. Ähnliches gilt auch für die Placodermen.

Indizien der Abkühlung

George McGhees Daten aus dem Staat New York enthüllen eine weitere bemerkenswerte Tatsache: Während andere Gruppen von marinen Lebewesen während der Krise starke Verluste erlitten, entwickelte die Gruppe der Kieselschwämme eine große Formenvielfalt. Diese Schwämme, die noch heute die Meere bewohnen, scheiden ein Skelett aus Kieselsäure aus. Wie McGhee erwähnt hat, haben diese Tiere die bedeutsame Eigenschaft, bevorzugt in kühlen Gewässern zu gedeihen; in heutigen Meeren leben sie oft in beträchtlichen Tiefen, die ihren Temperaturbedürfnissen entgegenkommen. Während der biotischen Krise im Staat New York waren die Kieselschwämme allerdings in Flachmeeren zuhause. Nach Ansicht von McGhee legt dieses Verbreitungsmuster nahe, daß die Meere damals zum Vorteil der Schwämme, aber auf Kosten jener Gruppen von Lebewesen, die zuvor noch in Blüte standen, kühler wurden. Ohne Frage waren die Gewässer vor dieser Zeit warm, denn der Gesteinsmagnetismus belegt, daß der Staat New York im Oberdevon sehr nahe am Äquator lag.

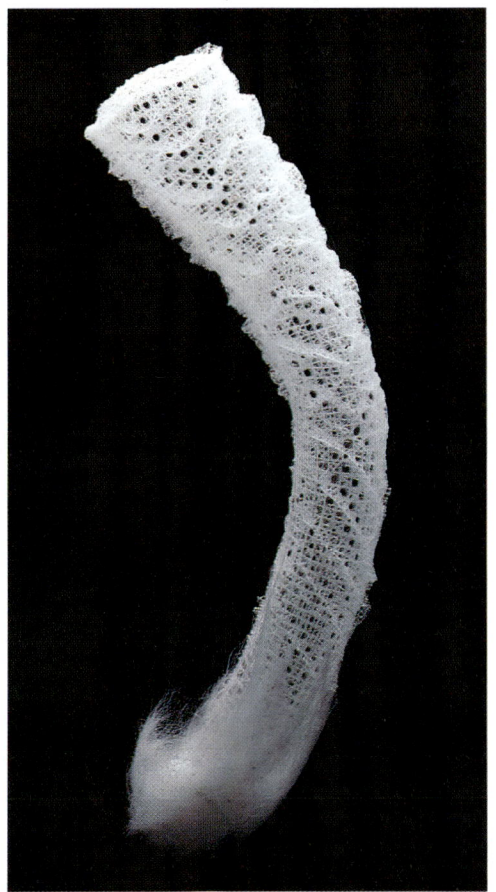

Rechts: Eine der vielen Sorten von Kieselschwämmen aus dem Oberdevon, die im US-Bundesstaat New York in Blüte standen, als andere Tiergruppen ausstarben. In dem bräunlichen Sandstein ist ein Abdruck des maschenartigen Schwammskelettes zu sehen. Zum Vergleich ist links das Skelett eines Kieselschwammes unserer Tage abgebildet.

Könnte ausgangs des Devon eine Episode weltweiter Abkühlung sogar die tropischen Meere in Mitleidenschaft gezogen haben? Das ist nicht nur von George McGhee behauptet worden, sondern früher schon von Paul Copper, der auf die Tatsache aufmerksam machte, daß durch die Krise zwar tropische, aber keine Formen aus höheren Breiten vernichtet worden sind. Zu dieser Zeit lag Gondwanaland weit im Süden, und der Südpol befand sich etwa in jener

Region des Superkontinents, der dem heutigen Südamerika entspricht. Obwohl die fossilen Dokumente für das Meeresleben jenes Krisenzeitraumes nur spärlich sind, wissen wir, daß in diesen hohen Breiten die Tiergruppen, die vor der Krise in Blüte gestanden hatten, auch anschließend noch weiterlebten. Es geschah nichts, was der Zerstörung

Landschaftsbild des gewaltigen Oberdevonriffes von Westaustralien. Links vor der wellenförmigen Rifffront lag ein Meeresbecken. Es ist bemerkenswert, daß dieses Gebilde, das vor mehr als 350 Millionen Jahren geschaffen wurde, sich noch heute reliefartig über seine Umgebung erhebt.

der tropischen Riffgemeinschaft vergleichbar wäre.

Der Zusammenbruch der Riffgemeinschaft ist besonders gut sichtbar in den Gesteinen von Westkanada und Westaustralien (sowie in Westeuropa im Rheinisch-Ardennischen Gebiet), wo im Mitteldevon enorme Riffe emporwuchsen, ohne sich aber über das Ende der Frasne-

stufe hinaus zu halten. In Kanada sind heute einige Devonriffe an der Erdoberfläche aufgeschlossen; andere liegen tief unter der Erde, wo man sie oftmals als Erdölspeicher nutzt. Noch augenfälligere Riffvorkommen findet man im Canning Basin von Australien; die Riffe erheben sich dort in ähnlicher Weise über die Landschaft, wie sie einst über dem Meeresboden emporwuchsen. Vor ihnen liegt das jetzt der heißen Sonne ausgesetzte Becken, das ehemals tief mit Wasser gefüllt war. Die meisten Riffe des Canning Basin, die heute in der Nähe der westaustralischen Küstenlinie liegen, sind Teile eines gewaltigen devonischen Barriereriffes, das sich heute mindestens 350 Kilometer weit am Rand des Canning Basin erstreckt und das zur Zeit seiner Entstehung möglicherweise noch wesentlich länger war. Es ist eine Ironie des Schicksals, daß dieses riesige Barriereriff des Devon gerade jenen Kontinent besetzte, der heutzutage vom Großen Barriereriff, der längsten Riffkette der Welt, gesäumt wird.

Das devonische Riffsystem von Westaustralien war einst unter jüngeren Sedimenten begraben, ist aber dann durch Abtragung freigelegt worden. An wenigen Stellen ragen vom Boden des Beckens kleine Riffhügel nach oben, die zu ihren Lebzeiten bis zur Meeresoberfläche emporgewachsen waren. In weiten Bereichen des Beckens lagerten sich Schlammsedimente ab. Die vertikalen Ausmaße der Riffe lassen darauf schließen, daß der Beckenboden vor den Riffen zur Zeit ihres Wachstums bis zu 300 oder 400 Meter unter dem Meeresspiegel lag. Grober Kalkschutt brach dann und wann von den Riffen ab und rutschte über ihre Abhänge in die nahen Beckenregionen. Die in den Beckensedimenten erhaltenen Fossilien zeigen, daß eine Vielfalt schwimmender und schwebender Tiere diese Gewässer bevölkert hat, darunter Fische, Nautiloideen, Ammonoideen und Conodonten. Die Riffe selbst wurden hauptsächlich von den damals vorherrschenden Riffbildnern, den tabulaten Korallen und Stromatoporen, aufgebaut; Algen spielten nur eine zweitrangige Rolle.

Dem weltweiten Aussterben in der Übergangszeit von der Frasne- zur Famenne-Stufe fiel in Westaustralien wie überall sonst die Korallen-Stromatoporen-Riffgemeinschaft zum Opfer. Im Anschluß daran trat an den Rändern des Canning Basin ein erstaunlicher Wandel ein. Es begann eine neue Phase riffähnlichen Wachstums, aber nun waren die stromatolithenbildenden Cyanophyten (Blaugrünalgen) die Hauptbaumeister. Im ursprünglichen Riff hatten sich Stromatolithen nur spärlich entwickelt, aber nach dem Massenaussterben blühten sie auf. Von der Geschichte der Stromatolithen im Altpaläozoikum her gesehen — damals verloren sie ihre Vorherrschaft aufgrund der raschen Entwicklung der Tierwelt —, ist ihre Auferstehung im Oberdevon leicht zu verstehen. So ließ auf einmal nicht nur der Wettbewerb um Lebensraum im Flachmeer nach, sondern es verringerten sich auch drastisch die Vielfalt und Häufigkeit jener Tiergruppen, die mehr als 100 Millionen Jahre lang durch Weiden und Bohren das Wachstum der Stromatolithen unterdrückt hatten. Die Stromatolithen er-

hielten eine Gnadenfrist, bis die Tierwelt kurz darauf einen neuen Entwicklungsschub erlebte.

Der Tod des gewaltigen Devonriffes trat, zumindest nach geologischen Maßstäben, sehr plötzlich ein. Dies bedeutet jedoch nicht, wie wir im ersten Kapitel erörtert haben, daß der Auslöser des Aussterbens ähnlich unvermittelt hereingebrochen sein muß. So könnte schon eine allgemeine Tendenz zur Klimaverschlechterung ein plötzliches Aussterben zu dem Zeitpunkt bewirkt haben, zu dem die Temperaturen unter die Minimalbedürfnisse der tabulaten Korallen und Stromatoporen zurückgingen; diese Ansprüche sind wohl mit denen der heutigen Riffkorallen vergleichbar. Die westkanadischen Riffe scheinen ebenfalls ziemlich abrupt abgestorben zu sein. Hier haben Schichten schwarzen Schiefers auf dem Dach der Riffablagerungen einige Paläontologen auf den Gedanken gebracht, daß die Riffbauer möglicherweise durch die Ausbreitung anoxischer Bedingungen vernichtet wurden; bei Sauerstoffmangel bewirkt nämlich der Kohlenstoff des nicht durch Bakterien oxidierten organischen Materials eine Schwarzfärbung des Schlamms, in dem dieses begraben wird. Wie im vorigen Kapitel beschrieben, hält jedoch die Wellenbewegung im Flachwasser einen hohen Gehalt an Sauerstoff aufrecht, indem sie es der Atmosphäre aussetzt. Daher erscheint es viel einleuchtender, daß die Überlagerung der Riffe durch den Schwarzschiefer folgendermaßen vor sich gegangen ist: Um ihre Lage nahe der Meeresoberfläche beizubehalten, wuchsen die Riffe empor, während der Rand des Beckens, auf dem sie standen, unter ihrer Last absank. Nach dem Absterben der Riffe mag dieser Bereich dann weiter abgesunken sein und die Riffe mit sich in das Becken gezogen haben, wo sich in dem nun tiefen Wasser schwarzer Schlamm auf ihnen ablagerte.

Bei der Suche nach hohen Iridiumkonzentrationen in der australischen Riffabfolge hat man nur einen möglicherweise bedeutsamen erhöhten Wert festgestellt; allerdings tritt diese isolierte Zone mit einer ungewöhnlich hohen Iridiumkonzentration in einer Stromatolithenschicht auf, die stratigraphisch höher liegt und damit jünger ist als die Frasne-Famenne-Grenze. Darüber hinaus gehören die Algen dieser Lage zu einer Sorte, die typischerweise Schwermetalle binden. Diese Iridiumanomalie scheint deshalb keine Beziehung zu dem Aussterbeereignis zu haben.

Wir wollen nun wieder auf die paläontologischen Belege zurückkommen. Es zeigt sich, daß auch die rugosen Korallen am Aufbau der devonischen Riffe beteiligt waren. Wie A. E. H. Pedder vom Geological Survey of Canada nachgewiesen hat, wurden sowohl die riffbildenden als auch die übrigen Vertreter dieser Gruppe in der Oberdevonkrise empfindlich dezimiert. Nach seiner Zusammenstellung sind für Frasne-Schichten in verschiedenen Teilen der Welt 148 Arten von rugosen Flachwasserkorallen beschrieben worden, und nicht mehr als sechs davon retteten sich in das Famenne hinüber; es könnten sogar noch weniger gewesen sein, falls eine oder zwei der Famenne-Arten falsch bestimmt worden sind. Die für tiefe Wasserbereiche typischen Arten kamen besser davon: Es gibt zwar nur vergleichsweise wenige, aber von zehn aus dem Frasne bekannten Arten lebten drei oder vier auch noch im Famenne. Wie nach vielen anderen Massensterben kehrte auch hier die dezimierte Gruppe mit einer dramatischen adaptiven Radiation zurück. Vor dem Ende der Famenne-Zeit, etwa zehn bis zwölf Millionen Jahre nach dem Höhepunkt der Krise, bevölkerten mindestens 14 neue Familien und Dutzende neuer Arten von rugosen Korallen die Flachmeere. Die Tatsache, daß diese dramatischen Ereignisse sich auf die warmen Flachmeere konzentrierten, während die an kaltes Tiefenwasser gewöhnten Korallen nicht ernsthaft betroffen wurden, stimmt mit der Beobachtung überein, daß die Oberdevonkrise vorrangig tropische Ökosysteme beeinträchtigt hat.

Ein weiterer Aspekt der tropischen Ausrichtung des Massensterbens im Oberdevon erinnert an ein Geschehen in der Oberordoviziumkrise: Die grünen Kalkalgen, die heute auf warme Meere beschränkt sind, erlitten schwere Verluste.

Schließlich hat George McGhee noch angeführt, daß zwar marine Fische, nicht aber Süßwasserfische, zu den Hauptopfern des Ereignisses im Oberdevon gehörten. Von Süßwasserfischen, die an jahreszeitliche Temperaturschwankungen angepaßt sind, kann man eine größere Widerstandsfähigkeit gegen Abkühlung erwarten als von Meeresfischen mit ihrem üblicherweise wohl ausgeglicheneren Lebensraum.

Erneute Vereisung

Wir haben in den vorangegangenen Abschnitten eine Reihe von Belegen dafür zusammengestellt, daß eine Episode klimatischer Abkühlung die Hauptursache des Massensterbens im Oberdevon gewesen sein dürfte. Während diese „belastenden" Indizien uns schon seit einigen Jahren vorliegen, haben wir jetzt auch einen direkten Nachweis für die Klimaverschlechterung zur Hand: eine Vereisung in Gondwanaland. Jahrelang waren die Fakten hierfür fragwürdig; es gab lediglich aus Südamerika Meldungen über mögliche Gletscherablagerungen von vielleicht oberdevonischem Alter. Vor kurzem nun haben Mario V. Caputo und sein Professor John C. Crowell von der Universität von Kalifornien in Santa Barbara die Existenz von größtenteils in Nordbrasilien liegenden Gletscherablagerungen bestätigt und auch ihr oberdevonisches Alter nachgewiesen. Genauer gesagt, zeigen die darin enthaltenen fossilen Algen für die meisten der Sedimente Famenne-Alter an, und ihre glaziale Herkunft wird durch eingelagerte Schotter und Findlinge bestätigt, die geschliffen und gekritzt wurden, als sie – eingefroren auf der Unterseite der Gletscher – über den Grund glitten. Außerdem enthalten die mit den Gletschergeröllen vorkommenden Schiefer sogenannte *dropstones* („Sinkgesteine"): isolierte Kiesel und Findlinge, die ihren Ablagerungsort im küstenfernen Stillwasser nur erreicht haben können, indem sie in Treibeis eingeschlossen durch das Wasser trieben. Als dieses Treibeis schmolz, wurden die Steine freigesetzt und sanken zu Boden.

Es gibt also starke Argumente für eine klimatische Abkühlung als Hauptauslöser für das Massensterben im Oberdevon. Da die bisher datierten Gletschersedimente Famenne-Alter haben, ist es möglich, daß der Frasne-Anteil des Massensterbens im Frühstadium der Klimaverschlechterung stattfand, also noch vor der Entwicklung kontinentaler Gletscher. Denkbar wäre aber auch, daß die Gletscherbildung zwar schon im Frasne einsetzte, aber in den Gesteinsdokumenten noch nicht aufgespürt worden ist.

Schon seit Mitte des vorigen Jahrhunderts weiß man von Gletscherablagerungen in den Südkontinenten, aus denen sich einst Gondwanaland zusammensetzte, obwohl die Existenz dieses Superkontinents noch bis in die sechziger Jahre unseres Jahrhunderts nicht allgemein akzeptiert war. Aber auch danach wurden eindeutige Gletschersedimente nur in nachdevonischen Systemen des Paläozoikum (Karbon und Perm) festgestellt. Die Annahme, daß die Vereisung schon vor dem Ende des Devon einsetzte, erschien zwar insofern vernünftig, als der Gesteinsmagnetismus für diese Zeit eine erneute Bewegung von Gondwanaland über dem Südpol anzeigte, doch der Teil des Superkontinents, der im Devon als erster eine polare Position erreichte, war das jetzige nördliche Südamerika, von dem bis vor kurzem nur unsichere Hinweise auf eine Vereisung vorlagen. Die Funde von Caputo und Crowell sind somit eine aufsehenerregende Bestätigung unseres Verdachts.

Das Vereisungsgebiet in Gondwanaland verschob sich ungefähr mit der aus dem

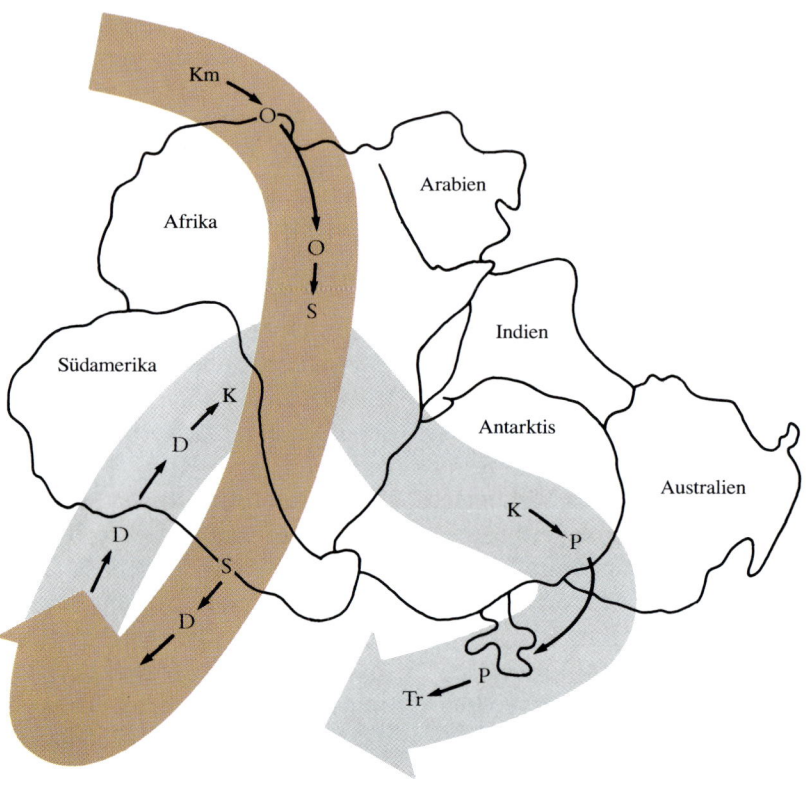

Km = Kambrium   O = Ordovizium   S = Silur   D = Devon   K = Karbon   P = Perm   Tr = Trias

Relativbewegung des Südpols bezüglich Gondwanaland während des Paläozoikum. Natürlich bewegte

sich in Wirklichkeit Gondwanaland; es glitt zweimal,
im Oberordovizium und im Oberdevon, über den Pol.

Gesteinsmagnetismus erschlossenen damaligen Lage des Südpols. Während
des Oberdevon bildeten sich nämlich
Gletscher zuerst in Südamerika und
wanderten dann über das südliche Afrika
und die Antarktis nach Australien; von
da ausgehend entfernte sich Gondwanaland wieder vom Pol.

Bemerkenswert an den gerade beschriebenen Ereignissen im Oberdevon ist,
daß sie eine Wiederholung des aus dem
Altpaläozoikum bekannten Musters darstellen: Im Oberordovizium hatte sich

Gondwanaland über den Südpol bewegt
und Inlandgletscher aufgebaut, und etwa
zur selben Zeit traf ein Massensterben
das Leben im Meer, wobei der Schwer-
punkt in den Tropen lag. Die Vereisung
hielt bis ins Mittelsilur an, als sich gemäß der Rekonstruktion von Caputo
und Crowell Gondwanaland wieder vom
Pol fort bewegte. Im Oberdevon dann
schob es sich noch einmal über den Pol,
was zu einer erneuten Inlandvereisung
und zu einem zweiten Massenaussterben
im Meer führte; wiederum war die tropische Zone am schwersten betroffen.

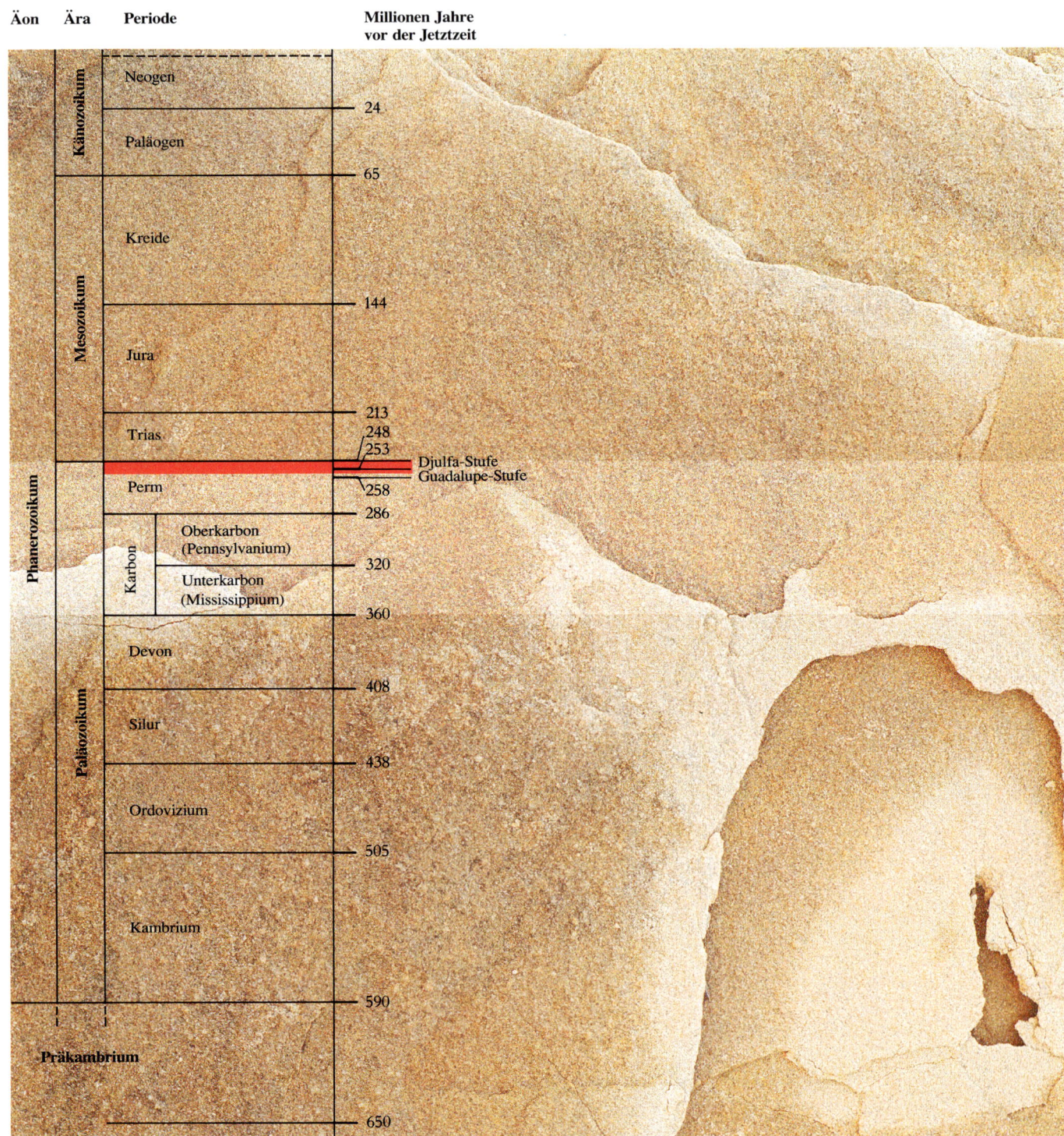

Äon	Ära	Periode	Millionen Jahre vor der Jetztzeit
Phanerozoikum	Känozoikum	Neogen	
			— 24
		Paläogen	
			— 65
	Mesozoikum	Kreide	
			— 144
		Jura	
			— 213
		Trias	— 248
			— 253
	Paläozoikum	Perm	— 258
			— 286
		Karbon — Oberkarbon (Pennsylvanium)	
			— 320
		Unterkarbon (Mississippium)	
			— 360
		Devon	
			— 408
		Silur	
			— 438
		Ordovizium	
			— 505
		Kambrium	
			— 590
Präkambrium			
			— 650

Djulfa-Stufe
Guadalupe-Stufe

Die große Krise im Perm

Die Oberdevonkrise hatte in den Ozeanen eine verarmte Fauna hinterlassen. Doch dank eines neuen evolutionären Aufschwungs im Karbon und im Perm gelangte das marine Leben wieder zu großer Formenvielfalt. Gleichzeitig bildete sich auf dem Festland ein kompliziertes Ökosystem mit großen säugetierähnlichen Reptilien aus, das im Vergleich zu dem im Oberdevon, als erstmals Wirbeltiere aufs Land krochen, weit fortgeschritten war. Im Oberperm jedoch, also vor etwa 250 bis 255 Millionen Jahren, wurde das lange friedliche Zwischenspiel nach der Oberdevonkrise durch ein Ereignis erschüttert, das wohl als das verheerendste Massensterben aller Zeiten gelten darf. Ungefähr die Hälfte aller Familien des marinen Lebensraumes verschwand, und auch die Wirbeltierfaunen auf dem Land wurden dezimiert. Noch ist dieser Ökosystemzusammenbruch ungeklärt. Er weist jedoch eine Reihe von Merkmalen auf, die an die Oberordovizium- und Oberdevonkrisen erinnern. So erlitten auch diesmal die tropischen Lebensformen meist die schwersten Verluste, und die Rate der Ablagerung tropischer Kalke ging zurück. Wie wir am Ende des Kapitels sehen werden, lassen diese ähnlichen Kennzeichen auf eine klimatische Ursache schließen.

Der Aufschwung im Meer

Viele der taxonomischen Gruppen, welche die jungpaläozoische Zeit vor der Permkrise prägten, hatten schon vor der Krise im Oberdevon in Blüte gestanden — beispielsweise die Brachiopoden und unter den Mollusken die Ammonoideen, Muscheln und Schnecken. Auch die Bryozoen waren wieder erfolgreich; während sie aber im Altpaläozoikum meistens sogenannte „steinige" Formen mit stark verkalkten Skeletten hervorgebracht hatten, wuchsen die Moostierchenkolonien des Jungpaläozoikum größtenteils band- oder fächerförmig; ähnlich wie die heutigen Fächerkorallen (die sogenannten Gorgonarien) standen sie aufrecht auf dem Meeresboden und schwankten hin und her. Die Crinoiden oder Seelilien erreichten den Höhepunkt ihrer Entwicklung in der ersten Hälfte des Karbon, als sie in den Flachmeeren, die damals einen Großteil des nordamerikanischen Subkontinents überfluteten, weite unterseeische Wiesen bildeten.

Eine wie Spitze aussehende Bryozoenkolonie aus dem Jungpaläozoikum. Diese fächerförmige Kolonie stand aufrecht auf dem Meeresboden und wogte im Wasserstrom, aus dem ihre winzigen, miteinander verbundenen Individuen Nahrungsteilchen herausfilterten, hin und her.

Auch Korallen lebten auf den Meeresböden des Jungpaläozoikum; erfolgreiche Riffbildner gab es allerdings nicht unter ihnen. Überhaupt war dies keine Zeit üppigen Riffwachstums. Wie es immer wieder in der Erdgeschichte geschehen ist, blieb hier eine durch Aussterben geschaffene ökologische Nische über Millionen von Jahren kaum genutzt. Auch wenn die Evolution das Vakuum wohl verabscheut, so braucht sie doch oft lange Zeit, um es zu füllen. Im Oberkarbon bauten längliche Kalkalgen in warmen Flachmeeren kleine Riffhügel auf, aber sonst gab es bis zum Perm praktisch keine Riffe aus festen, von Organismen erzeugten Skeletten; erst dann übernahm – in bescheidener Form – eine buntgemischte Gesellschaft von Algen, Schwämmen und Bryozoen diese Rolle.

Fusulinide Foraminiferen aus dem Jungpaläozoikum. Diese einzelligen Lebewesen sahen aus wie Amöben mit einem Außenskelett. Vielfach sind ihre Gehäuse so häufig, daß sie die Hauptkomponente von Kalksteinen wie dem hier gezeigten bilden. Oberflächlich gleichen sie Reiskörnern, aber in Wirklichkeit handelt es sich um längliche Spiralen.

Mit dem Verschwinden der gepanzerten Placodermen setzte der Aufstieg jener Knochenfische, die mehr den heutigen gleichen, und auch der Haie ein. Vielleicht sorgte die zunehmende Raubtätigkeit dieser Tiere sowie der mit Fangarmen und „Schnäbeln" ausgerüsteten Ammoniten dafür, daß die Trilobiten immer mehr bedrängt wurden, bis sie im Unterperm schließlich nur noch ganz selten waren.

Eine wichtige Tiergruppe, die nach der Oberdevonkrise in Erscheinung trat,

waren die fusuliniden Foraminiferen. Foraminiferen (Kammerlinge) sind amöbenähnliche einzellige Organismen mit Skeletten. In heutigen Ozeanen gedeihen sie üppig, und man findet ihre Skelette fast in jeder Handvoll Sand oder Schlamm vom Meeresboden. Die Fusuliniden waren ungewöhnlich große Vertreter dieser Gruppe. Ihre typische Gestalt glich einem Reiskorn, aber manche waren um ein Vielfaches größer. Man nimmt allgemein an, daß die Fusuliniden ähnlich wie die heutigen Großforaminiferen symbiontische Algen in ihrem Protoplasma beherbergten, die ihnen zugleich als Nahrung dienten.

Eine weitere wichtige, aber für das Jungpaläozoikum kaum fossil belegte Gruppe ist das aus schwebenden einzelligen Algen bestehende Phytoplankton. Von den Acritarchen blieben ausgezeichnete Fossildokumente erhalten, weil sie Cysten erzeugten – Ruhesporen mit kräftigen, gut konservierbaren Zellwänden. Aber welche Algengruppen nach deren Niedergang im Oberdevon auch immer in den Ozeanen herumgeschwebt sein mögen, sie hinterließen praktisch keine Fossildokumente.

Das Leben auf dem Festland

Der Unterschied zwischen dem marinen Ökosystem, das vor der Oberdevonkrise existierte, und dem, das sich danach entwickelte, war vergleichsweise gering gegenüber der Umwandlung, die auf dem Festland vor sich ging. Wie bereits erwähnt, hatten sich Wälder mit hohen Bäumen schon vor der Krise entwickelt.

Uns liegt gegenwärtig keinerlei Beleg dafür vor, daß sie von diesem Ereignis beeinträchtigt wurden — was allerdings zum Teil an der allgemein eher spärlichen fossilen Überlieferung von Pflanzen liegen mag. Wir wissen aber, daß sich im Laufe des Karbon Sümpfe in einem nie zuvor gekannten Ausmaß über weite Ebenen erstreckten; die darin wachsenden Pflanzen — Bäume, die wie heutige Papyrusstauden im Wasser

Der Schuppenbaum (rechts), ein Bärlappgewächs aus dem Karbon, im Vergleich mit dem heute lebenden Kolbenbärlapp *Lycopodium* (links). Im Gegensatz zu den karbonischen Bärlappgewächsen, deren gewaltige Überreste sich in Sümpfen zum Ursprungsmaterial der weitverbreiteten karbonischen Kohlenlager anhäuften, sind die lebenden Lycopodien nicht größer als kleine Farne. Das hier gezeigte Exemplar wächst an der Basis eines Baumes. Fossile wie lebende Bärlappe zeigen eine spiralige Anordnung von Blättern oder Blattnarben an den Stielen oder Stämmen.

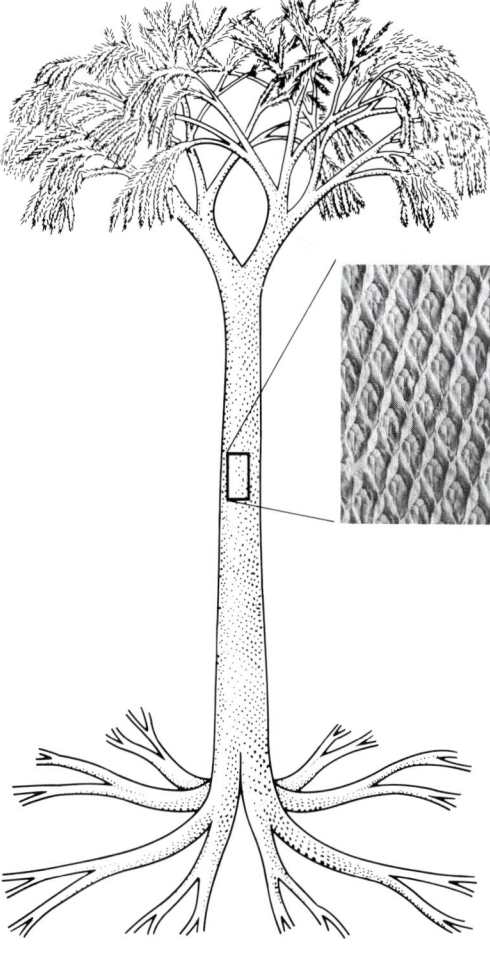

standen — hinterließen Holzreste, die sich in Torf und anschließend in Kohle verwandelten. Aufgrund der mächtigen Kohlenlager, die sich auf diese Weise im US-Bundesstaat Pennsylvania gebildet haben, erhielt das Oberkarbon in den Vereinigten Staaten den Namen „Pennsylvanian". Die Pflanzen, aus denen die sogenannten Kohlensümpfc cntstanden sind, waren größtenteils Bäume, die sich durch Sporen fortpflanzten; im Gegensatz dazu vermehren sich die Bäume unserer Tage, die Laub- und Nadelhölzer, durch Samen. Die noch lebenden Nachkommen der Sporenbäume des Karbon sind viel kleiner und weniger auffällig. Der nächste Verwandte der vorherrschenden Kohlenbildner, der Bärlappgewächse, ist *Lycopodium*; diese als Kolbenbärlapp bekannte Pflanze paßt bequem in einen Blumentopf.

Der Rückgang der Bärlappbäume begann im Unterperm und läßt sich wenigstens teilweise einem weltweiten Trend zu trockeneren Klimaten zuschreiben, wie aus Dünen- und Salzablagerungen permischen Alters zu erkennen ist. Dieser Wandel beruhte zum Teil auf einer im Laufe des Perm fortschreitenden Meeresspiegelsenkung, die nicht nur weite Kontinentflächen trockenlegte, sondern auch viele vom Ozean weit entfernte Gebiete so ausdörren ließ wie etwa die Wüste Gobi. Bezeichnenderweise breitete sich während des Rückgangs der Sumpfflora eine Pflanzengruppe aus, die heute in trockenen Gebieten vorherrscht, nämlich die zapfentragenden Koniferen, zu denen Nadelhölzer wie die Kiefern, Fichten und Tannen gehören. Diese und andere Gymnospermen (Nacktsamer) bildeten zusammen die sogenannte mesophytische Flora — jene Flora also, die im Mesozoikum ihre Blütezeit hatte.

Die Tierwelt auf dem Festland machte noch radikalere Veränderungen durch. Insekten etwa hatten sich schon im Mittelpaläozoikum entwickelt, aber erst im Oberkarbon war das Spektrum ihrer Anpassungen mit dem der heutigen Insekten vergleichbar. Die evolutionär höher entwickelten Wirbeltiere betraten das Festland erstmals zur Zeit des oberdevonischen Massensterbens oder ein wenig später. Wie unsere Lurche waren diese Tiere und ihre unmittelbaren Nachkommen für die Fortpflanzung noch an Wasser gebunden, in das sie — genau wie Kröten, Salamander und andere terrestrische Amphibien der heutigen Welt — ihre Eier ablegten. Doch trotz dieser Beschränkung entwickelten die jungpaläozoischen Amphibien eine große Formenfülle; es gab unter ihnen plumpe Pflanzenfresser von der Größe eines Schweines.

Mit dem Ursprung der Reptilien im jüngsten Karbon machte die Evolution der Wirbeltiere einen weiteren großen Schritt nach vorn. Heutige Reptilien (Kriechtiere) unterscheiden sich von den Amphibien durch eine ganze Reihe von Skelettmerkmalen, aber einige jungpaläozoische Arten waren Zwischenformen, die auch Fachleute nicht sicher einzuordnen wissen. Leider wird die Fossilüberlieferung niemals preisgeben, welche dieser Arten bereits das eine entscheidende Anpassungsmerkmal der Reptilien besaß: das amniotische Ei, das dank des in einer schützenden Schale gespeicherten Nahrungsvorrates die Fortpflanzung vom Wasser unabhängig machte und somit die Besiedlung von Hochländern und Gebieten ohne ausgedehnte Gewässer ermöglichte.

Die Reptilien selbst unterlagen anschließend einem großen Wandel. Im Laufe des Perm wurden sie allmählich den Säugetieren immer ähnlicher. Ein Teil der Veränderungen betraf das Gebiß: An die Stelle der ziemlich einförmigen Zahnreihen der ersten Reptilien traten hochdifferenzierte Zähne. Wesentliche Fortschritte waren auch für den Bewegungsapparat zu verzeichnen; vor allem ließ die Verlagerung der Gliedmaßen mehr unter den Körper die kriechende Haltung der Urreptilien in einen stärker aufgerichteten Gang übergehen. Tatsächlich ordnet man viele Arten des Unterperm einer Gruppe zu, die man als säugetierähnliche Reptilien bezeichnet. Einige von ihnen waren jaguargroße Fleischfresser mit gewaltigen Rückensegeln aus Hautlappen, die zwischen enorm verlängerten Dornfortsätzen der Wirbel ausgespannt waren. Im Mittelperm entwickelte sich die fortschrittlich-

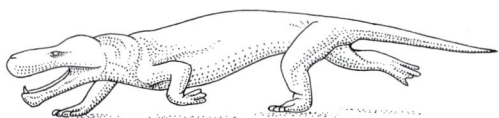

ste Gruppe der säugerähnlichen Reptilien: die Therapsiden. Diese Tiere dürften wenigstens teilweise warmblütig gewesen sein und sollten wahrscheinlich gar nicht zu den Reptilien gerechnet werden. Obschon Amphibien und Repti-

Links: Fleischfressendes säugerähnliches Reptil der Therapsidengruppe. Diese Tiere besaßen hochdifferenzierte Zähne und eine stärker aufgerichtete Haltung als primitive Reptilien. In der Schlußkrise des Perm erlitten sie überaus schwere Verluste. Rechts: Rekonstruktion eines Kohlensumpfes des Karbon. Eine säugerähnliche Kammrückenechse bedroht andere Tiere, und im Vordergrund schwebt eine ungewöhnlich große Libelle.

lien im Oberperm noch relativ häufig vorkamen, waren doch die Therapsiden die vorherrschende Gruppe von großen Landtieren. Ihr Erfolg läßt sich wohl ihrem überlegenen Ernährungs- und Bewegungsapparat zuschreiben. Als weiteren möglichen Vorteil besaßen sie die Fähigkeit, über lange Zeit ein hohes Maß an Aktivität zu entfalten. Dagcgcn können die primitiveren Reptilien und Amphibien, die nicht imstande sind, durch innere physiologische Mechanismen hohe Körpertemperaturen aufrechtzuerhalten, sich nur dann schnell bewegen — selbst für kurze Zeit —, wenn sie zuvor aus ihrer Umgebung Wärme aufgenommen haben. Eidechsen sind beispielsweise nur bei warmem Wetter aktiv und auch dann bloß in einzelnen kurzen Schüben.

Der Sprung von höher entwickelten tierischen Lebensformen auf das Festland während des Jungpaläozoikum, der im Aufstieg der Therapsiden gipfelte, verlieh dem Massensterben eine neue Dimension. Die abschließende biotische Krise der paläozoischen Ära im Oberperm schlug nicht nur in den Weltmeeren, sondern auch auf dem Festland zu.

Prozent aller damals vorhandenen Arten zum Opfer. Diese Zahlen sind allerdings insofern nicht besonders aussagekräftig, als die Krise sich über einen Zeitraum von größenordnungsmäßig zehn Millionen Jahren hinzog und sich sogar noch in ihrem Verlaufe einige neue Arten entwickelten.

Ein Ammonoid aus dem Jungpaläozoikum. Die äußere Schale dieses Exemplars ist abgewittert, so daß die mit Sediment gefüllten inneren Kammern zwischen den gewellten Scheidewänden zu sehen sind. Die Blütezeit der Ammonoideen hielt bis zum Ende des Paläozoikum an, doch die permische Schlußkrise überlebten nur sehr wenige Arten.

Die schwerste Krise im marinen Lebensraum

Das Massensterben im Oberperm beendete buchstäblich eine Ära; ihm folgte ein neues Zeitalter: das Mesozoikum. Für den marinen Lebensraum war die Permkrise die schlimmste aller Zeiten; ihr fielen schätzungsweise 75 bis 90

Zu den Hauptopfern im Meer gehörten die einzelligen Fusulinaceen, von denen keine einzige Art bis zur Trias, der ersten Periode des Mesozoikum, überlebte. Auch Trilobiten findet man in Triasgesteinen nicht, doch kommen die letzten Vertreter dieser Gruppe bereits in Schichten vor, die viel älter als das Oberperm sind; da der Niedergang der Trilobiten außerdem schon vor jener Pe-

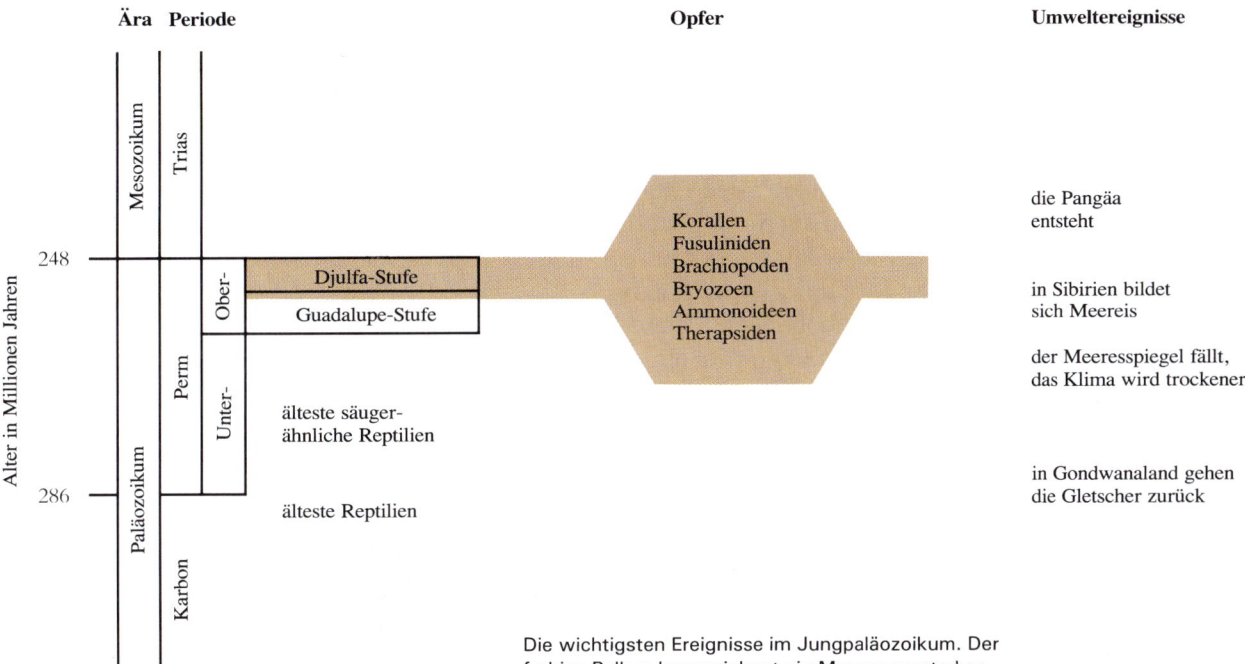

Die wichtigsten Ereignisse im Jungpaläozoikum. Der farbige Balken kennzeichnet ein Massenaussterben.

riode begonnen hatte, kann man ihren Verlust nicht unbedingt der Permkrise zuschreiben. Tatsächlich brachte diese Krise nicht so sehr ganze Tierklassen zum Erliegen, sondern schlug vielmehr eine breite Schneise durch viele und ließ zum Auftakt der Trias eine allgemein verarmte Fauna zurück. Schwere Verluste erlitten die Korallen (obwohl sie schon zu Beginn des Perm nicht sehr formenreich gewesen waren), die Crinoiden, Brachiopoden, Bryozoen und Ammonoideen. Letztere scheinen gerade noch mit dem Leben davongekommen zu sein, denn höchstens zwei oder drei Gattungen (und nicht viel mehr Arten) retteten sich in die Trias hinüber. Auch die tropische Riffgemeinschaft wurde dezimiert, wie dies schon in den zwei vorhergegangenen paläozoischen Krisen geschehen war.

Das zeitliche Muster der Verluste im Meer ist für die Suche nach der Ursache von großer Bedeutung. Das Aussterben war nicht auf die Schlußphase des Perm beschränkt, sondern erstreckte sich über seine beiden letzten Abschnitte, die Guadelupe- und die Djulfa-Stufe. Für die Brachiopoden begann das große Sterben noch früher; den meisten Brachiopodengattungen des Unterperm gelang es nicht, bis ins Oberperm zu überleben. Von den Fusulinaceen erlebten nur drei Familien die Guadelupe-Zeit, und sowohl Bryozoen als auch rugose Korallen wiesen in dieser Stufe eine verringerte Vielfalt und geographische Verbreitung auf. Nach Ansicht von Philip Signor und Jere Lipps von der Universität von Kalifornien in Davis kann eine unvollständige Fossilüberlieferung uns den — falschen — Eindruck vermitteln, das

107

Massenaussterben habe sich über beträchtliche Zeit hingezogen. Ihrer Vorstellung nach könnte es so aussehen, als seien die Taxa einer in Wirklichkeit simultan ausgestorbenen Gruppe nacheinander verschwunden, weil einige von ihnen nur selten als Fossilien erhalten sind. Hatte also das Aussterben im Oberperm vor der Djulfa-Stufe praktisch noch gar nicht begonnen? Diese Möglichkeit läßt sich wohl deshalb ausschließen, weil Gruppen wie die Fusulinaceen und Bryozoen ungeheure Mengen winziger Skelettreste erzeugt haben, die man in der Djulfa-Überlieferung schwerlich hätte übersehen können.

Eine sehr wichtige Tatsache ist die, daß in der Djulfa-Zeit die übriggebliebenen Fusulinaceen, Bryozoen und rugosen Korallen alle auf die geographische Region der Tethys beschränkt waren. Als Tethys bezeichnet man die weite Meereseinbuchtung in der größten Landmasse aller Zeiten, dem Superkontinent Pangäa. Die Pangäa entstand gegen Ende des Paläozoikum, als sich Gondwanaland an einen Nordkontinent angliederte, der aus Nordamerika, Europa und dem größten Teil Asiens bestand. Der neugebildete Superkontinent enthielt damit fast sämtliche Landmassen unserer heutigen Welt. Die Tethys, die für viele bedeutende paläozoische Tiergruppen der letzte Zufluchtsort gewesen zu sein scheint, war ein tropisches Meer in der Region, die jetzt vom Indischen Ozean und dem östlichen Mittelmeer eingenommen wird. Wenn wir über die möglichen Ursachen der Oberpermkrise nachdenken, müssen wir uns fragen, warum die Tethys zum Zufluchtsort wurde.

Eine Krise auf dem Festland

Die Oberpermkrise war nicht nur das erste Massensterben, das die Landwirbeltiere traf, sondern gleichzeitig auch eines der heftigsten in diesem Bereich. Genau wie im Meer war jene Krise auch auf dem Festland eher von langer Dauer als kurzfristig.

Robert Sloan von der Universität von Minnesota hat aufgedeckt, daß die säugetierähnlichen Reptilien in der zweiten Hälfte des Perm von mehreren Aussterbewellen getroffen wurden. Jeder dieser

Lystrosaurus war ein säugetierähnliches Reptil, das nach dem Massensterben am Ende des Perm in Gondwanaland eine Bevölkerungsexplosion durchmachte. Dieser mit Hauern bewehrte Pflanzenfresser scheint von dem Mangel an Großraubtieren in der Zeit nach der Krise profitiert zu haben.

Episoden folgte eine erneute adaptive Radiation. Das letzte Ereignis war aber wohl das schwerwiegendste, denn in der ältesten Trias blieb nur noch eine erheblich verarmte Fauna von säugerähnlichen Reptilien übrig. Diese Restfauna bezeichnet man nach ihrem häufigsten Vertreter als *Lystrosaurus*-Fauna. *Lystrosaurus* war ein gedrungener, schwerfälliger Pflanzenfresser, dessen Überreste man in vielen Regionen gefunden hat, die heute weit voneinander getrennt liegen, aber zur Zeit der Trias im Superkontinent Pangäa vereinigt waren: in China, Indien, Afrika und der Antarktis. *Lystrosaurus* war das häufigste große Tier in seiner Lebensgemeinschaft, und die enorme Größe seiner Populationen mag damit zusammenhängen, daß es nach der letzten Aussterbeserie im Perm nur noch wenige Großraubtiere gab.

Bei den Pflanzen liegen die Dinge ganz anders. Wie Andrew Knoll von der Harvard-Universität gezeigt hat, sind terrestrische Floren im Laufe ihrer gesamten Geschichte weitgehend immun gegen das Massensterben gewesen. Diese Eigenschaft kann man der Tatsache zuschreiben, daß sich viele Pflanzen vegetativ fortpflanzen können; das heißt, sie benötigen nur ein kleines Stück des Gesamtorganismus, um zu überleben und wieder zu voller Reife heranzuwachsen. Manch umgehauener Baum hat aus seinem abgetrennten Stamm neue Schößlinge getrieben. Zwar haben auch Pflanzen von Zeit zu Zeit Umwandlungen durchgemacht, aber diese zogen sich über sehr lange Zeiträume hin. Pflanzen scheinen nicht dem in der Tierwelt oft beobachteten Ereignismuster unterworfen zu sein, bei dem nach dem Aussterben einer Gruppe sich an ihrer Stelle eine andere ausbreitet. Die Expansion einer neuen Pflanzengruppe vollzog sich vielmehr parallel zu dem Niedergang einer älteren. So gingen die Floren der Kohlensümpfe im Jungpaläozoikum zum Teil deshalb zurück, weil das Klima arider (trockener) wurde, und praktisch

zum Ausgleich breiteten sich die Gymnospermenfloren aus, zu denen die Nadelhölzer gehören. In den südlichen Gebieten der Pangäa machte die *Glossopteris*-Flora der mesophytischen Flora Platz. Andrew Knoll hat festgestellt, daß der Florenwandel an verschiedenen Orten zu verschiedenen Zeiten stattfand — in Nordamerika und Europa beispielsweise im Laufe des Mittelperm, in Asien und Australien aber erst gegen Ende dieser Periode.

Ereignismuster und ihre Ursachen

Die Massenuntergänge in der Tierwelt und die sich ihnen anschließenden biologischen Entwicklungen folgten bestimmten Mustern, die Hinweise auf die Ursachen der Krisen liefern. Das auffälligste dieser Muster ist zeitlicher Natur: Wie wir gesehen haben, zogen sich die Zerstörungen im Meer und auf dem Festland über mehrere Millionen Jahre hin und scheinen in Schüben erfolgt zu sein. Robert Sloan hat festgestellt, daß von den Vertebraten (Wirbeltieren) auf dem Festland stets die kleineren Arten die einzelnen Aussterbeepisoden überlebten; seiner Hypothese nach könnte dies auf Klimaschwankungen zurückzuführen sein, welche die Florenzusammensetzung veränderten und so den großen Tieren Nahrungseinschränkungen auferlegten. Es ist gut bekannt, daß sich die im Oberdevon in der südlichen Hemisphäre einsetzende Vereisungsperiode bis in das Mittelperm fortsetzte. So, wie die Vereisung einst begonnen hatte, als der südamerikanische Teil von

Gondwanaland sich über den Pol schob, so endete sie, als Gondwanaland (diesmal als Teil von Pangäa) sich schließlich wieder vom Pol fortbewegte, wobei der Rand der Antarktis in polarer Position verblieb. Im Laufe jeder langen Vereisungsperiode variiert das Gesamtvolumen der Eismassen, und entsprechend wechseln Klimaverbesserungen und -verschlechterungen sowie Meeresspiegelhebungen und -senkungen einander ab. Nach Sloans Ansicht gingen mit dem Wachstum und Rückzug der Gletscher auf der südlichen Halbkugel erhebliche Klimaschwankungen einher; die Fortsetzung der Aussterbewellen bei den Wirbeltieren bis in das jüngste Perm betrachtete er als das Ergebnis nacheiszeitlicher Klimaoszillationen.

Leider können wir uns von dem geographischen Muster des festländischen Wirbeltiersterbens in der jüngsten Permzeit kaum ein Bild machen, denn Fossilien dieses Alters findet man nur in Südafrika und der westlichen Sowjetunion. Für das Leben im Meer ist das geographische Muster dagegen recht gut bekannt. Dies und andere Merkmale der marinen Krise selbst wie auch ihrer Nachwirkungen im Ökosystem sprechen für Klimaschwankungen als Hauptauslöser für das Aussterben.

Ein aufschlußreiches Verbreitungsmuster haben wir schon erwähnt: Im letzten Abschnitt des Perm (in der Djulfa-Stufe) waren Fusulinaceen, Bryozoen und rugose Korallen auf die äquatoriale Tethysregion beschränkt, während sie im älteren Perm auch noch höhere Breiten besiedelt hatten. Es ist schwer vor-

Luftbild des permischen Riffkomplexes von Westtexas und New Mexico. Dies ist das beeindruckendste freigelegte Riff aus dem Jungpaläozoikum. Aufgrund der Abtragung der weichen Gesteine, die es einst zugeschüttet hatten, ragt dieses Gebilde jetzt über die Umgebung empor wie zur Zeit seiner Entstehung. Es wurde von Algen-, Schwamm- (siehe das nächste Bild) und Bryozoenformen aufgebaut, die in Gesteinen der Untertrias weitgehend fehlen.

stellbar, daß der Einengung des gemeinsamen geographischen Verbreitungsraumes dieser Gruppen etwas anderes als eine klimatische Abkühlung zugrundeliegen könnte.

Sehr bezeichnend ist auch der Charakter des marinen Ökosystems in der frühen Trias, die auf das Perm folgte. Wie man schon seit langem weiß, waren die Taxa der Untertriasmeere meist ungewöhnlich weit über die Welt verbreitet; viele Arten und Gattungen sind aus ganz unterschiedlichen Gebieten der Erdkugel fossil überliefert. Wie bei den Krisen des Oberordovizium und des Oberdevon läßt dieses Verbreitungsmuster darauf schließen, daß die Krise mit einer weltweiten Abkühlung zusammenhing.

Andere wichtige Indizien sprechen für eine Fortsetzung relativ kühler Bedingungen bis in die Untertrias hinein. Zwei von ihnen kennzeichneten auch schon die Krisen des Oberordovizium und des Oberdevon: nämlich eine verringerte Kalksteinablagerung und ein vermindertes Riffwachstum im Anschluß an das Massensterben; beide Vorgänge sind weitgehend auf warme Meere beschränkt. Noch bedeutsamer ist folgendes: Die wichtigsten Erbauer der Permriffe waren Kalkalgen und Kalkschwämme, und nach dem Zwischenspiel ohne

Capitan

Brushy Canyon

Cherry Canyon

Bone Springs

Ein permischer Kalkschwamm der Gattung *Girtyo-coelia*; diese Schwämme waren am Aufbau der oberpermischen Riffe, so auch des Komplexes von Texas, wesentlich beteiligt. Die Öffnungen in den perlschnurartigen Skeletten sind „Spritzlöcher", aus denen das Wasser herausprudelte, nachdem die darin suspendierten Nahrungsteilchen herausgefiltert worden waren. Die Gattung *Girtyocoelia* fehlt in Gesteinen der Untertrias, erscheint aber aufs neue in der Mitteltrias. Dies spricht dafür, daß ungünstige Bedingungen — höchstwahrscheinlich niedrige Temperaturen — ihr Gedeihen in der Zeit unterdrückten, die unmittelbar auf die Schlußkrise des Perm folgte.

111

Riffwachstum erholten sich genau diese Gruppen wieder und begannen aufs neue, Riffe aufzubauen. Bezeichnenderweise sind die heute auf warme Standorte beschränkten Kalkalgen aus Gesteinen der Untertrias praktisch unbekannt. Die Wiederkehr der Riffbildner lehrt uns, daß nicht das Aussterben die Riffentwicklung beendete; vielmehr unterdrückten irgendwelche Umweltbedingungen mehrere Millionen Jahre lang das Wachstum der Kalkalgen und der Schwämme, bis sie sich wieder erholten. Die Temperatur kann hier gewiß als das wahrscheinlichste Steuerelement gelten.

Weltgeographie

Wie wir gesehen haben, gingen die biotischen Krisen des Oberordovizium und des Oberdevon jeweils mit dem Beginn einer Vereisungsperiode einher, die ausgelöst wurde, als Gondwanaland den Südpol überquerte. Man weiß schon lange, daß die zweite Vereisungsperiode im Mittelperm endete, als das Pangäasegment von Gondwanaland vom Südpol wegdriftete. Eine Südpolregion bestand allerdings auch noch im Oberperm. Eisberge, die wahrscheinlich von antarktischen, zum Meer vorgestoßenen Gletschern abgebrochen waren, verfrachteten groben Sedimentschutt zu den Flachmeerböden Südaustraliens. Dies ist eines der Indizien dafür, daß es im Oberperm an beiden Polen sehr kalt gewesen ist. Während man jedoch der Vereisungsgeschichte in der Südhemisphäre viel Aufmerksamkeit geschenkt hat, blieb der dramatische Klimawechsel, der kurz darauf die nördliche Hemisphä-

re überzog, fast unbeachtet. Vielleicht liegt dies nicht zuletzt daran, daß die entsprechenden Belege heute im Nordosten Sibiriens zu finden sind.

Als die Pangäa vom Südpol nordwärts driftete, griff dieser Superkontinent, der praktisch so lang wie ein Erdmeridian war, auf den Nordpol über. Durch Extrapolation aus früheren Polbegegnungen und Vereisungen dürfen wir das Einsetzen einer Vereisungsperiode im Norden voraussagen; allerdings kann diese Voraussage insofern nur spekulativ sein, als nicht sicher ist, ob die Pangäa den Nordpol wirklich schon vor der Triaszeit erreicht hat. Doch wie sich zeigt, gibt es in Nordostsibirien tatsächlich Hinweise auf eine Vereisung.

Die oberpermischen eiszeitlichen Ablagerungen Sibiriens sind Sinkgesteine (*dropstones*): Kiesel, Felsbrocken und Blöcke, die sich nahe der Meeresoberfläche aus schmelzendem Eis gelöst haben und dann auf den Meeresboden gesunken sind, wo sie in Sedimentschlamm eingebettet wurden. Ein kleiner Prozentsatz dieser Bruchstücke, die man Klaste nennt, weist parallele Furchen auf, die von ihrer ehemaligen Lage unter sich bewegenden Gletschern zeugen. Die Fossilien in den Sedimenten, die mit diesen glazialen Ablagerungen vergesellschaftet sind, belegen sowohl den marinen Charakter der Ablagerungsstätten als auch das permische Alter der Anhäufung. Die glazial-marinen Ablagerungen sind sehr umfangreich; sie bedecken etwa eine halbe Million Quadratkilometer und erreichen eine stratigraphische Mächtigkeit von bis zu einem

Kilometer. Offensichtlich gelangte damals eine Menge Eis in die Flachmeere. Ein weiterer entscheidender Hinweis ist das Vorkommen von marinem Kalkstein unter den glazial-marinen Ablagerungen. Diese ungewöhnliche Schichtfolge zeugt von einem plötzlichen und heftigen Temperaturabfall gegenüber dem für Gebiete mit Kalksteinbildungen charakteristischen warmen Klima.

Es gibt Indizien dafür, daß die Landschaft, auf der die Glazialsedimente liegen, während des Oberperm nicht an Sibirien angegliedert war. Diese Kolyma genannte Region enthält alte Gesteinsfolgen, die sich von den ihnen heute gegenüberliegenden Gesteinen Sibiriens unterscheiden. Durch plattentektonische Bewegungen wurde Kolyma erst spät im Mesozoikum an Sibirien angeschweißt. Im Oberperm, als sich dort die glazial-marinen Ablagerungen anhäuften, muß Kolyma auf hohen Breiten nahe der Pangäa gelegen haben.

Wenn wir uns erinnern, daß die Tethys der letzte Zufluchtsort für an warme Gewässer angepaßte Tiergruppen wie die Fusulinaceen, Bryozoen und Korallen war, gewinnt die Annahme einer plötzlichen Abkühlung im Oberperm enorm an Gewicht. Die Indizien sprechen erstens für eine Beschränkung wichtiger tropischer Fauneneinheiten auf die am Äquator gelegene Tethys und zweitens für ihr anschließendes Verschwinden sogar aus diesem Zufluchtsraum. Ein solches Muster wäre tatsächlich als Begleiterscheinung einer Abkühlung zu erwarten – genau wie eine Zwischenphase mit einem schwachen oder ganz fehlen-

den Riffwachstum, welche – wie wir gesehen haben – für die Zeit nach der Permkrise ebenfalls charakteristisch ist.

Der Superkontinent Pangäa zur Zeit des Oberperm. Das Oberperm war insofern einzigartig im Phanerozoikum, als sich damals fast die gesamte kontinentale Erdkruste in dieser einzigen Landmasse, die sich von Pol zu Pol erstreckte, vereinigt hatte; der Meeresspiegel war dermaßen abgesunken, daß nur kleine Flachmeergebiete übrigblieben. Überdies war es an beiden Polen kalt, was durch die Vorkommen von marinen Eisablagerungen sowohl im Kolymablock, der irgendwo in der Nordhemisphäre lag, als auch in Australien belegt ist; Australien selbst war zwar nicht mehr von Eis bedeckt, empfing aber Sinkgerölle (*dropstones*), die wohl durch Eisberge antarktischen Ursprungs dorthin verfrachtet worden waren.

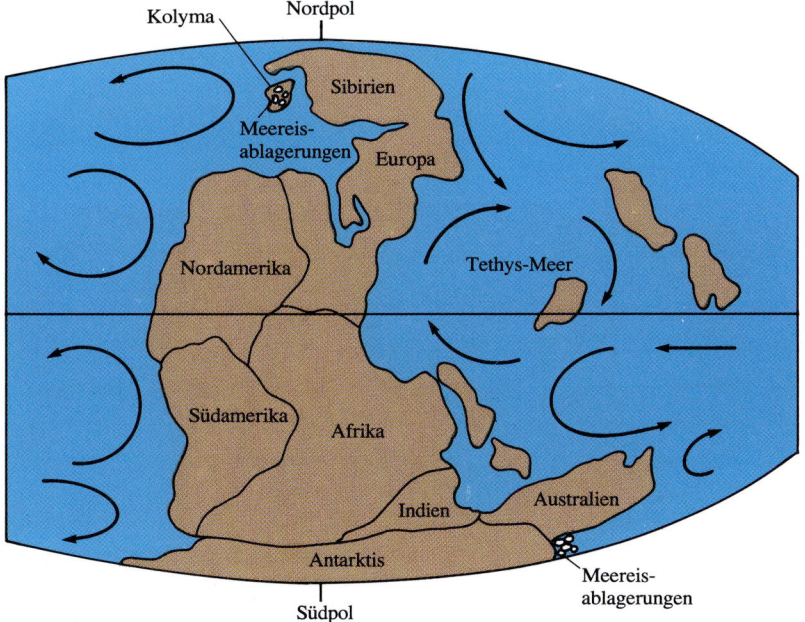

113

Die Photographie unten zeigt Dünenablagerungen aus dem Oberperm, die den Grand Canyon von Arizona säumen. Die Abfolge gekrümmter Schichtpakete in den Dünensedimenten bezeichnet man als Kreuz- oder Diagonalschichtung. Ein einzelnes Paket mit ungefähr parallelen Schichten entsteht, wenn mehrere Perioden mit kräftigem Wind am steilen Leehang der Düne Sediment ablagern. Ein neues Paket, das häufig das vorhergehende abkappt, bildet sich aus, wenn der Wind seine Richtung wechselt.

Strömungslinien des Windes

Schließlich liegen aus dem Tethysraum auch die frühesten Belege für eine Erholung des Riffökosystems vor; dabei breiteten sich erneut bestimmte Kalkalgen- und Schwammformen aus, die schon in den tropischen Meeren des Oberperm in Blüte gestanden hatten.

Die Abkühlung dürfte noch durch eine Meeresspiegelsenkung verschärft worden sein, die im letzten Abschnitt des Perm einsetzte. Dieser Rückzug legte tropische Flachmeere trocken, die aufgrund ihrer Einengung warm geblieben waren. Wie die Westküste Amerikas heute muß die Westküste der Pangäa im Perm infolge großer ozeanischer Wirbelströme, die die Corioliskraft stets äquatorwärts treibt, abgekühlt worden sein. (Diese scheinbare Kraft, die aus der Erdrotation erwächst, zwingt Luft- und

Wasserströmungen, auf der Nordhalbkugel im Uhrzeigersinn und auf der Südhalbkugel gegen ihn zu fließen.) Im Unterperm überfluteten warme Flachmeere ausgedehnte Bereiche des westlichen Nordamerika, doch auch hier muß die Meeresspiegelsenkung im weiteren Verlauf dieser Periode zu einer Vorherrschaft kühler Ozeanströmungen geführt haben. Folglich dürften gegen Ende des Perm sowohl die Ost- als auch die Westküste der Pangäa von kühlen Meeresgewässern gesäumt gewesen sein.

Durch den Nachweis, daß sich die Vereisung nach Verlagerung in die nördliche Hemisphäre bis in das Oberperm fortsetzte, kann man auch erklären, warum Aussterbewellen, die Robert Sloan Klimaschwankungen zugeschrieben hat, im gesamten Oberperm aufgetreten sind. Ein Klimawechsel gilt im übrigen allgemein als wichtiger Faktor für den Übergang von der paläophytischen zur mesophytischen Flora, der zwar von Ort zu Ort zu verschiedenen Zeiten erfolgte, insgesamt aber auf die Phase zwischen dem Mittelperm und der ältesten Trias beschränkt war.

Die ungewöhnlich weite Verbreitung von Dünenablagerungen (vom Wind zusammengefegter Sand) sowie von ausgefällten Salzen in den stratigraphischen Abfolgen des Oberperm hat manche Wissenschaftler zu der Annahme verleitet, die Festlandklimate seien zu dieser Zeit ungewöhnlich warm gewesen. Solche Sedimente zeigen jedoch eher Trockenheit an als extrem hohe Temperaturen, und gewiß spiegeln sich in ihrer Häufigkeit im Oberperm vor allem die ariden

Bedingungen wider, die einen so ausgedehnten Kontinent wie die Pangäa erfaßten, als die Weltmeere auf einen ungewöhnlich niedrigen Wasserstand absanken. Unter solchen Umständen müssen weite Landstriche zu Binnenwüsten ähnlich der heutigen Wüste Gobi geworden sein. Darüber hinaus muß die Vereinigung der meisten Landmassen zu einem riesigen Kontinent, aus dem sich die Flachmeere zurückgezogen hatten, bis zu einem gewissen Grad zu einer Abkopplung des terrestrischen vom marinen Klima geführt haben.

Gleiche Muster des Massenaussterbens sprechen für eine gemeinsame Ursache

Die Zahl der gemeinsamen Grundzüge bei den Massenuntergängen des Oberordovizium, des Oberdevon und des Oberperm ist bemerkenswert. Viele von ihnen weisen auf eine Abkühlung als Hauptursache dieser drei Ereignisse hin. Meeresspiegelschwankungen, die zum Teil mit Klimawechseln verknüpft gewesen sein mögen, folgten demgegenüber keinem charakteristischen Muster. Wenn sich auch während der Ordovizium- und Permkrisen die Meere von den Kontinentflächen zurückzogen, so fand das Massenaussterben im Oberdevon doch überwiegend in Zeiten hoher Wasserstände statt.

Eines der Merkmale, das allen drei Krisen gemeinsam ist und das der klimatischen Abkühlung eine Hauptrolle zuweist, sind die wiederholten Episoden

115

massiven Aussterbens in den Tropen; als wichtigster Teilaspekt kann dabei die Zerstörung der tropischen Riffgemeinschaft gelten. Auffällig ist auch — zumindest für die Ordovizium- und die Permkrise — eine nach und nach fortschreitende Einengung der Biota höherer Breiten auf die Tropen. Tatsächlich zog sich jedes der Massensterben über einige Millionen Jahre hin und spielte sich wahrscheinlich in mehreren Wellen ab.

Das marine Ökosystem, das jeweils nach diesen Ereignissen übrigblieb, war insofern ungewöhnlich, als das tropische Riffwachstum stark zurückging oder ganz aussetzte und eine Ablagerung von Kalkstein, die ebenfalls ein weitgehend tropisches Phänomen ist, nur in wenigen Gebieten erfolgte. Jedes der drei Massensterben forderte auch einen hohen Tribut von den auf warme Meere beschränkten Kalkalgenformen. Für eine Einengung tropischer Bedingungen spricht auch die weltweite Verbreitung jener marinen Taxa, die im Anschluß an die jeweiligen Krisen lebten: Eine ungewöhnlich große Anzahl von Arten und Gattungen war fähig, einen großen geographischen Breitenbereich zu erobern. Dieses biogeographische Verbreitungsmuster ließe sich auch teilweise oder ganz aus dem Überleben hauptsächlich solcher Arten erklären, die ein breites Temperaturspektrum ertragen können. Beide mögliche Deutungen setzen eine klimatische Abkühlung voraus.

Auffällig ist auch die Tatsache, daß alle drei großen paläozoischen Massensterben jeweils zu einer Zeit stattfanden, in der ein Vereisungsintervall einsetzte. Es

ist wohlbekannt, daß die ersten beiden Vereisungsepisoden kontinentales Ausmaß erreichten; ihre groben Ablagerungen sind über große geographische Gebiete verbreitet. Die dritte Vereisung dürfte mehr lokal und vielleicht auf Gebirgsregionen beschränkt gewesen sein. Gleichwohl zeugt auch sie von einer Abkühlung der vormals warmen Meere; manche Eisberge drifteten im Meer in Gebiete, in denen zuvor noch Kalkstein abgelagert worden war.

Schließlich können wir diese an den Indizien orientierte Erklärung auf ein tiefergehendes Niveau ausdehnen. Alle drei Massensterben und Vereisungsperioden scheinen jeweils mit einer der drei Zeiten des Paläozoikum zusammengefallen zu sein, in denen ein riesiger Kontinent auf einen der Pole übergriff; da dieser daraufhin einen hohen Prozentsatz an Sonnenstrahlen reflektierte, kühlte sich sein Klima ab.

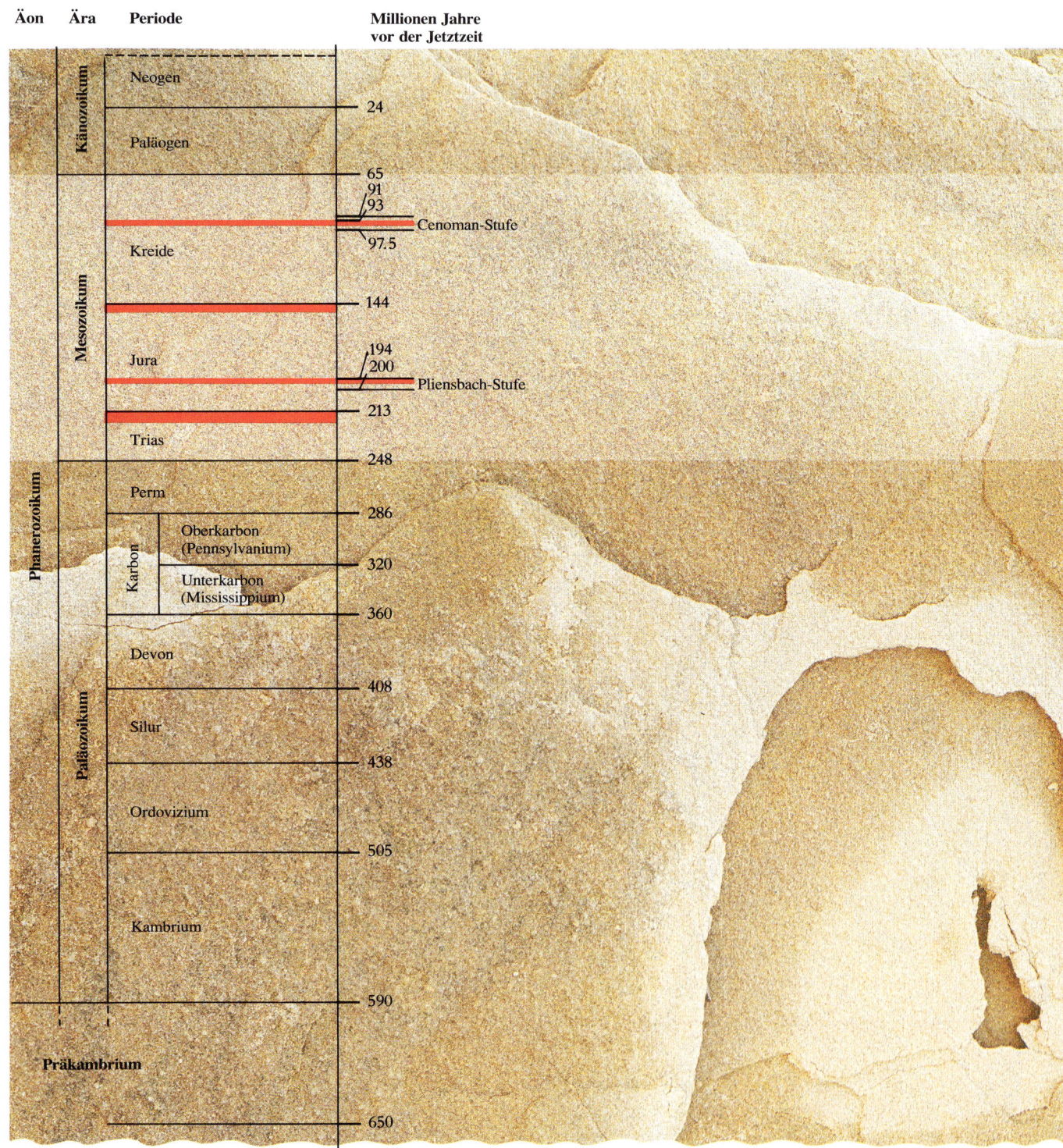

Äon	Ära	Periode	Millionen Jahre vor der Jetztzeit
Phanerozoikum	Känozoikum	Neogen	
			24
		Paläogen	
			65
	Mesozoikum		91
			93
		Kreide	Cenoman-Stufe
			97.5
			144
		Jura	194
			200
			Pliensbach-Stufe
			213
		Trias	
			248
	Paläozoikum	Perm	
			286
		Karbon Oberkarbon (Pennsylvanium)	
			320
		Unterkarbon (Mississippium)	
			360
		Devon	
			408
		Silur	
			438
		Ordovizium	
			505
		Kambrium	
			590
Präkambrium			
			650

Das Zeitalter der Dinosaurier

Das Mesozoikum hat ein breites öffentliches Interesse auf sich gezogen, weil Aufstieg wie Untergang der Dinosaurier in diese Ära fallen; es ist jedoch noch aus vielen anderen Gründen paläobiologisch interessant. So werden wir uns in diesem Kapitel nicht nur mit der Ausbreitung der Dinosaurier, sondern auch mit der mesozoischen Geschichte vieler weiterer Organismengruppen beschäftigen – etwa mit dem Aufstieg der heute vorherrschenden Formen von Fischen und Landpflanzen, mit der Ausbreitung der Hauptgruppen des Phytoplanktons, deren fossile Skelette auf den Meeresböden der Kreidezeit mächtige Kreideablagerungen bildeten, sowie mit dem Ursprung einer neuen seltsamen Gruppe von riffbildenden Muscheln, die den Korallen eine zweitrangige ökologische Rolle aufzwangen. Wir werden außerdem einige große Aussterbeepisoden kennenlernen, die lange vor dem Abschluß jener Ära stattfanden.

Das gewaltige Aufblühen neuer Lebensformen im Mesozoikum ging von bescheidenen Wurzeln aus; das Massensterben im Oberperm, das wohl das verheerendste aller Zeiten gewesen ist, hatte sowohl auf dem Festland als auch im Meer verarmte Lebensgemeinschaften zurückgelassen. Dieses Kapitel wird die wichtigsten Entwicklungen in der Geschichte mesozoischer Lebensformen beleuchten und damit die Szenerie für das nachfolgende Kapitel vorbereiten, in dem es um den Niedergang der großen Dinosaurier und vieler ihrer kleineren Zeitgenossen geht.

Der Wiederaufbau in der Trias

Im vorigen Kapitel haben wir nicht nur erfahren, wie spärlich das Leben nach der abschließenden Permkrise gedieh, sondern auch, daß viele der Gattungen und Arten in den ersten Triasmeeren über die ganze Welt verbreitet waren. Ein weiteres Kennzeichen des marinen Lebens in der ältesten Trias war die Übermacht der Mollusken, insbesondere der Ammonoideen. Angesichts der Tatsache, daß die Ammonoideen durch das Massensterben im Oberperm beinahe ausgelöscht worden wären, mag dies merkwürdig anmuten. Tatsächlich gab es im Anschluß an die Krise nur noch wenige Arten von Ammonoideen, doch traten diese sehr häufig auf. Wahrscheinlich gediehen die in den ältesten Triasmeeren übriggebliebenen Arten deswegen so gut, weil die Konkurrenz so schwach war; sie hatten die Welt für sich alleine. Und wie immer, wenn sich den Ammonoideen im Laufe ihrer Entwicklungsgeschichte die Gelegenheit dazu bot, zeigten sie eine rasche adaptive Radiation. Nur fünf bis sechs Millionen Jahre nach dem Übergang vom Paläozoikum zum Mesozoikum, also noch in der frühen Trias, war ihre Gruppe auf mehr als 150 Arten angewachsen.

Als zweite auffällige marine Gruppe in den alttriassischen Gesteinen sind die Muscheln zu nennen, auch wenn es sie eigentlich nie im Überfluß gab. Die Brachiopoden, die bekanntlich nicht zu den Mollusken gehören, standen wohl an dritter Stelle. Die letzten beiden

den (Schnecken), Bryozoen (Moostierchen), Seelilien, Seeigel, Schwämme und Foraminiferen, in Gesteinen der Untertrias außerordentlich selten.

Wie im vorigen Kapitel erwähnt, ist die Riffgemeinschaft des Oberperm aus Gesteinen der Untertrias unbekannt; in Riffen der Mitteltrias tritt sie aber wieder auf − vielleicht, weil sich erneut warme tropische Meere ausbreiteten. Allerdings gipfelte eine bedeutende evolutionäre Neuentwicklung alsbald in der Verdrängung dieses Riffsystems: Die Hexakorallen entstanden, jene Gruppe,

Die Abbildung links zeigt Hexakorallen aus der Trias. Es handelt sich hier um einige der ältesten Vertreter jener Gruppe, die auch die heutigen tropischen Riffkorallen umfaßt. Oben ist ein Reptil aus der Ordnung der Placodontier dargestellt. Dieses Tier der Trias lebte im Flachmeer (man findet es beispielsweise im deutschen Muschelkalk) und knackte mit seinen breiten abgerundeten Mahlzähnen allerlei Schaltiere.

Gruppen haben mit vielen anderen, die bis in die Trias überlebten, gemein, daß etliche ihrer übriggebliebenen Gattungen aus Gesteinen der ältesten Trias nicht bekannt sind. Offensichtlich schafften diese Gattungen den Übergang in die neue Ära mit nur wenigen Arten und hinterließen deshalb kaum fossile Überreste. Tatsächlich sind auch weitere überlebende Gruppen, etwa Gastropo-

die auch die imposanten tropischen Riffe unserer heutigen Welt erzeugt. Noch vor dem Ende der Trias trugen die Hexakorallen ihren Teil zu den ausgedehnten Riffzügen in Südeuropa und anderen warmen Gebieten bei.

Dank erneuter adaptiver Radiation gesellten sich noch viele andere aus dem Perm übriggebliebene marine Organismengruppen zu den Korallen und bildeten mit ihnen zusammen die beherrschenden Glieder des mesozoischen Ökosystems. Die erfolgreichsten von allen waren die Mollusken. Ihre dominierende Rolle schon in den ältesten Meeren der Trias kündigte ihre Vorherrschaft während des gesamten Mesozoikum — und praktisch bis heute — an.

Die auffälligsten Neulinge in den Meeren waren aber keine Mollusken- oder

und vielleicht auch von Brachiopoden, dar. Wahrscheinlich besiedelten die Placodontier die Küstenzonen und tauchten von Zeit zu Zeit zur Nahrungsaufnahme ins Wasser hinab. Eine ähnliche Lebensweise hatten wohl auch die Nothosaurier, wenngleich sie keine schalenknackenden Zähne besaßen. Diese eher schlanken Tiere gebrauchten ihre paddelartigen Gliedmaßen, um Fische zu jagen, die sie dann mit ihren spitzen Zähnen schnappten. Eine weitere bedeutende Reptilgruppe der Trias waren die Ichthyosaurier, deren Name — „Fischechsen" — sie treffend beschreibt.

Korallengruppen, sondern seetüchtige Reptilien, die man wohl mit Fug und Recht als „Meeresungeheuer" bezeichnen kann. Zu diesen mächtigen Schwimmern gehörten die etwas mehr als seehundsgroßen Placodontier („Pflasterzahnechsen") mit ihren abgeflachten, fast schildkrötenartigen Körpern; ihre enormen, abgerundeten Zähne stellten sicher Anpassungen an das Knacken von Schaltieren, vor allem von Muscheln

Ein Ichthyosaurier, eine Fischechse aus dem Altmesozoikum. Die Ichthyosaurier waren flossentragende Fischfresser, die oberflächlich den heutigen Delphinen ähnelten. Die Stromlinienform weist sie als schnelle Schwimmer aus, und erhaltene Skelette fossiler Embryonen in der Bauchhöhle einiger Exemplare zeigen, daß ihre Jungen lebend geboren wurden; Ichthyosaurier legten also keine Eier.

Ichthyosaurier waren weit besser an das Schwimmen angepaßt als die beiden anderen Gruppen triassischer Seeungeheuer, und ihre Gestalt glich sehr derjenigen der heutigen Delphine, die zur Säugetierordnung der Wale zählen. Viele Ichthyosaurier ernährten sich von Fischen aus der Klasse der Osteichthyes, der rezenten Knochenfische wie Barsch, Hecht und Thunfisch. Die triassischen Vertreter dieser Gruppe besaßen allerdings noch etliche primitive Merkmale, beispielsweise nicht überlappende, diamantenförmige Schuppen und einfach gebaute Kieferapparate.

Der Aufstieg der Dinosaurier

Charakteristisch für die Festlandslebensräume der Trias waren natürlich die nacktsamigen Pflanzen der mesophytischen Flora, etwa Koniferen, Cycadeen (Palmfarne) und Gingkogewächse. All diese Gruppen gibt es auch heute noch, aber nur die Koniferen sind häufig. Trotz deutlich rückläufiger Tendenzen hielten sich damals außerdem etliche verschiedene Bärlappgewächse. Die vielfältigsten Pflanzengruppen der Trias waren jedoch die Farne; sie scheinen den Bodenbewuchs zwischen den Bäumen der anderen Gruppen gebildet zu haben.

In diesem Vegetationssystem entwickelten sich nun die Dinosaurier; sie waren allerdings nicht die ersten vorherrschenden Vierbeiner der Triaslandschaft. Bevor die Dinosaurier entstanden, hielten die Therapsiden diese Stellung, nachdem sie ihre schweren Verluste in der Schlußkrise des Perm schnell wieder

wettgemacht hatten. Ihre Erholung fing bescheiden an; die älteste Triasfauna, die in vielen Gebieten der Pangäa durch den massigen Pflanzenfresser *Lystrosaurus* charakterisiert war, umfaßte nur sehr wenige Therapsidenarten. Zweifellos spiegelt die enorme Häufigkeit von *Lystrosaurus* den Mangel an großen Fleischfressern wider, welche fähig gewesen wären, diese Tiere erfolgreich anzugreifen. Das gilt besonders für die Endphase der *Lystrosaurus*-Herrschaft auf der Erde: Aus ihr ist kein Raubtier nachgewiesen, das schwerer als ein Kilogramm war. Danach jedoch gelangten die Therapsiden — wie schon nach den wiederholten Aussterbewellen im Perm — rasch wieder zu neuer Formenvielfalt, und im Laufe von wenigen Millionen Jahren waren sie durch zahlreiche kräftige Pflanzen- und Fleischfresser vertreten.

Während der Untertrias entwickelten sich auch die Stammformen der Dinosaurier: die Thecodontier. Einige dieser Tiere waren zwar — etwa wie Strauße — an schnelles Laufen auf zwei Beinen angepaßt, aber wohl alle gingen oder standen vermutlich überwiegend auf allen Vieren. Die meisten Thecodontier waren nicht größer als unsere Haushunde und sehr agil. Ihre Behendigkeit beruhte teilweise auf der Stellung ihrer Beine: Statt seitlich abgespreizt zu sein, befanden sich diese nämlich unter dem Körper. Eben das mag auch die Entwicklung von über eine halbe Tonne schweren Thecodontiern erklären. Die Dinosaurier entwickelten sich dann in der Mitteltrias aus den Thecodontiern. Zunächst waren sie klein, aber noch vor dem Ende

der Trias erreichten einige Dinosaurierarten Längen von etwa sechs Metern.

Vier weitere wichtige Wirbeltiergruppen
entfalteten sich in der Triasperiode –
Gruppen, die länger auf der Erde über-
dauern sollten als die Dinosaurier. Zwei
von ihnen, die Schildkröten und die Krokodile, waren Reptilien; bei der dritten
handelte es sich um unsere eigene Klasse, die Säugetiere, die damals allerdings
noch klein und nagerähnlich waren. Die
vierte schließlich war eine Amphibien-
gruppe, deren Vertreter bis in unsere
Tage unscheinbar geblieben sind: die
Frösche.

Es ist verblüffend, daß die Dinosaurier
im Mesozoikum die Vorherrschaft über
den terrestrischen Lebensraum eroberten, obwohl die säugerähnlichen Reptilien der Therapsidengruppe doch über
eine beträchtliche Startvorgabe verfüg-
ten. Robert Bakker vom Naturhistori-
schen Museum der Universität von Colorado hat überzeugend argumentiert,
daß diese Entwicklung den überlegenen
Fähigkeiten der Dinosaurier – und auch
schon der Thecodontier – zuzuschreiben ist. Jene Dinosauriervorfahren
scheinen die Therapsiden bereits vor
den Dinosauriern selbst verdrängt zu haben. Auch die ersten Säuger gerieten ins
Abseits; ihnen gelang die adaptive Radiation erst 200 Millionen Jahre später
nach dem Niedergang der Dinosaurier.
Bakker sieht in der ökologischen Vorherrschaft der Dinosaurier ein starkes
Argument für die Warmblütigkeit (En-
dothermie) dieser Tiere. Reptilien, die
auf äußere Wärmeenergiequellen angewiesen sind, vermögen eine rege Aktivi-

tät nur für kurze Zeit aufrechtzuerhalten, wohingegen Säugetiere dank ihres
ständig hohen Stoffwechsels stunden-
lang aktiv bleiben können. Es stellt sich
also die Frage, wie die Saurier, falls
ihre Physiologie der von Reptilien entsprach, eine ökologische Überlegenheit
über die Säuger hätten behaupten sollen.
Noch bessere Indizien für eine weitge-
hende Warmblütigkeit der Dinosaurier
ergeben sich aus den Verhältniszahlen
von Beutegreifern zu Beutetieren. In einer Gemeinschaft von Säugetieren, die
natürlich warmblütig sind, gibt es, gemessen an den Pflanzenfressern, nur

verhältnismäßig wenige räuberisch lebende Arten; das liegt daran, daß endo-
therme Raubtiere sehr viel Brennstoff
benötigen, um ihren Stoffwechsel anzu-
treiben. Ein Beispiel ist die geringe Anzahl von Löwen, Leoparden, Hyänen
und Wildhunden in einer afrikanischen
Savanne gegenüber den riesigen Herden
von Gnus, Zebras, Gazellen und anderen
Pflanzenfressern, die ihnen als Beute
dienen. Dagegen sind fleischfressende

Rekonstruktion des festländischen
Lebens in der Obertrias. Das große Tier ist ein früher Vertreter der
Krokodilgruppe; die kleinen Tiere
sind Thecodontier, relativ un-
scheinbare Mitglieder der Stamm-
gruppe der Dinosaurier.

123

Reptilien in ihren Lebensgemeinschaften relativ häufig vertreten. Als Kaltblüter benötigen sie nur wenig Nahrung. Bakker hat gezeigt, daß in den Dinosauriergemeinschaften das Räuber/Beute-Verhältnis durchgängig ähnlich gering war wie bei den Säugern — ein starkes Argument für die Warmblütigkeit der Dinosaurier.

Einige Wissenschaftler haben behauptet, manche der gewaltigen Saurier hätten zu kleine Köpfe gehabt, um die für einen endothermen Stoffwechsel nötige Nahrungsmenge durchkauen zu können. Ele-

Dinosaurierfährten, die sich im Schlamm eindrückten, der später versteinerte. Die Fährten des linken und des rechten Beines eines einzelnen Tiers liegen eng beieinander und zeigen somit, daß die Dinosaurier geschickte Läufer waren, deren Beine sich unterhalb des Körpers befanden, anstatt unbeholfen abgespreizt zu sein.

fanten etwa müssen, obwohl sie viel kleiner sind, fast andauernd fressen, um ihre Körpermasse zu versorgen, und sie besitzen riesige Köpfe und massive Mahlzähne. Doch in Wirklichkeit hinkt dieser Vergleich, weil die Riesendinosaurier ihre Köpfe nur gebrauchten, um die Nahrung unverarbeitet aufzunehmen. Der viel kompliziertere Prozeß der Zerkleinerung für die Verdauung war dem Eingeweidetrakt überlassen, wo Magensteine — abgerundete, verschluckte

Kiesel — als kräftige Verdauungsmühle wirkten. Diese Einrichtung ermöglichte es den Dinosauriern, um so vieles größer zu werden als die größten Landsäugetiere.

Ohne Frage haben Menschen die Dinosaurier völlig falsch eingeschätzt, als sie sie als schwerfällige Fleischklumpen hinstellten, die ausstarben, weil sie irgendwie aus der Mode kamen. Manche Dinosaurier wogen nur ein paar Kilogramm, aber selbst wenn man die biologischen Besonderheiten der Dinosaurier außer acht läßt, gibt es keinen Grund, dieses negative Urteil als richtig anzusehen. Aussterben setzt keine biologische Minderwertigkeit voraus. Die Dinosaurier starben aufgrund von Umweltveränderungen aus und nicht etwa, weil plötzlich die Säugetiere überlegene Eigenschaften entwickelten. Die Säuger der Oberkreide waren wie schon die aus früheren Phasen des Mesozoikum klein und nach heutigen Maßstäben primitiv. In Sedimentgesteinen erhaltene Fährten von Dinosauriern lassen eng beieinanderliegende Fußabdrücke erkennen, wie sie auch für Säugetiere typisch sind, und sie zeigen weiterhin, daß sich die Dinosaurier häufig recht schnell bewegt haben. Gruppen von parallelen Fährten belegen außerdem die Existenz sozialen Verhaltens unter den Dinosauriern: Zumindest einige Arten zogen als Herden umher. Die Schnabeldrachen der Oberkreide besaßen in ihren hohen, kammbewehrten Schädeln komplizierte Nasenkammern, die an die Windungen eines Blechblasinstrumentes erinnern; man hat sie als Resonanzkammern gedeutet, mit denen die Tiere trompetenartige

Töne erzeugen konnten. Die bei jeder Art unterschiedliche Anordnung und Gestalt spricht für artspezifische Lautäußerungen; die Dinosaurier könnten sich also, anders ausgedrückt, durch Rufe untereinander verständigt haben.

Dinosaurierfossilien deuten auch auf ein fortgeschrittenes Brutverhalten hin. In Kreidegesteinen der Mongolei und der westlichen Vereinigten Staaten kann man Dinosauriereier finden, die in Ringen angeordnet sind und sehr gewissenhaft eingegraben worden zu sein scheinen. Die Eier liefen an einem Ende relativ spitz zu, und mit dieser Seite wurden sie von der Mutter in die Erde gestoßen. Noch aufschlußreicher ist die Entdeckung von Nestern mit Dinosaurierbabys in Gesteinen der Oberkreide von Montana durch Jack Horner vom Museum of the Rockies und seine Mitarbeiter. Der erste Fund bestand aus einer Anhäufung von etwa einen Meter langen Skeletten, die von Eierschalen umgeben waren und in einer Eindellung am Gipfel eines ehemaligen Hügels lagen. Die Nester offenbaren, daß die Dinosaurier nach dem Schlüpfen der Jungen Brutpflege betrieben.

Sicher besaßen die Dinosaurier der Trias nicht alle Wesenszüge, die man den Sauriern aus späteren Abschnitten des Mesozoikum zugeschrieben hat. Aus Fährten geht aber hervor, daß einige triassische Arten in Herden umherzogen und sehr schnell laufen konnten. Manche waren auch recht groß, sogar nach Dinosauriermaßstab. Alles in allem erwiesen sich die Dinosaurier der Trias in Ernährung und Bewegung als durchsetzungsfähig genug, um in den Ökosystemen des Festlandes den säugerähnlichen Reptilien die Hauptrolle zu entreißen.

Die Krise in der Obertrias

Noch lange vor der Schlußkrise des Mesozoikum, die die Dinosaurier hinwegfegte, suchten mehrfach in jener Ära weltweite Massensterben das Leben im Meer und auf dem Festland heim. Diese Episoden sind insbesondere für das Festland nur wenig geklärt — zum Teil deshalb, weil die Fossilüberlieferung

Rekonstruktion von Schnabeldrachen der Oberkreide, die sich um ihr Nest kümmern. Nester mit Skeletten von Jungtieren sind im US-Bundesstaat Montana erhalten; sie beweisen, daß die erwachsenen Schnabeldrachen für ihre Jungen sorgten.

der Dinosaurier zu unvollständig ist, um nachzuweisen, wann und wie schnell eine Dinosaurierfauna der nächsten Platz gemacht hat.

Die erste mesozoische Krise ereignete sich gegen Ende der Trias. Möglicherweise war es eine zweifache Krise, bei der einschneidende Aussterbeereignisse auf dem Festland einige Millionen Jahre früher stattfanden als im Meer. Ausgelöscht wurden die labyrinthodonten Amphibien, eine Gruppe, die aus dem Paläozoikum überlebt hatte, sowie fast alle säugerähnlichen Reptilien. Außerdem starben bestimmte Taxa der Thecodontier aus. In der Zeit nach dieser Krise gelangten die Dinosaurier, die sich etwas früher entwickelt hatten, dann zur Alleinherrschaft über die terrestrischen Siedlungsräume.

Die marinen Verluste in der jüngsten Trias scheinen sogar noch schwerer gewesen zu sein als später die in der Schlußkrise des Mesozoikum. So verschwanden etwa 20 Prozent der marinen Invertebratenfamilien. Unter den Triasopfern befanden sich die Conodontentiere, die nach Überwindung aller paläozoischen Krisen nun doch ausstarben. Die Ammonoideen erlitten große Einbußen, und ein etwas geringerer Tribut wurde auch von den Brachiopoden, Schnecken und Muscheln gefordert. Nach Schätzungen von Anthony Hallam von der Universität Birmingham haben weniger als zehn Prozent der obertriassischen Muschelarten bis in die Juraperiode überlebt.

Auch die Meeresreptilien scheinen von dieser Krise getroffen worden zu sein, doch ihre Fossilüberlieferung ist zu spärlich, um festzustellen, wann genau die triassischen Gruppen ausstarben; jedenfalls waren die Ichthyosaurier die einzige größere Gruppe, die sich in den nachfolgenden Jura hinüberretten konnte.

Was am Ende der Trias mit dem Meeresspiegel geschah, ist Gegenstand einiger Kontroversen. In Teilen von Europa scheint die Meeresoberfläche relativ zum Festland abgesunken zu sein, aber für die meisten übrigen Bereiche — einschließlich Nordamerika — hat Cathryn Newton von der Syracuse University stratigraphische Nachweise für eine Meeresspiegelhebung erbracht. Auch Peter Vail und seine Mitarbeiter von der Exxon Production Research Company sind zu dem Schluß gekommen, daß zur Zeit des Trias-Jura-Übergangs der Meeresspiegel weltweit angestiegen ist.

Besonders wichtig ist die Geschichte der Meeresspiegelschwankungen im Hinblick auf das Schicksal der neu entwickelten Korallenriffgemeinschaften in Südeuropa; die von ihnen erzeugten ausgedehnten Riffkörper wurden in den Alpen durch gebirgsbildende Bewegungen angehoben und sind dort heutzutage eindrucksvoll freigelegt. Die Riffe wuchsen am Nordsaum des Tethys-Meeres, das als große Einbuchtung der Pangäa fortbestand. Während der Trias begann die nicht lange vorher (im Jungpaläozoikum) entstandene Pangäa im Bereich der westlichen Tethys zu zerbrechen. Riffe wuchsen auf Blöcken der Erdkruste, die sich verlagerten und hoben oder senkten, als die Pangäa anfing, auseinanderzustreben. Zum Abschluß der Triaszeit verschwand hier die Riffgemeinschaft. Einige Forscher haben dies einer regionalen Hebung des Festlandes in bezug auf den Meeresspiegel zugeschrieben. Diese Behauptung ist allerdings etwas problematisch, weil wir erwarten können, daß selbst nach einer allgemeinen

Veränderung der Positionen von Land und Meer im Tethys-Bereich wenigstens ein paar der vielen sich verlagernden Krustenblöcke im Flachwasser verblieben. Andere Forscher vermuten daher, daß eher eine Abkühlung der Tethys der Riffauna ein Ende setzte.

Die Geschichte des Riffwachstums zeigt eine interessante Parallele zwischen der Triaskrise und den im vorigen Kapitel beschriebenen Massensterben im Paläozoikum auf. So hörte nicht nur die Riffbildung praktisch völlig auf — zumindest in der Tethys, aus der es gut datierte jungtriassische Riffe gibt —, sondern auch die Produktionsrate von Kalk und Dolomit (ebenfalls ein Carbonatgestein) in den Meeren ging zurück. Diese Merkmale passen zu der Vorstellung, daß in der Krise eine klimatische Abkühlung eine Hauptrolle gespielt hat. Allerdings sind unsere Kenntnisse durch Lücken in der Gesteinsüberlieferung beschränkt. Für den marinen Lebensraum bleibt das Massensterben am Ende der Trias schlecht erforscht, weil nur wenige durchlaufende Schichtprofile die Trias-Jura-Grenze überbrücken; was seine Ursache betrifft, hat man noch kein vielversprechendes Modell entwickelt. Gleiches gilt für weitere, weniger ernste Krisen, die später im Mesozoikum, aber noch vor jenem Ereignis am Schluß der Kreidezeit stattfanden, das die Herrschaft der Dinosaurier beendete. Der Rest dieses Kapitels ist einer Betrachtung unserer spärlichen Informationen über diese weniger bedeutenden Ereignisse gewidmet. Darüber hinaus soll die Stammesgeschichte jener Lebensformen skizziert werden, welche die Erde bevöl-

kerten, als die nachfolgende große Katastrophe das Ende der mesozoischen Ära einläutete.

Das Leben im Jura

Die marinen Lebensformen der Jurazeit ähnelten in vielerlei Hinsicht denen der Trias. Die Conodontentiere waren verschwunden, aber manch andere Gruppe hatte — wenn auch dezimiert — die Krise am Schluß der Trias überstanden. So erholten sich sowohl die Mollusken mit den Ammonoideen, Muscheln und Schnecken als auch die neuzeitlichen Korallengruppen und erlangten ihre Hauptrolle im marinen Ökosystem zurück. Neben die Ammonoideen (hier vor allem die Überordnung der Ammoniten oder Neoammonoidea) traten nun die Belemniten, die ebenfalls zur Molluskenklasse der Cephalopoden (Kopffüßer) gehörten. In ihrer äußeren Form ähnelten sie allerdings mehr den Tintenfischen als den Ammoniten; sie besaßen ein Innenskelett mit einem zigarrenförmigen Gegengewicht auf der Rückenseite, das wegen seiner Dauerhaftigkeit in der Fossilüberlieferung oftmals vollständig erhalten blieb und in den Sedimentgesteinen des Jura recht häufig vorkommt („Donnerkeil", siehe das Photo auf der nächsten Seite). Belemniten gab es schon vor der Jurazeit, damals jedoch aus unbekannten Gründen in nur geringer Formenvielfalt.

Auch andere wichtige neue räuberische Tiergruppen bevölkerten die Jurameere: marine Reptilien nämlich, die an die Stelle der am Ende der Trias ausgestor-

127

Die zu den Kopffüßern (Cephalopoden) gehörenden Belemniten waren in den Meeren des Mesozoikum recht häufig. Die Rekonstruktion unten zeigt schwimmende Tiere, die den heutigen Tintenfischen glichen, aber eine gasgefüllte innere Schale besaßen, die hinten mit einem zigarrenförmigen Gegengewicht (Rostrum) versehen war. Das Photo rechts zeigt solch ein fossiles Rostrum („Donnerkeil").

benen traten. Zwar hatten einige Ichthyosaurier die Krise überlebt, aber die Formen, die aus ihnen hervorgingen, unterschieden sich von denen der Trias. Sensationell gut erhaltene jurassische Ichthyosaurierfossilien aus Deutschland zeigen in den Bauchhöhlen weiblicher Tiere ungeborene Embryonen; diese Reptilien, die wahrscheinlich von der Küste und vom Meeresgrund, wo sie hätten Eier legen können, weit entfernt lebten, brachten also offenbar lebende Junge zur Welt. Auch völlig neue Gruppen mariner Reptilien erschienen in den Jurameeren, unter anderem die Meereskrokodile, die mit aalartigen Schwänzen für Vortrieb sorgten. Bei den im Gestein erhaltenen Fossilien dieser Tiere hat man im Bereich der Bauchhöhle Ansammlungen von Kieseln gefunden, die wohl als Magensteine — ähnlich wie bei den Dinosauriern — zum Zermahlen der Nahrung dienten. Eine zweite Gruppe von Schwimmreptilien, die im Jura aufkam, waren die Plesiosaurier: große, in der Jurazeit gewöhnlich drei bis fünf Meter lange Tiere, die in der nachfolgenden Kreide walähnliche Ausmaße (etwa zwölf Meter) erreichten.

Auf dem Land gewährt uns die kümmerliche Fossilüberlieferung der Dinosaurier nur wenig Informationen über die Stammesgeschichte dieser Gruppe, von der wir so gern mehr wissen würden. Tatsächlich sind Dinosaurierfossilien in allen Sedimentgesteinen des Unterjura recht selten. Demgegenüber findet man in Oberjuragesteinen die aufsehenerregendste Dinosaurierfauna aller Zeiten; Dinosaurierreste sind etwa in der Morrison-Formation in den westlichen USA

Links: Dieses Meereskrokodil der Jurazeit war ausgezeichnet an das Wasserleben angepaßt; es trug eine Flosse an seinem langen Schwanz und besaß eine spitze, schmale Schnauze, mit der es Fische fing.

Rechts: Die Plesiosaurier waren bedeutende Meeresraubtiere des Jungmesozoikum. Diese gewaltigen Fischfresser schwammen etwa so durch das Wasser, wie Vögel durch die Luft fliegen.

sowie am Dinosaur National Monument in Utah erhalten, wo man sie noch im Gestein eingebettet ausgestellt hat.

Die Morrison-Fauna enthält Arten der Dinosauriergruppe mit den größten Körpermaßen, der Sauropoden. Von ihnen erreichte die Gattung *Diplodocus* eine Länge von mehr als 25 Metern. Die Fundumstände scheinen die alte Vor-

Die Jura-Dinosaurier der Gattung *Mamenchisaurus* gehörten zur Gruppe der Sauropoden, in der manche Vertreter bis zu 30 Meter lang wurden.

stellung zu widerlegen, wonach die mächtigen Sauropoden wegen ihrer gewaltigen Körpermasse semiaquatisch, also halb in Seen und Flüsse eingetaucht, gelebt haben müssen. Die Morrison-Sauropoden findet man genauso

129

Ein fossiler Pterosaurier. Langflü-
gelige, mit Zähnen bewehrte
Flugreptilien dieser Art kamen fast
im ganzen Mesozoikum recht
häufig vor, starben aber zusammen mit den Dinosauriern aus.

häufig in Spülsaum- und Marschabla-
gerungen wie in Flußbettsedimenten.
Gleichzeitig mit den Sauropoden lebten
noch weitere Dinosaurierformen — darunter große Raubtiere, die auf ihren
Hinterbeinen standen — sowie Stego-
saurier, deren Rücken mit großen drei-
eckigen Platten bewehrt waren. Die
Funktion dieser Platten ist umstritten.
Traditionell hat man sie einfach als
Schutzschilde betrachtet, doch einer anderen Hypothese zufolge sollen sie als

Wärmespeicher und Wärmeabstrahler
zur Thermoregulation gedient haben.

Während die Dinosauriertaxa in Blüte
standen und Größen zwischen der eines
Hundes und jener der riesigen Sauropoden erreichten, blieben die Säugetiere
klein und verhältnismäßig unscheinbar.
Viele von ihnen waren wohl nachtaktiv.

Wirbeltiere besiedelten in der Jurazeit
auch den Luftraum. Die Pterosaurier,

fliegende Reptilien, die sich in der Ober-trias herausgebildet hatten, erlangten im Laufe des Jura eine große Formenvielfalt. In der Oberkreide erreichte einer von ihnen, der gewaltige *Quetzalcoatlus*, eine Spannweite von schätzungsweise elf Metern – etwa soviel wie ein kleines Flugzeug. Auch Vögel erschienen in der jüngsten Jurazeit, wie es durch die berühmte fossile Gattung *Archaeopteryx* belegt ist; die erhaltenen Federn dieses krähengroßen Tiers verraten seine Vogelnatur, obwohl Zähne, Schwanz und weitere Skelettmerkmale denen der Dinosaurier stark ähnelten. Tatsächlich ist man allgemein der Ansicht, daß kleine Dinosaurier die direkten Vorfahren des *Archaeopteryx* und seiner Nachkommen waren.

Anthony Hallam hat für die Juraperiode zwei relativ kleine marine Aussterbeereignisse nachgewiesen. Eines davon ist in der europäischen Pliensbach-Stufe identifiziert worden; ihm sind mehr als 80 Prozent der marinen Muschelarten sowie etliche andere Flachmeerarten zum Opfer gefallen. Wie Hallam erwähnt hat, fand dieses gravierende Pliensbach-Sterben allerdings nicht in weltweitem Maßstab statt, sondern konzentrierte sich auf den europäischen Raum, wo das Meer sich zurückzog und wo sich infolge von eingeschränkter Wasserzirkulation und Sauerstoffmangel schwarzer Schlamm ablagerte. Möglicherweise waren die lebensfeindlichen Verhältnisse hier ein Sonderfall, denn wie Hallam aufgezeigt hat, gab es beispielsweise im Andengebiet Südamerikas und in anderen Bereichen des Pazifik keine Pliensbach-Krise.

Die zweite Jurakrise ereignete sich gegen Ende dieser Periode; unter ihr hatten wiederum die Muscheln, diesmal zusammen mit den Ammoniten, zu leiden. Das große Ammonitensterben brach nicht plötzlich herein, sondern zog sich über etliche der letzten Millionen Jahre der Jurazeit hin. Es ist nicht sicher, wann die marinen Reptilien ausstarben, aber nur wenige Meereskrokodile und Ichthyosaurier überlebten den Jura. Man hat sich auf ein Absinken des Meeresspiegels in der jüngsten Jurazeit berufen, um das schwere marine Aussterben teilweise zu erklären, aber diese Vorstellung scheint heute nicht mehr gerechtfertigt. Aufgrund neuer Daten aus umfassenden Analysen von Juraschichten haben Peter Vail und seine Mitarbeiter von der Exxon Production Research Company gefolgert, daß der Weltmeeresspiegel in der ausgehenden Jurazeit zwar schnellen, aber nur geringen Schwankungen unterworfen war und in bezug auf die großen Kontinentflächen auf relativ hohem Niveau blieb.

Wie durch die umfangreiche Fauna der Morrison-Formation belegt ist, erlitten auch die Dinosaurier am Ende des Jura empfindliche Verluste. Den Stegosauriern und den meisten Sauropodengruppen gelang der Übergang in die Kreidezeit nicht. Die Ursache für die schweren Dinosaurierverluste bleibt ebenso unklar wie das Aussterben im Weltmeer.

Das Ereignis zum Abschluß des Jura war also mit seinen Übergriffen auf Meer und Festland von weitreichender Bedeutung. Trotzdem bleibt diese Krise alles andere als gut geklärt. Interessant ist

131

Ein Mosasaurier, der gerade einen Schwimmvogel frißt. Die Mosasaurier (Maasechsen), die in der Krise am Ende der Kreidezeit ausstarben, entwickelten sich aus nichtmarinen waranartigen Echsen zu den gefräßigen Raubtieren der Kreidemeere.

jedoch, daß es die beträchtliche Meeresspiegelsenkung, an die man früher geglaubt hat, nach neuen Erkenntnissen wohl doch nicht gegeben hat.

Das Leben im Kreidemeer

Wieder einmal erholte sich das Ökosystem, und in der frühen Kreidezeit sah das Leben im Meer nicht wesentlich anders aus als im Jura: Obwohl marine Wirbeltiergruppen zahlreiche Arten und einige Familien verloren hatten, verschwanden doch nur wenige höhere taxonomische Gruppen. Die Mollusken beispielsweise behielten ihre Vormachtstellung, und die Korallen bauten wie eh und je ihre Riffe. Mit dem Fortschreiten der Kreideperiode erfuhr das Leben im Meer gleichwohl bedeutende Veränderungen; durch einige davon entwickelte sich eine immer stärkere Ähnlichkeit mit der jetzigen Welt.

Ein drastischer Wechsel vollzog sich in der Zusammensetzung der marinen Wirbeltierfaunen. Die Plesiosaurier hatten zwar überlebt, aber Ichthyosaurier

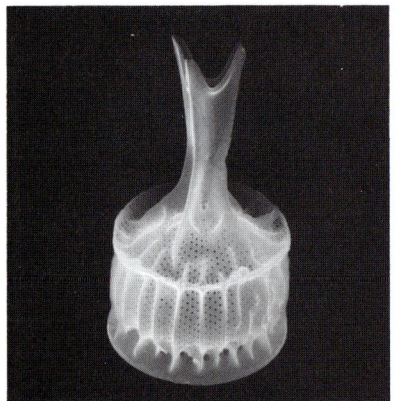

A

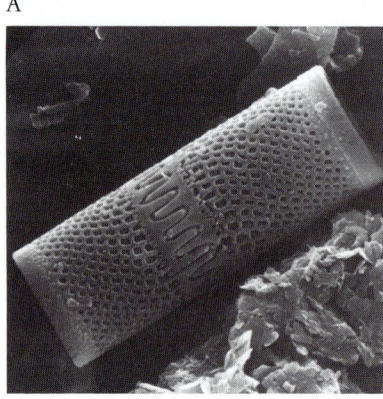

B

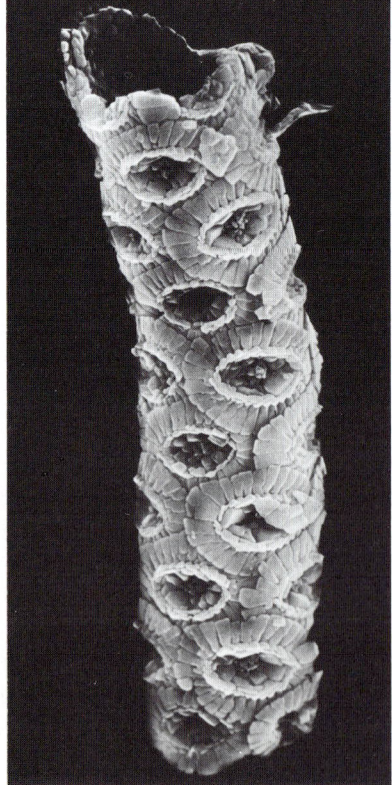

C

Drei Gruppen von einzelligem Phytoplankton spielten eine wichtige Rolle in den mesozoischen Meeren und stellen auch heute die bedeutendsten Formen dar: Dinoflagellaten (A), Diatomeen (B), die pillendosen- oder schachtelförmige Kieselsäureskelette ausscheiden (hier die längliche Form *Melosira italica*), und das kalkige Nannoplankton (C), das winzige Kalkplättchen ausscheidet, um die Zellen zu schützen.

und schwimmende Krokodile wurden selten. Dagegen erschienen jetzt gewaltige waranartige Echsen, die Mosasaurier oder Maasechsen, auf der Bildfläche. Mit ihren enormen Köpfen und bis zu 15 Meter langen Leibern jagten sie wahrscheinlich größere Beute, als es die längsten Ichthyosaurier je getan hatten. Auch Schildkröten drangen in großem Maßstab in das Meer vor; von den zahlreichen Formtypen, die sich nun entwickelten, erreichten die größten Längen von fast vier Metern. Eine weitere wichtige Entwicklung im Laufe der Kreide war der Ursprung — und die anschließende adaptive Radiation — der Teleostei, jener Fischgruppe, die bis auf den heutigen Tag üppig gedeiht und der fast alle Fangfische unserer Meere, Flüsse und Seen angehören. Die Vorläufer der Teleostei waren ihnen zwar ähnlich, besaßen aber noch nicht so hoch entwickelte Flossen und Kiefer und waren deshalb in Bewegung und Ernährung weniger konkurrenzfähig. Die Teleostei (oder Echten Knochenfische) ernähren sich nicht nur von schwebenden und schwimmenden Lebewesen, sondern auch von Organismen des Meeresbodens. Ihre adaptive Radiation im Laufe der Kreide muß sich gravierend auf die Bodenfauna ausgewirkt haben — ähnlich wie die gleichzeitige Radiation zweier fleischfressender Invertebratengruppen: der Krebse und räuberischer Schnecken.

Auch an der Basis des marinen Nahrungsnetzes gab es bedeutende Stammesentwicklungen. Drei Gruppen von einzelligen planktonischen Algen, die heute die wichtigsten photosynthetisch aktiven Meeresorganismen sind, traten damals ihre vorherrschende Rolle an. Sie alle dürften sich schon früher im Mesozoikum herausgebildet haben. Ganz gewiß gilt das für die Gruppe der Dinoflagellaten, deren fossile Überlieferung bis in die Obertrias zurückreicht; diese einzelligen Algen besitzen dicke Zellwände und je zwei peitschenartige Flagellen. Eine zweite Gruppe, die Diatomeen, mag schon im Jura existiert haben, aber ihre Überlieferung ist unsicher. Diese einzelligen Algen bewohnen feste Gehäuse aus Kieselsäure, die zum Teil an Pillendosen erinnern. Dinoflagellaten wie auch Diatomeen sind heute in nichttropischen Meeren besonders produktiv, und wahrscheinlich traf das auch für das Mesozoikum zu. Als dritte Algengruppe kam das kalkige Nannoplankton („Kleinstplankton") hinzu; diese Formen, die heute am stärksten in warmen Meeren vertreten sind, scheiden winzige Schilde aus Calciumcarbonat (der Hauptkomponente von Kalkstein) aus, die bei den lebenden Organismen die mehr oder weniger sphärische Zellwand bedecken, sich aber nach ihrem Tode ablösen und auf den Meeresboden rieseln. Das kalkige Nannoplankton spielte in der Oberkreide eine besonders wichtige geologische Rolle; an vielen Stellen sank es in solchen Mengen auf den Meeresboden hinab, daß es den feinkörnigen weißen Kalk erzeugte, den man als (Schreib-)Kreide bezeichnet. Die weißen Klippen von Dover sind die berühmtesten derartigen Ablagerungen der Oberkreide, aber ähnliche Gesteine gibt es von Dänemark bis nach Frankreich hinüber und in den Vereinigten Staaten von der Golfküste bis in die Nähe der kanadischen Grenze. In allen diesen Vorkom-

133

men setzte sich die Kreide in Meeren ab, die sich über die Kontinentflächen erstreckten; die Oberkreide war eine Zeit, in der die Meere relativ zum Festland wesentlich höher standen als heute.

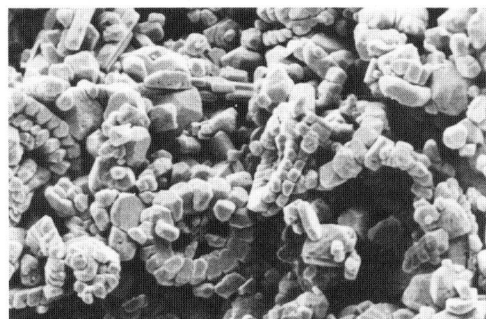

Diese rasterelektronenmikroskopische Aufnahme von Schreibkreide zeigt, daß es sich dabei um ein lockeres Konglomerat von Nannoplanktonfossilien handelt.

Rudisten. Diese merkwürdigen Muscheln errangen im Laufe der jüngeren Kreidezeit ein Monopol im Riffbereich, ehe sie am Ende dieser Periode wieder ausstarben.

Nach mäßigen Anfängen im Altmesozoikum taten sich nun auch die planktonischen Foraminiferen hervor. Diese Protozoen sind in heutigen Meeren recht häufig; ihre Kalkskelette setzen sich dort in solchen Mengen ab, daß sie über weite Teile des Tiefseebodens den Hauptbestandteil der feinkörnigen Sedimente bilden. Wie im folgenden Kapitel beschrieben wird, gehörten die planktonischen Foraminiferen und das kalkige Nannoplankton zu den Organismengruppen, die durch das Massensterben am Ende des Mesozoikum am schwersten heimgesucht wurden.

Die Riffgemeinschaft war ein weiteres Glied des marinen Ökosystems, das in der mittleren Kreidezeit eine Umgestaltung erfuhr. In der Unterkreide hatten noch die Korallen ihre Vorherrschaft behauptet, doch dann entwickelte sich eine völlig andere Tiergruppe, die Rudistenmuscheln, und wies den Korallen als Riffbauern eine untergeordnete Rolle zu. In der Skelettgestalt glichen die Rudisten den Einzelkorallen; sie besaßen eine konisch verjüngte untere Gehäuseklappe, die von einer kappenförmigen oberen Klappe bedeckt wurde. Diese Muschelgruppe hatte sich bereits früher im Mesozoikum herausgebildet, erlangte jedoch erst in der Mittelkreide durch die Evolution neuer Gehäusewachstumsformen ihre Vorrangstellung bei der Riffbildung. Wir können die Entwicklungsgeschichte der Rudisten bis zu großen Muscheln des Paläozoikum zurückverfolgen, die sich im Sediment eingruben; aus diesen gingen im Altmesozoikum Tiere hervor, deren Lebendstellung (die vom lebenden Organismus eingenommene Position) zeigt, daß sie nur teilweise im Sediment eingegraben waren und eine überkippte Haltung (mit der klaffenden Seite nach oben) einnahmen. Diese Lebendstellung entwickelte sich bestimmt, um — wie bei den Korallen — symbiontische Algen zur Optimierung der Photosyntheseleistungen besser dem Licht auszusetzen. Diese Algen besiedelten das Gewebe des

Mantels, einer den Weichkörper umfassenden Hautfalte, die zwischen den beiden Schalenhälften des Gehäuses als Mantelsaum hervorragte. Der Zusammenschluß mit den Algen befähigte die Rudisten zu jenem schnellen Wachstum, das für ein erfolgreiches Bestehen in der Riffumgebung mit ihrer harten Raumkonkurrenz unabdingbar ist. Als bezeichnend kann in dieser Hinsicht die Tatsache gelten, daß die größte Muschel der Jetztzeit, die „Mördermuschel" *Tridacna*, deren riesige Klappen gelegentlich als Taufbecken benutzt werden, ihre enorme Größe den symbiontischen Algen in ihrem Mantelgewebe verdankt, das aus der Spalte zwischen den Schalenklappen herausragt. Verglichen mit der normalen Orientierung von Muscheln lebt *Tridacna* wie die Vorfahren der Rudisten „auf dem Kopf". Die Verdrängung der Korallen durch die Muscheln in der Kreidezeit ist eines der eindringlichsten Beispiele in der Geschichte des Lebens für den weitgehenden Ersatz einer Gruppe durch eine konkurrierende andere. Tatsächlich stellte die Natur die Wettbewerbshypothese ein weiteres Mal auf die Probe, als die Rudisten, gemeinsam mit den Dinosauriern, ausstarben − ein Ereignis, das wir im nächsten Kapitel besprechen werden. Nachdem diese seltsamen, aber überaus erfolgreichen Muscheln aus dem Wege geräumt waren, breiteten sich im Känozoikum wieder die Korallen aus und eroberten ihre Vormachtstellung in der Riffgemeinschaft zurück.

Blütenpflanzen und die letzten Dinosaurier

Einem außenstehenden Beobachter der Welt des Mesozoikum wäre die Veränderung des Ökosystems in der mittleren Kreide auf dem Festland als weitaus radikaler erschienen als die im Meer, da eine neue Pflanzengruppe, die nun die Herrschaft antrat, das Bild der Landschaft völlig wandelte. Zu jener Zeit setzte nämlich die große adaptive Radiation der blütentragenden Angiospermen ein. Zu den Angiospermen oder Bedecktsamern gehören nicht nur Pflanzen mit auffälligen Blüten, sondern auch Hartholzbäume, Gräser und Kräuter. Es ist nicht ganz sicher, wann genau sich die ersten Vertreter dieser Gruppe entwickelt haben, denn wegen der Verletzlichkeit der Blätter weist sie eine nur spärliche fossile Überlieferung auf, aber möglicherweise geschah dies gar nicht wesentlich früher. Die Gräser und die erfolgreichsten Kräutersorten entwickelten sich nicht vor dem fortgeschrittenen Känozoikum, doch die adaptive Radiation anderer Angiospermen im jüngsten Teil der Kreidezeit war trotzdem aufsehenerregend. In der atlantischen Küstenebene zwischen Baltimore und Washington belegen fossile Blätter und Pollen eine beträchtliche Diversifikation innerhalb von nur wenigen Millionen Jahren. In diesem Zeitraum nahmen die Vielfalt und das allgemeine morphologische Differenzierungsniveau sowohl von Pollen als auch von Blättern erheblich zu. Gegen Ende der Kreide waren die Angiospermen schon die vorherrschenden Landpflanzen. Anscheinend

135

Kreidezeitlicher Vertreter der Angiospermen oder Bedecktsamer mit zweilappigem Blatt; in dem Fossil sind deutlich die Blattadern zu erkennen.

verdrängten sie im Laufe des Wettkampfes um Licht und Nahrung die Koniferen und die übrigen Nacktsamer (Gymnospermen), die dadurch auf jenen untergeordneten ökologischen Rang abfielen, den sie bis heute einnehmen,

Auf irgendeine Weise müssen die Dinosaurier die Folgen jenes großen Florenwechsels zu spüren bekommen haben, aber es ist nicht klar, welche Probleme oder welche neuen Möglichkeiten er mit sich gebracht hat. Auffällig ist nur, daß sich in der Zeit des Übergangs von der

Unter- zur Oberkreide (vor etwa 100 Millionen Jahren) die Entwicklung der Dinosaurier merklich überstürzte.

Dieser von Robert Bakker entdeckte Umsturz könnte zu einem weltweiten Massenaussterben gehört haben, das auch dem Leben im Meere hohe Verluste zufügte. Für die Cenoman-Stufe der Kreidezeit (vor mehr als 90 Millionen Jahren) ist ein heftiges Aussterben im marinen Lebensraum gut dokumentiert. Wie so viele andere Krisen zog sich auch diese in die Länge. Die Ammoniten erlitten ihre schwersten Verluste im Untercenoman. Erle Kauffman und seine Mitarbeiter an der Universität von Colorado haben außerdem eine Reihe von Aussterbeschüben untersucht, welche am Ende dieser Stufe in der großen inneramerikanischen Meeresstraße auftraten, die von der Golfküste bis nach Alaska reichte. Dieser Seeweg lag vor der tektonisch aktiven Gebirgskette, die der Vorläufer der heutigen Rockies und ihrer nördlichen und südlichen Fortsetzungen

war; er war kälter als die tropischen Gewässer, die weiter südlich (in der Nähe des jetzigen Golfs von Mexiko und der Karibik) Atlantik und Pazifik miteinander verbanden. Ein geographisches Ereignis, das Beachtung verdient, ist die Südpolüberschreitung der Antarktis, die nach dem teilweisen Zerfall von Gondwanaland noch mit Australien und Südamerika verbunden war. Rekonstruktionen von Plattenpositionen zeigen, daß die Polbegegnung etwa zu Beginn der Cenoman-Zeit stattfand. Zwar liegt gegenwärtig kein Nachweis für eine Eiskappenbildung in jener Zeit vor, aber angesichts der im Paläozoikum wiederholt aufgetretenen Kombination von Polbegegnung und Vereisung (etwa in Oberordovizium und Oberdevon) muß man

Rasterelektronenmikroskopische Aufnahmen einer fossilen kreidezeitlichen Blüte (links) und eines ihrer porösen Pollenkörner (rechts). Die erhaltungsfähigen Pollen sind in der Fossilüberlieferung reichlich vorhanden, während man Blüten wegen ihrer Zartheit außerordentlich selten findet. Die hier gezeigte kleine Blüte ist ein direktes Beweisstück für die Existenz von Blütenpflanzen im letzten Teil der Kreidezeit.

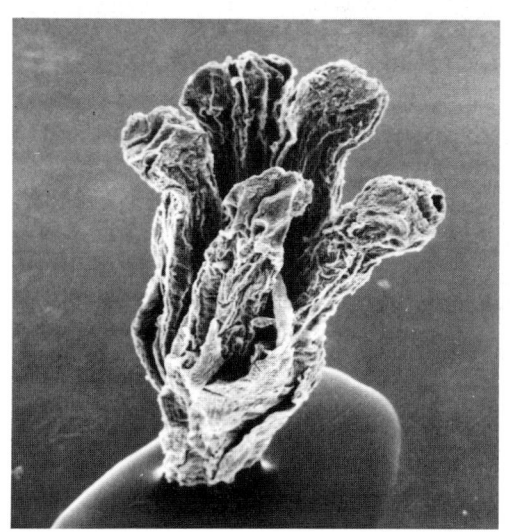 

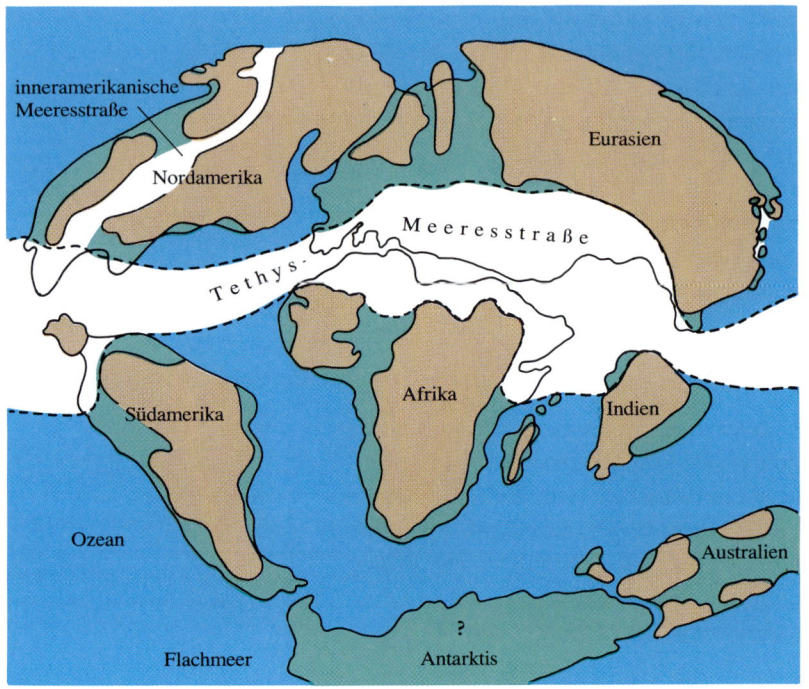

inneramerikanische
Meeresstraße

Nordamerika

Eurasien

M e e r e s s t r a ß e

T e t h y s -

Afrika

Indien

Südamerika

Ozean

Australien

Flachmeer

Antarktis

?

Paläogeographische Weltkarte der Oberkreidezeit; sie zeigt die tropische Meeresstraße der Tethys, in der damals heftige Aussterbeepisoden stattfanden. Eine weitere große Meeresstraße erstreckte sich der Länge nach durch Nordamerika von der Golfküste bis zur Arktis.

sich fragen, ob nicht auch diese Lageveränderung eine klimatische Abkühlung ausgelöst hat.

Die der Cenoman-Krise folgende Erholung des marinen Lebens brachte kaum auffällige Veränderungen in der Oberkreide mit sich. Durch die Krise waren bloß wenige höhere taxonomische Tiergruppen verschwunden, und die Lücken in den niederen taxonomischen Einheiten wurden einfach wieder aufgefüllt. Auf dem Festland gab es offensichtlich eine stärkere faunistische Umgestaltung (falls wir diese überhaupt derselben Krise zuschreiben können, denn die zeitliche Einordnung ist unsicher). Die wichtigsten Dinosauriergruppen, die sich im Laufe der Oberkreide ausdifferenzierten, waren die räuberischen Tyranno-

Schädel des *Tyrannosaurus* aus der Oberkreide, des wohl größten fleischfressenden Dinosauriers aller Zeiten.

saurier, die pflanzenfressenden Hornsaurier (Ceratopsia) und die Hadrosaurier oder Schnabeldrachen. Diese Tiere durchstreiften den amerikanischen Westen und hinterließen besonders eindrucksvolle Fossildokumente in Montana und Alberta; die Fauna, die sie dort bildeten, ist — abgesehen von der Körpergröße — in etwa mit der heutigen Säugetierfauna der afrikanischen Gras- und Baumsteppen vergleichbar. Die Ceratopsier, die verschwundenen Analogformen der Nashörner, waren massige, mit Nasen- und Stirnhörnern versehene Kreaturen (siehe das Umschlagbild). Die Schnabeldrachen, jene Dinosaurier, die sich wohl mittels ihrer eingerollten Nasengänge untereinander mit Trompetensignalen verständigt zu haben scheinen, waren eindeutig schnelle Läufer wie die heutigen Antilopen und Gnus. Die Schwimmhäute zwischen ihren Zehen bezeugen jedoch, daß sie außerdem auch gute Schwimmer gewesen sind. Tyrannosaurier waren die größten Landraubtiere aller Zeiten; sie wurden bis zu 15 Meter lang. Sie waren die „Löwen" der Oberkreide — wenn auch nicht die einzigen: Große Krokodile machten ebenfalls Jagd auf Dinosaurier; manche erreichten die unglaubliche Länge von 15 Metern und hatten zwei Meter lange Köpfe. Über ihnen kreisten die flugzeuggroßen fliegenden Reptilien wie der *Quetzalcoatlus*. Man hat spekuliert, daß diese Tiere herabstießen, um an den Gerippen von toten Dinosauriern zu fressen; jedenfalls war ihre Größe einer solchen Lebensweise angemessen.

Die Entwicklung dieser einmaligen terrestrischen Fauna und des marinen Ökosystems der Oberkreide mit seinen Ammoniten, seinen Rudistenriffen und den schwimmenden und fliegenden Reptilien errichtete die Bühne für jene niederschmetternde biotische Krise, die dem Zeitalter der Dinosaurier ein Ende setzte.

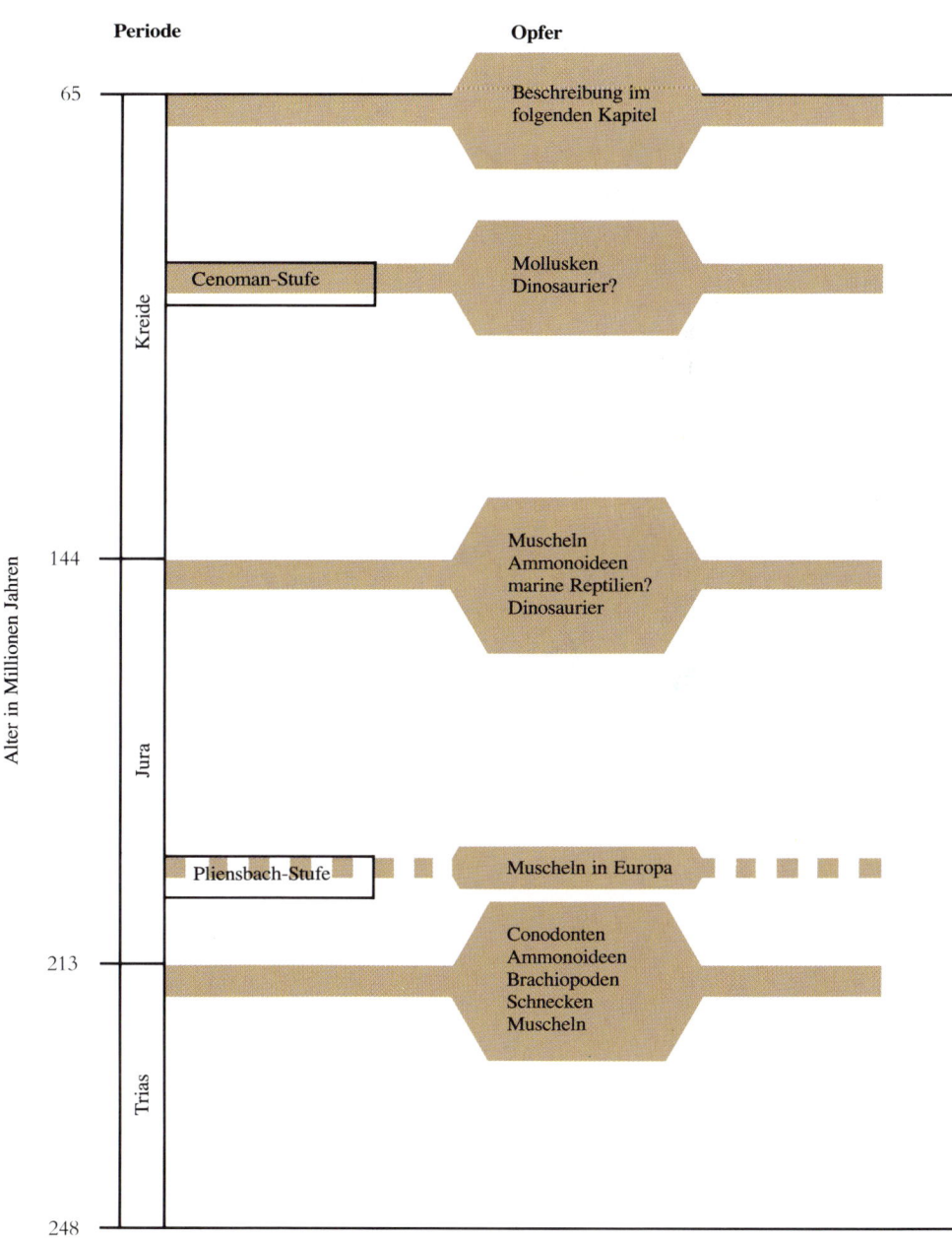

Die wichtigsten Ereignisse in der Trias, im Jura und in der Kreide. Die Farbbalken stellen Massensterben dar.

139

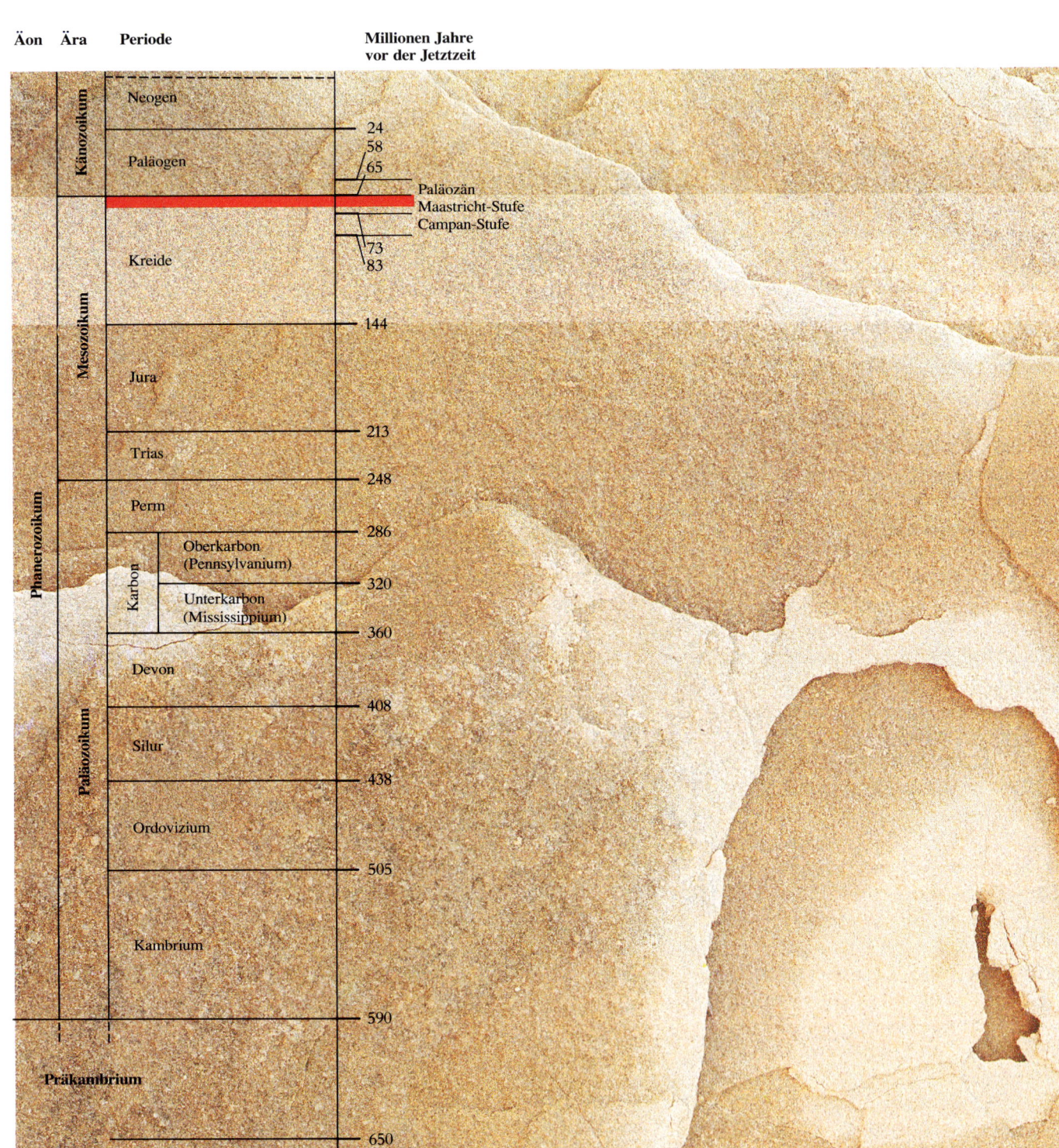

Äon	Ära	Periode		Millionen Jahre vor der Jetztzeit

Äon **Ära** **Periode** **Millionen Jahre vor der Jetztzeit**

Känozoikum — Neogen

— 24

Känozoikum — Paläogen
— 58
— 65

Paläozän
Maastricht-Stufe
Campan-Stufe

Kreide
— 73
— 83

— 144

Mesozoikum — Jura

— 213

Trias

— 248

Perm

— 286

Karbon — Oberkarbon (Pennsylvanium)

— 320

Karbon — Unterkarbon (Mississippium)

— 360

Devon

— 408

Silur

— 438

Ordovizium

— 505

Kambrium

— 590

Phanerozoikum — Paläozoikum

Präkambrium

— 650

Wie das Mesozoikum zu Ende ging

Das Massensterben am Ausgang des Mesozoikum hat stets größeres Interesse geweckt als jede andere biotische Krise − zunächst, weil die allzeit faszinierenden Dinosaurier zu seinen Opfern gehörten, und dann in neuerer Zeit aufgrund von Befunden, die als Auslöser der Katastrophe auf eine verhängnisvolle Kollision der Erde mit einem Meteor oder einem Kometen hindeuten. Für uns Menschen ist dieses Ereignis noch aus einem weiteren Grund interessant; wären nämlich die Dinosaurier nicht ausgestorben, hätten die Säugetiere niemals die Herrschaft über den festländischen Lebensraum errungen und wir uns niemals entwickelt. All diese Faktoren haben uns verleitet, die kreidezeitliche Schlußkrise überzubewerten. Tatsächlich wirkte sie sich im Weltmeer weit weniger zerstörerisch aus als die Katastrophe am Ende des Perm, die unter den marinen Lebewesen einen mehr als zweimal so großen Prozentsatz an Familien hinwegraffte.

Ob der Einschlag eines großen extraterrestrischen Körpers auf der Erde den Untergang der Dinosaurier und mancher anderer mesozoischer Lebensformen bewirkt hat, ist eine Frage, die wir erst später in diesem Kapitel behandeln wollen. Doch um die Aussterbemuster in einem angemessenen Rahmen diskutieren zu können, ist es trotzdem nützlich, wenn wir uns einen kurzen Überblick über die grundlegenden Beweisstücke verschaffen, die man zur Stützung der Hypothese einer außerirdischen Ursache vorgelegt hat. Das wichtigste Indiz ist die Existenz einer ungewöhnlich hohen Konzentration des Elementes Iridium in

Die Münze (etwa von der Größe eines Markstückes) liegt auf der Tonschicht, die bei Gubbio in Italien die Grenze zwischen Kreide und Paläozän markiert (Grenzton). Diese Schicht, die zusammen mit den benachbarten Sedimentgesteinen schräg gestellt wurde, als sich der Apennin hob, enthält die Iridiumanomalie.

Gesteinen der höchsten Kreide in sehr vielen Gebieten der Erde; Iridium ist ein in der Erdkruste höchst seltenes Metall der Platingruppe. Entdeckt hat diese Anomalie eine Gruppe von Wissenschaftlern von der Universität von Kalifornien in Berkeley – unter ihnen der Physiker Luis Alvarez, sein Sohn, der Geologe Walter Alvarez, sowie die Chemiker Frank Asaro und Helen Michel. In manchen Vorkommen ist die Iridiumanomalie innerhalb einer dünnen feinkörnigen Sedimentlage zu finden, die man als Grenzton bezeichnet. Da Iridium, wie man weiß, in Steinmeteoriten

Neue Befunde zu den Ursachen der Oberkreidekrise erscheinen derzeit in so rascher Folge, daß jede Darstellung Gefahr läuft, schon nicht mehr aktuell zu sein, wenn sie gedruckt ist. Immerhin sind inzwischen etliche Merkmalsmuster klar genug ins Blickfeld gerückt, um damit wenigstens ein Teilbild des Geschehens zu entwerfen.

Die Obergrenze der Kreide bezeichnet man – mit Blick auf die folgende geologische Periode – traditionell meist als Kreide-Tertiär-Grenze. Die Einteilung des Känozoikum in die Perioden Tertiär und Quartär hat allerdings in den letzten Jahren einige Kritik erfahren, und zwar aus gutem Grunde. Das Problem bei dieser Gliederung liegt darin, daß das Tertiär mit seinen fünf Epochen Paläozän, Eozän, Oligozän, Miozän und Pliozän bloß noch ein arg zusammengestauchtes Quartär übrigläßt, das lediglich die beiden Epochen Pleistozän und Holozän umschließt. (Das Pleistozän hat man traditionell als letztes Eiszeitalter charakterisiert, doch wie wir heute wissen, begannen die kontinentalen Gletscher sich schon im Mittelpliozän auszubreiten.) Der Unterschied zwischen der

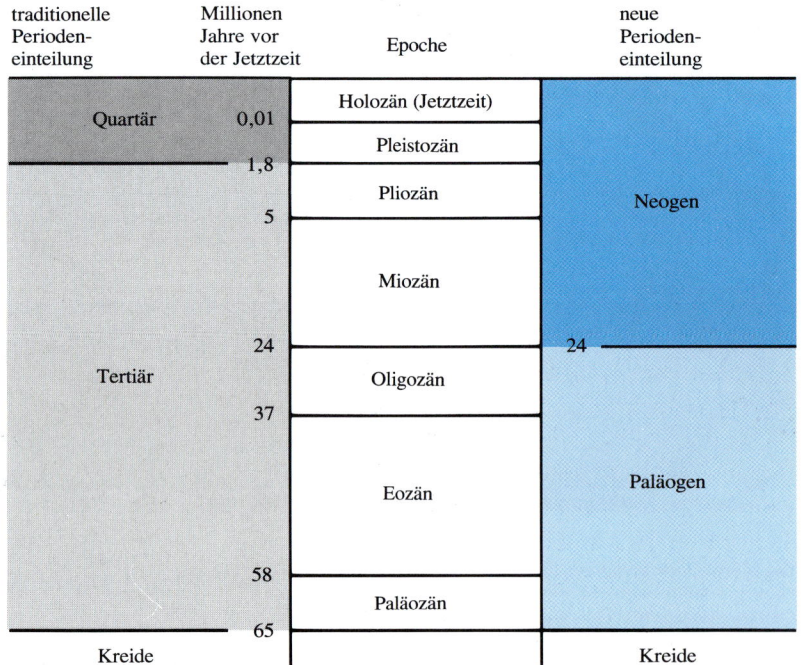

Die zeitliche Gliederung des Känozoikum. Die sieben Epochen dieses Zeitalters sind in der mittleren Säule angegeben. Im vorliegenden Buch wird statt der traditionellen Tertiär-Quartär-Einteilung die neue Paläogen-Neogen-Einteilung verwendet.

relativ häufig vorkommt, stellte die Berkeley-Gruppe die Hypothese auf, dieses Element sei nach dem explosiven Aufprall eines etwa zehn Kilometer großen Meteoriten als Fallout über die gesamte Erdoberfläche verteilt worden.

Dauer des Tertiär und der des Quartär ist enorm: Der erstgenannte Zeitabschnitt umfaßt 63 oder 64 Millionen Jahre, der zweite nicht einmal zwei Millionen. Als viel sinnvollere Gliederung bietet sich die Aufteilung des Känozoikum in die Perioden Paläogen und Neogen an (ursprünglich beides Einteilungen des Tertiär), wobei die Trennlinie zwischen den Epochen Oligozän und Miozän liegt, also in einer Zeit vor etwa 24 Millionen Jahren. Wir werden im weiteren diesem neuen Schema folgen und die Grenze zwischen Mesozoikum und Känozoikum fortan als Kreide-Paläozän-Grenze bezeichnen. Damit paart man zwar eine Periode mit einer Epoche, die in der geologischen Zeitskala einen niedrigeren Rang einnimmt, doch die känozoische Überlieferung beschert uns derart weit verbreitete und gut erhaltene Sedimentfolgen, daß wir die Epochen des Känozoikum oft so behandeln, als seien es Perioden.

Die stratigraphische Überlieferung der Oberkreide bietet in mancher Hinsicht bessere Untersuchungsmöglichkeiten als jene früherer Zeiten mit Massenuntergängen. Erstens enthalten die Profile, die sich über die Kreide-Paläozän-Grenze erstrecken, häufig statt hartem Gestein eher weiches Sediment. Aus diesem kann man Fossilien leichter herausholen, die überdies auch meistens noch besser erhalten sind als solche aus Festgestein; besonders leicht lassen sich Mikrofossilien gewinnen. Bereits die Schichten, die dem unter der Kreide liegenden Jura entsprechen, sind so alt, daß nahezu alle ihre Vorkommen auf den Kontinenten lithifiziert (zu Gestein umgewandelt) sind.

Des weiteren hat die enorme Ausdehnung von Sedimenten der Kreidezeit unter dem Meeresboden der Ozeanbecken der Erforschung der Kreidefossilien eine neue wichtige Dimension eröffnet. Geschützt durch die Tiefsee halten hier die Abfolgen feinkörniger Sedimente, die man mit Spezialschiffen erbohren kann, eine relativ vollständige Aufzeichnung nicht nur der Tiefseelebensformen mit erhaltungsfähigen Hartteilen, sondern auch des vergleichbar ausgestatteten Phyto- und Zooplanktons bereit. Die Iridiumanomalie findet man hier ebenfalls in einer dünnen Grenztonschicht. Die entsprechenden Sedimente der Jurazeit bieten auch in diesem Bereich nicht dieselben Möglichkeiten für die Entdeckung von Fossilien, zumal sie erheblich weniger weit verbreitet sind. Tiefseesedimente paläozoischen Alters fehlen in den Ozeanbecken sogar völlig; für eine Untersuchung sind sie nur dort enthalten und zugänglich, wo Erdbewegungen sie emporgehoben haben. Der Grund für ihr Fehlen liegt darin, daß die Erdkruste unter den Ozeanen mitsamt den sie bedeckenden Sedimenten ständig an den Tiefseegräben im Erdmantel verschwindet. Gleichzeitig bildet sich längs der mittelozeanischen Rücken neue Kruste und gleitet auf der darunterliegenden Asthenosphäre seitwärts zu jenen Zonen, wo sie wieder aufgezehrt wird. Diese „Fließband"-Bewegung erneuert etwa alle 200 Millionen Jahre die gesamte Kruste eines breiten Ozeanbeckens und hinterläßt keinerlei Meeresbodensediment, das nennenswert älter ist.

Schließlich enthalten kontinentale Sedimente der Kreidezeit Fossilien von Blü-

Ausschnitt eines Tiefseebohrkerns aus dem Pazifik, der ungefähr auf halber Höhe die Kreide-Paläozän-Grenze enthält. Genau darüber liegt die sogenannte Grenzschicht, die infolge des Massenaussterbens durch einen herabgesetzten Gehalt an weißen kalkigen Nannofossilien gekennzeichnet ist.

143

Rückgang und Aussterben

Paläozän	
Maastricht-Stufe	

endgültiges Aussterben
vieler Arten des
kalkigen
Nannoplanktons

viele andere
Muschel- und
Schneckenarten

Dinosaurier

Ammonoideen

Rudisten

Dinosaurier

plötzliche Abnahme
der Häufigkeit des
kalkigen Nannoplanktons
(verringerte Kreidebildung)

Angiospermenarten
(schwerste Verluste bei
breitblättrigen immergrünen
Arten und tropischen
Floren in Nordamerika)

Rudisten

viele Arten von
Foraminiferen

Rückgang

Inoceramiden

Rückgang

Rückgang
(riffbildende
Muscheln)

Aussterbemuster
unbekannt für
**Meeresreptilien
Flugechsen**

Rückgang der
Foraminiferen

Rückgang

Zeitmuster des Aussterbens im Obermaastricht. Mehrere Gruppen schrumpften oder verschwanden schon vor dem Ende dieser letzten Stufe der Kreide; dagegen wurden viele Arten des kalkigen Nannoplanktons zwar an jener Grenze deutlich seltener, starben aber erst im Laufe des Paläozän endgültig aus. Es ist unklar, inwieweit auch einige Dinosaurierarten bis ins Paläozän hinein überlebt haben.

tenpflanzen, die manchmal als Thermometer der Vergangenheit bezeichnet werden. Wie wir später in diesem Kapitel sehen werden, liefern sowohl die Blattgestalt jener höheren Pflanzen als auch taxonomische Übereinstimmungen wichtige Informationen über die Klimate der Vorzeit.

Eine der bedeutsamsten Fragen hinsichtlich des Massensterbens in der Oberkreide ist seine zeitliche Einstufung. Die iridiumreiche Schicht, die man als Zeitmarke für den Abschluß der Kreidezeit festgelegt hat, ist 65 oder 66 Millionen Jahre alt. Einige wichtige Aussterbeereignisse scheinen genau zur Zeit ihrer Ablagerung stattgefunden zu haben. Demgegenüber setzte bei manchen Tiergruppen schon mehrere Millionen

Jahre früher ein allmählicher Artenschwund ein, bis am Ende der Periode schließlich keine Art mehr übrigblieb. Solche Rückgänge kennen wir aus dem Maastricht, dem letzten Abschnitt der Kreide, der etwa acht Millionen Jahre dauerte; manche begannen sogar noch früher, nämlich in der davorliegenden, zehn Millionen Jahre dauernden Campan-Zeit. Diese zeitlichen Muster machen deutlich, daß die Schlußkrise der Kreidezeit ein komplexer Prozeß gewesen ist, bei dem ein langer Zeitraum mit erhöhten Aussterbequoten in einem letzten Schub mit besonders schweren Verlusten endete. Es gibt Hinweise darauf, daß auch bei diesen Ereignissen, wie schon in vorangegangenen Krisen, klimatische Veränderungen eine Hauptrolle gespielt haben.

Analog zum Schicksal der Dinosaurier auf dem Festland gelang auch den großen Meeresreptilien nicht der Übergang ins Känozoikum. Besonders wichtig ist hierbei das Verschwinden der Mosasaurier und Plesiosaurier sowie der größten Meeresschildkröten. Im US-Bundesstaat Kansas sind aus Sedimenten jener inneramerikanischen Meeresstraße, die sich von der Golfküste aus nach Norden erstreckte, großartige Exemplare dieser Seeungeheuer geborgen worden, aber leider ist ihre Überlieferung allgemein zu sporadisch, um das zeitliche und räumliche Muster ihres Ablebens zu entschlüsseln.

Marine Wirbellose und das Plankton liefern wegen ihrer größeren Häufigkeit ein viel klareres Bild der Aussterbemuster. Einige marine Gruppen, die dem Oberkreideereignis zum Opfer fielen, starben, geologisch gesehen, auf der Stelle aus. Dagegen zogen sich bei vielen anderen die Verluste in der Oberkreide über mehr als eine Million Jahre hin, ehe auch sie letztlich erloschen. Bei manchen dieser Gruppen starben allerdings die letzten Überlebenden des langsamen Rückgangs am Schluß der Kreidezeit wiederum ganz plötzlich aus.

Trotz der Aussagekraft fossiler Pflanzen und des besonderen Interesses am Untergang der Dinosaurier wollen wir unsere Analyse der kreidezeitlichen Schlußkrise mit einem Überblick über die Ereignisse in den Ozeanen beginnen, denn hier finden wir die reichhaltigste und aufschlußreichste Fossilüberlieferung.

Zunehmende Artenarmut auf dem Meeresboden

Von den Meeresmollusken, die im Laufe des Mesozoikum große Bedeutung erlangt hatten, erlebten mehrere Gruppen einen Rückgang, der sich über etliche Millionen Jahre hinzog, ehe sie am Ende der Kreidezeit oder kurz davor endgültig verschwanden. Eine dieser Gruppen ist die Muschelfamilie der Inoceramiden, von denen einige Arten einen Durchmesser von etwa einem Meter erreichten. Die Inoceramiden lebten größtenteils auf der Sedimentoberfläche und filterten nach Art der Austern und Pilgermuscheln Nahrung aus dem umgebenden Wasser. Manche waren durch ein System von sogenannten Byssusfäden am Untergrund befestigt. Während der Oberkreide waren die Inoceramiden durch viele Arten vertreten, die in verschiedensten Meerestiefen − vom Flachmeerboden bis zur Tiefsee − lebten. Ihre Schalen setzten sich aus prismatischen Kristallen zusammen, die nach dem Tod der Tiere und der Auflösung der Gehäuse im Sediment zurückblieben und heute als diagnostische Merkmale für die Familie dienen; Arten kann man mit ihrer Hilfe allerdings nicht unterscheiden. Annie Dhondt vom Institut Royal d'Histoire Naturelle in Brüssel hat in weltweitem Maßstab die Fossilüberlieferung der Inoceramiden aus der Oberkreide überprüft. Ihre Analyse deutet auf einen allmählichen Niedergang der Familie im Laufe des Campan und des Maastricht, der beiden letzten Stufen der Kreide, hin. Die Anzahl der Arten nahm nach dem Mittelcampan ab, und von den etwa vier Gattungen, die bis ins Maastricht überlebten (die exakte Anzahl ist eine Frage der taxonomischen Bewertung), überstand keine den letzten Teil dieses Zeitabschnitts. Tatsächlich ist aus dem obersten Abschnitt der Kreide keine normale Inoceramidenart bekannt; es existierten nur noch sehr wenige Arten, die vielleicht nicht einmal zu dieser Familie gehörten, und nur eine einzige davon hat man in den allerjüngsten Kreideschichten nachgewiesen.

Bestätigt wird dieses Aussterbemuster der Inoceramiden durch eine ganz andere Untersuchung, nämlich durch die Auswertung einer bemerkenswert vollständigen Abfolge von Tiefseesedimenten, die durch tektonische Bewegungen so gehoben wurde, daß man sie nun an der spanischen Atlantikküste untersuchen kann. Peter Ward von der Universität von Washington hat dort entdeckt, daß der Formenreichtum der Inoceramiden nach oben zur Kreide-Paläozän-Grenze hin abnimmt und daß die ganze Familie in einem Niveau verschwindet, das einem Zeitpunkt von ungefähr 1,5 Millionen Jahren vor dem Ende der Kreide entspricht.

In Zusammenarbeit mit Philip Signor von der Universität von Kalifornien in Davis hat sich Ward darüber hinaus auch mit dem periodischen Massenaussterben der Ammonoideen beschäftigt. Diese Tiere hatten schon in der Oberdevonkrise heftige Verluste erlitten, waren dann der Schlußkrise des Perm nur mit knapper Not entkommen und wurden auch in den mesozoischen Massenuntergängen, die dem hier besprochenen vorangingen, wiederholt dezimiert. Mit anderen Worten: Die Ammonoideen waren im Laufe ihrer gesamten Geschichte anfällig für Massensterben. Wie Ward und Signor festgestellt haben, handelte es sich allerdings bei den Ammonoideengruppen, die die Krisen des älteren Mesozoikum überstanden, um ganz besondere Formen. Sie besaßen beispielsweise einen auffällig dicken Sipho; so nennt man die innere Röhre, die sich der Länge nach durch das eingerollte Gehäuse zog. Die funktionelle Ursache für dieses Aussterbemuster bleibt rätselhaft. Das Besondere an der Krise am Ende der Kreide liegt darin, daß sie sämtliche Ammonoideen dahinraffte – einschließlich der Formen, die die vorhergehenden mesozoischen Massenuntergänge noch überlebt hatten.

Bei Zumaya an der spanischen Atlantikküste, wo Peter Ward den langgestreckten Verlauf des Inoceramidensterbens entdeckt hatte, stellten er und Jost Wiedmann von der Universität Tübingen für die Ammonoideen ein ganz ähnliches Aussterbemuster fest. Der endgültige Niedergang der Ammonoideen scheint hier ungefähr an der Grenze zwischen Unter- und Obermaastricht zu beginnen, also etwa vier bis fünf Millionen Jahre vor dem Ende der Kreide. Eine Auftragung der Artenvielfalt gegen die Zeit zeigt, daß die Zahl der Ammonoideenarten von etwa zehn im tiefsten Obermaastricht allmählich bis auf Null zurückging. Den letzten Ammoniten hat man ungefähr zwölf Meter unter der Kreideobergrenze in Gesteinen gefunden, die schätzungsweise 100 000 Jahre vor dem Ende dieser Periode abgelagert wurden.

Der allmähliche Rückgang der Artenvielfalt bei den Ammonoideen im Maastricht-Gestein von Zumaya in Spanien. Das letzte Ammonoideenfossil fand man etliche Meter unter der Maastricht-Paläozän-Grenze.

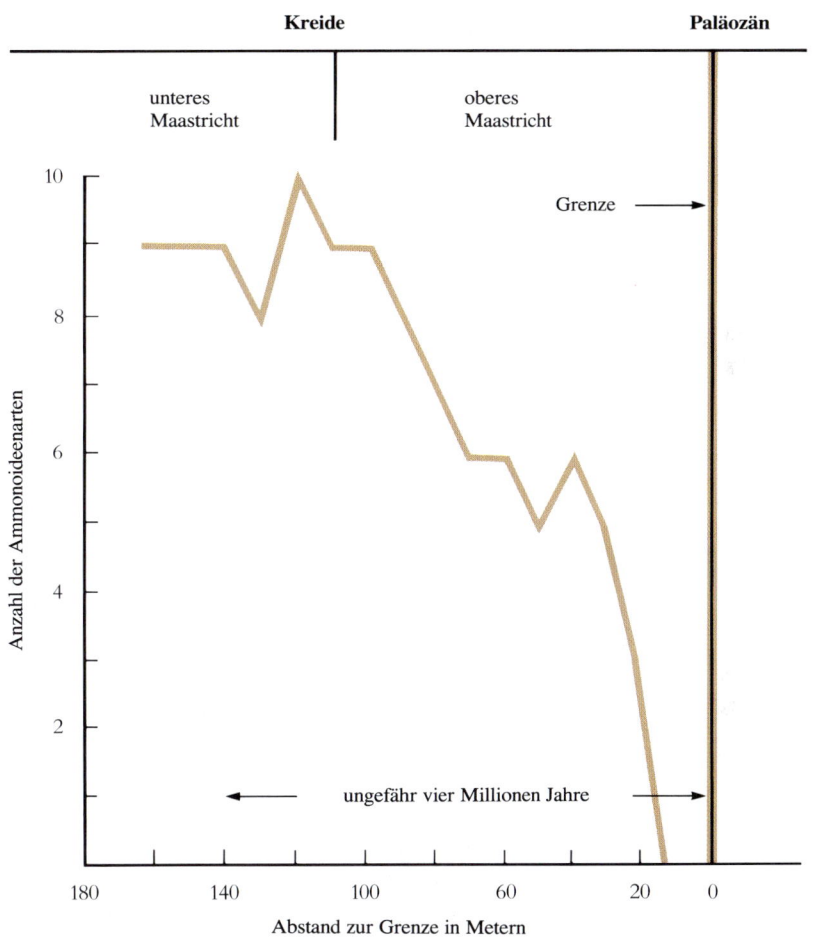

Eine weitere Gruppe mariner Invertebraten, die praktisch schon vor dem Ende der Kreidezeit ihr Ende fand, waren die Rudisten, jene bemerkenswerten Muscheln, die — wie im vorigen Kapitel beschrieben — hohe konische Gehäuse entwickelt und in der Riffbesiedlung den Korallen den Rang abgelaufen hatten. Als in der Unterkreide warme Temperaturen bis in hohe Breiten übergriffen, gediehen die Rudistenriffe von den flachen Gewässern des Golfs von Mexiko bis hin zu Gebieten, die heute weit vor der Küste von New Jersey liegen, wo man sie durch Bohrungen am Meeresboden zutage fördern kann. Nach Auswertungen von Erle Kauffman von der Universität von Colorado wurden die Rudisten dann etwa an der Basis des Obermaastricht dezimiert; dies zeigt sich in Gebieten mit ausgezeichnet erhaltenen Riffen, etwa auf Jamaika und in den Pyrenäen. In Regionen wie Holland, wo die Rudisten mehr oder weniger noch bis zum Ende der Kreide durchhielten, fristeten sie ein formenarmes Dasein und bildeten anstelle von richtigen Riffen nur noch kleine Hügel. Das Schrumpfen der Rudistenriffe erinnert an den wiederholten Zusammenbruch der Riffgemeinschaft während des Paläozoikum, und in Analogie dazu müssen wir annehmen, daß eine klimatische Abkühlung auch für den Niedergang der Rudisten eine Rolle gespielt hat.

Die planktonischen Foraminiferen

Im Gegensatz zu dem langsamen Sterben der Ammonoideen und weiterer mariner Gruppen steht das geologisch plötzliche Erlöschen mancher anderen Bewohner der Meereslebensräume am Ende der Kreidezeit. Bei einigen von ihnen handelte es sich um die letzten Überlebenden bereits dezimierter Gruppen, deren zeitliches Aussterbemuster also eine Kombi-

147

nation von allmählichen und plötzlichen Verlusten darstellte. Die planktonischen Foraminiferen bieten das beste Beispiel für dieses komplexe Muster. Als im Ozean schwebende Lebewesen pflegen planktonische Arten sich über weite Gebiete auszubreiten, weshalb das Erlöschen einer großen Gruppe solcher Organismen als Indiz für den Eintritt einer umfassenden Katastrophe gelten kann.

Abfolgen von Tiefseesedimenten, die die Kreide-Paläozän-Grenze überbrücken und zahlreiche fossile, auf den Meeresboden herabgesunkene Reste planktoni-

nischen Nordküste sowie Schichtfolgen bei Caravaca in der Nähe der spanischen Mittelmeerküste, in manchen Gegenden Dänemarks und bei El Kef nahe der tunesischen Küste. Die Qualität der fossilen Überlieferung des Aussterbens ist von Ort zu Ort verschieden. Bei Zumaya sind zum Beispiel fossile Foraminiferen schlecht erhalten, und in Bohrkernen aus der Tiefsee ist die Schichtung meist durch den Bohrvorgang etwas gestört. Zudem bieten einige Profile nur lückenhafte Dokumente, weil die Ablagerung ungleichmäßig erfolgte oder weil durch die Wirkung bodennaher

Vier Arten von einzelligen planktonischen Foraminiferen aus der Oberkreide.

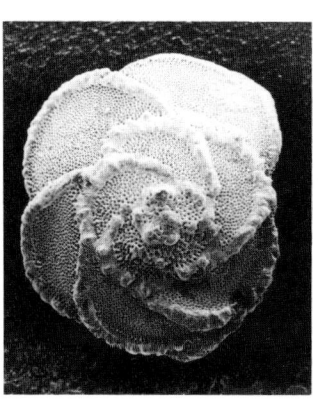   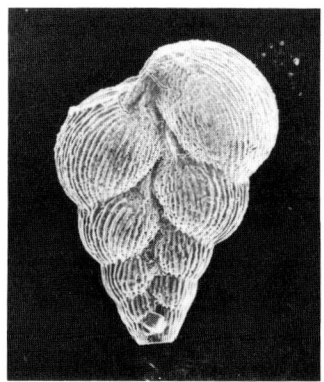

scher Lebensformen enthalten, sind in mehreren Gebieten untersucht worden. Einige dieser Grenzschichten liegen in Form von Bohrkernproben aus dem Tiefseeboden vor, andere stammen von jetzigen Festlandsregionen, die durch Gebirgsbildung gehoben oder durch eine Absenkung des Meeresspiegels freigelegt wurden. Zu den „terrestrischen" geologischen Profilen, wie wir sie einmal nennen wollen, weil sie uns heute auf dem Festland zugänglich sind, zählen die schon beschriebenen stratigraphischen Abfolgen bei Zumaya an der spa-

Meeresströmungen manchmal sogar Sedimente abgetragen wurden.

Ungefähre Vorstellungen über die Ablagerungsraten für bestimmte Tiefseeprofile bezieht man aus zwei Quellen. Erstens kann man Schätzungen der geologischen Lebensdauer fossiler Arten heranziehen, die in diesen Abfolgen vorkommen. Die in den Tiefseeablagerungen fossilisierten Planktonarten sind dabei besonders hilfreich, weil viele von ihnen sich gleich nach ihrem Erscheinen schnell über weite Ozeangebiete ausbreiteten und dann viel später plötzlich ausstarben. Zweitens lassen sich die Ablagerungsraten aus der Kenntnis der Entstehungsdauer von Schichtpaketen erschließen, die zwischen Zeiten mit normaler und inverser magnetischer Polarität (siehe Seite 39) abgelagert wurden. Altersdatierungen mit Hilfe von radioaktiven Isotopen, die oftmals weitab von den gerade interessierenden Gebieten durchgeführt werden, liefern dann die genauen Daten für das Erscheinen und Verschwinden einer bestimmten Art oder für eine bestimmte Umkehrung des Erdmagnetfeldes.

Jan Smit aus Amsterdam und A. J. T. Romein aus Utrecht haben beobachtet, daß die meisten Tiefseeprofile in dem zur Diskussion stehenden Grenzbereich eine übereinstimmende Abfolge von Sediment- und Fossilienarten aufweisen. Zuunterst befindet sich die normale Oberkreideschicht aus kalkigen Sedimenten und Fossilien; genau betrachtet sind es die Fossilien — hauptsächlich planktonische Foraminiferen und Nannoplankton —, die das Sediment kalkig machen. Die darüberliegende Schicht enthält die starke Iridiumanomalie. Diese Anomalie ist in jedem Profil aufgrund

Typische, die Kreide-Paläozän-Grenze überbrückende Schichtfolge, wie man sie in Bohrkernen vom Tiefseeboden in niedrigen geographischen Breiten antreffen kann, wo das kalkige Nannoplankton in jener Zeit überaus häufig war.

Plankton

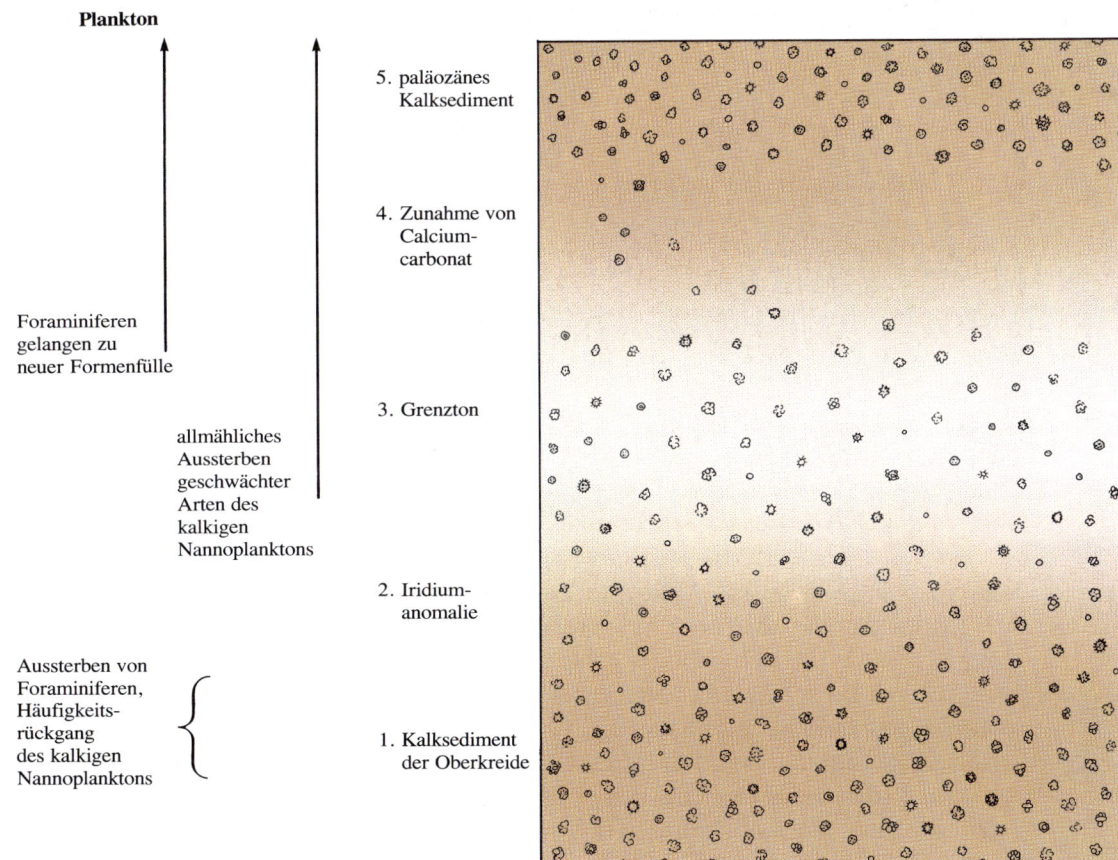

Foraminiferen gelangen zu neuer Formenfülle

allmähliches Aussterben geschwächter Arten des kalkigen Nannoplanktons

Aussterben von Foraminiferen, Häufigkeitsrückgang des kalkigen Nannoplanktons

5. paläozänes Kalksediment

4. Zunahme von Calciumcarbonat

3. Grenzton

2. Iridiumanomalie

1. Kalksediment der Oberkreide

der Grabtätigkeit von Tieren oder anderer Störprozesse vertikal über eine senkrechte Zone von mindestens 20 Zentimetern verschmiert, könnte aber anfangs durchaus auf eine Dicke von etwa einem halben Zentimeter beschränkt gewesen sein. Die Lage dieser ursprünglichen iridiumreichen Schicht ist normalerweise durch die Lage des heutigen Konzentrationsmaximums gegeben. Zusammen mit der Iridiumanomalie − und normalerweise besonders häufig auf dem Niveau der maximalen Konzentration − treten winzige runde oder hantelförmige Körner auf, die man als umgewandelte

Mikrotektiten sind kleine rundliche glasige Partikel, die wahrscheinlich entstanden, als ein außerirdisches Objekt mit solcher Kraft in die Erde einschlug, daß irdisches Material geschmolzen wurde.

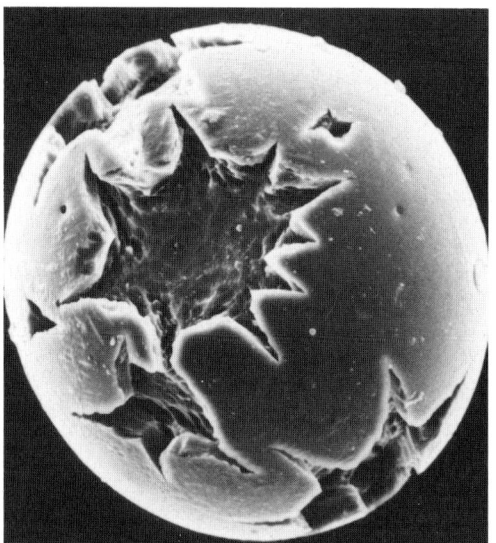

Mikrotektiten gedeutet hat. Mikrotektiten sind sandkorngroße oder noch kleinere glasige Objekte, die sich gebildet haben, als durch den Einschlag eines außerirdischen Körpers Silikatmaterial der Erdkruste zersprengt und geschmolzen wurde und sich die so entstandenen Tröpfchen dann rasch abkühlten. Die schnelle Abschreckung verhindert die

Bildung mikroskopisch sichtbarer Kristalle in den Tektiten und ruft so ihre glasige Textur hervor. Durch ihren geringen Wassergehalt unterscheiden sich Tektiten in ihrer Zusammensetzung von vulkanisch erzeugten Gläsern wie dem Obsidian. Die Kügelchen an der Kreide-Paläozän-Grenze hat man als „mikrotektitenartig" beschrieben, weil sie keine echte glasige Textur besitzen, sondern aus etwas gröberen Kristallen bestehen. Sie sind als chemisch veränderte Mikrotektiten interpretiert worden, doch die Behauptung, daß sie Produkte eines Meteoriteneinschlags sind, ist noch nicht bewiesen. Darüber hinaus haben Gerta Keller von der Universität Princeton und ihr Student W. R. Chi solche Gebilde im Profil von El Kef in Tunesien vergeblich gesucht; sie fanden statt dessen nur Pyritkügelchen (Schwefelkies; im Englischen wegen seiner Färbung gelegentlich auch *fool's gold*, Narrengold, genannt), die zweifellos von allein im Sediment entstanden. Auf jeden Fall ist aber die zweite Schicht als „Untergangsschicht" definiert worden, weil sie als Referenzhorizont für den Zeitraum gilt, in dem einer oder mehrere außerirdische Objekte in die Erde einschlugen und die Umwelt veränderten.

Als dritte Einheit in der Schichtsequenz folgt der Grenzton. Bei Tiefseeprofilen überwiegen in ihm die Tonpartikel, und Calciumcarbonate sind nur mit einem Anteil von 20 bis 40 Prozent vertreten. Die Kreidesedimente darunter enthalten dieselbe Art von Tonpartikeln, aber sie kommen dort seltener vor als die Calciumcarbonatteilchen, die sich durch Tod und Zerfall planktonischer Organismen dort absetzten. Der Grenzton geht in eine vierte Einheit über, die wiederum durch einen zunehmenden Calciumcarbonatgehalt gekennzeichnet ist, weil sie eine Zeit repräsentiert, in der die planktonischen Foraminiferen nach dem Desaster wieder zu neuer Formenvielfalt fanden. Der vierten Einheit folgt schließlich eine fünfte, die aus einer Zeit stammt, in der sich die paläozänen Foraminiferen vollends durchsetzten; abgesehen von der Faunenzusammensetzung erinnert diese Einheit stark an die erste, vor der Katastrophe abgelagerte Schicht aus der Oberkreide.

Das stratigraphische Profil von El Kef vermittelt, was die planktonischen Foraminiferen betrifft, das vollständigste Bild der Krise. Die ausgezeichnete Überlieferung beruht auf einer ungewöhnlich raschen Ablagerung, die ihrerseits wahrscheinlich auf die Nähe zum Rand des Mittelmeeres zurückzuführen ist; hier konnten sich sowohl große Mengen von abgetragenen Festlandstonen als auch zahlreiche Carbonatskelette von den üppig gedeihenden Planktongemeinschaften anhäufen. Bei El Kef ist der Grenzton mit einer Gesamtmächtigkeit von etwa einem Meter außergewöhnlich dick, und mehrere planktonische Foraminiferenarten enden ganz unvermittelt an der scharfen Trennlinie zwischen dieser Einheit und dem darunterliegenden Sediment. Früher hat man geglaubt, daß die ältesten Paläozänsedimente bei El Kef bloß eine fossile Art enthielten, die man als einziges Überbleibsel aus der Kreidezeit ansah. Obgleich diese Art bis in das Paläozän hinein überlebte, trägt sie ironischerweise

den Namen *Guembelitria cretacea*, so als ob sie irgendwie ein Symbol für die Kreide sei. Gerta Keller und ihr Schüler Steven D'Hondt untersuchten dann feinere Siebproben, als sie normalerweise von Mikropaläontologen durchmustert werden; diese vernachlässigen übereinkunftgemäß alles, was durch ein Sieb von 150 Mikrometer Maschenweite hindurchgeht. Dabei entdeckten die beiden Forscher, daß mindestens fünf weitere Arten neben *Guembelitria cretacea* den Weg in das Paläozän gefunden haben. Die Schlußkrise der Kreide war offenbar weniger ernst als früher angenommen.

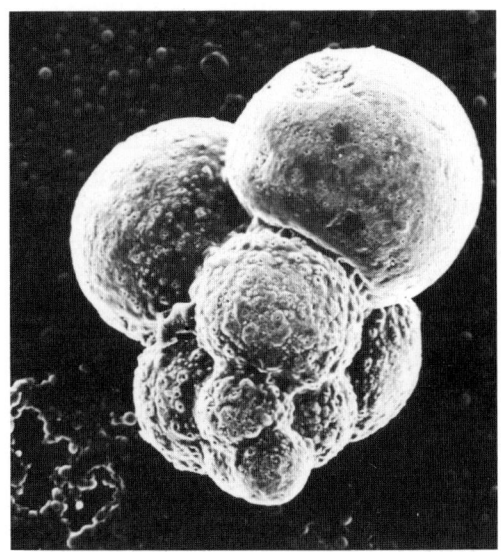

Guembelitria cretacea ist eine planktonische Foraminiferenart, die aus der Kreide bis ins Paläozän überlebt hat.

Wie sich inzwischen herausgestellt hat, brach sie alles in allem auch gar nicht so plötzlich herein. Die Einzelheiten sehen wie folgt aus: Viele planktonische Foraminiferenarten verschwinden — mit ziemlicher Sicherheit als Folge ihres Aussterbens — etwa 20 Zentimeter unterhalb der Basis des Grenztons aus der Überlieferung. *Guembelitria cretacea* ist

151

die häufigste Art des unteren Teils des Grenztons, obwohl sie in den jüngsten Kreidesedimenten darunter selten vorkommt. Diese Art scheint sich besonders gut an die Umweltbedingungen der Krisenzeit, während der sich der Grenzton abzulagern begann, angepaßt zu haben. Die anderen Arten, die bis in diese Zeit hinein überlebten, ähnelten *Guembelitria cretacea* insofern, als sie ebenfalls zu den kleinsten planktonischen Foraminiferen der jüngsten Kreidezeit gehörten. Im Grenzton sind sie, vielleicht aufgrund ungünstiger Umweltbedingungen, noch kleiner als sonst. Während der weiteren Grenztonablagerung entwickelten sich neue Arten von paläozänen planktonischen Foraminiferen. Die ersten findet man etwa 20 Zentimeter über der Basis des Grenztons. Wir haben keine Möglichkeit, die Dauer der durch diese Episoden gekennzeichneten Zeiträume genau abzuschätzen, aber aller Wahrscheinlichkeit nach lagen nur wenige tausend Jahre zwischen dem an der Basis des Grenztons festgestellten Aussterben und jenem, das im El-Kef-Profil 20 Zentimeter tiefer dokumentiert ist.

Wenn man die oberkreidezeitliche Überlieferung der planktonischen Foraminiferen aus einem größeren Gesichtswinkel betrachtet, so erkennt man, daß der Niedergang dieser Gruppe schon Millionen von Jahren vor dem Ende der Maastricht-Zeit begann, also lange vor den oben beschriebenen Untergangsepisoden. Tatsächlich haben D'Hondt und Keller gezeigt, daß das Aussterben im Maastricht schrittweise erfolgte. Das abschließende Ereignis an der Basis des Grenztons war nur der letzte dieser Schritte.

Demgegenüber wurden die Foraminiferenarten, die den Tiefseeboden besiedelten, von der kreidezeitlichen Schlußkrise nur wenig behelligt. Offensichtlich schützte sie ihr Standort tief unter der Meeresoberfläche auf irgendeine Weise vor den Wirkkräften des Untergangs. Der Rückgang der Planktonarten schon vor den plötzlichen Aussterbewellen am Schluß der Kreidezeit läßt vermuten, daß die planktonische Fauna über einen relativ langen Zeitraum Zerstörungen ausgesetzt war, die einen ganz anderen Auslöser hatten als die Schlußkrise der Kreide. Mit anderen Worten: Die abschließende Krise mag einem schon geschwächten und erschöpften Ökosystem nur noch den letzten Stoß versetzt haben.

Das Nannoplankton

Die Fossilgeschichte des kalkigen Nannoplanktons in der Übergangszeit von der Kreide zum Paläozän ist ebenfalls in Tiefseesedimenten erhalten. Daß die Häufigkeit dieser Gruppe während jenes Zeitabschnitts allgemein abnahm, zeigt sich in dem weltweiten Rückgang der Ablagerungen von Schreibkreide, einem Sediment, das hauptsächlich aus den Skelettplättchen des Nannoplanktons besteht. Es ist allerdings unklar, ob das Nannoplankton zu dieser Zeit wirklich schon einem massiven Artensterben begegnete. Steven Percival hat im Rahmen seiner Doktorarbeit an der Universität Princeton zusammen mit seinem Betreuer Alfred Fischer das Aussterbemuster eingehend untersucht. Im Zumaya-Profil in Spanien entdeckten die beiden Forscher, daß mehrere Arten, die in den jüngsten Kreidesedimenten häufig vorkommen, in dem dort verschieferten Grenzton seltener werden. Gleichwohl ist das Verteilungsmuster dieser angeschlagenen Arten von dem der Foraminiferen ganz verschieden. Die Nannoplanktonarten verschwinden nicht genau an der Basis des Grenztons; sie erstrecken sich vielmehr, in verminderter Häufigkeit, mehrere Meter weit in das paläozäne Sediment hinein. Verschiedene Arten treten dabei in unterschiedlichen Niveaus zum letzten Mal auf. Die Sedimente, in denen die gesamte Zeit des Rückgangs dokumentiert ist — sie entsprechen den Intervallen 4 und 5 in dem Schema auf Seite 149 —, verkörpern eine Million Ablagerungsjahre. Es ist heftig umstritten, ob diese Fossilüberlieferung, von der in anderen Profilen nur schwache Zerrbilder vorliegen, als zuverlässiges Zeitmaß gelten kann. Erstreckte sich der Niedergang des Nannoplanktons wirklich über eine Zeitspanne, die weit in das Paläozän hineinreicht, oder gab es einen Massenuntergang genau am Ende der Kreide und wurden die Skelettreste danach nur durch Strömungen am Meeresboden oder durch die Grabtätigkeit von Tieren im Tiefseesediment umgelagert? Möglicherweise sind die Dokumente des Aussterbens durch solche Störungen über einen großen Schichtbereich verstreut worden.

Katharina Perch-Nielsen und Judith McKenzie von der Schweizer Bundesanstalt für Technologie sowie Qiziang He aus der Volksrepublik China haben einen Test für diese beiden Hypothesen entwickelt. Er geht von der Erkenntnis aus, daß in allen darauf untersuchten Profilen das Mengenverhältnis zwischen den Kohlenstoffisotopen ^{13}C und ^{12}C in sämtlichen Fossilgruppen vom Liegenden zum Hangenden der Oberkreidegrenze erheblich abnimmt. Diese Veränderung führt man allgemein auf einen Rückgang der Photosynthese zurück, infolge dessen im oberen Bereich des Ozeans die Konzentration des leichteren Isotops anstieg. Photosynthetisch aktives Phytoplankton entzieht nämlich dem Oberflächenwasser bevorzugt das leichtere Isotop; daher verarmt nach einer langen Blütezeit, in der die Skelette des abgestorbenen Planktons auf den Tiefseeboden sinken, das Oberflächenwasser deutlich an ^{12}C.

Nun stand das Nannoplankton in der jüngsten Kreidezeit in voller Blüte, während seine Produktivität nach dem Eintritt in das Paläozän nachließ. Wären die oberhalb der Grenze gefundenen Nannoplanktonfossilien durch Strömungen und die Grabtätigkeit von Tieren aus dem Liegenden der Grenze nach oben aufgearbeitet worden, müßten sie das für die Oberkreide typische Isotopenverhältnis aufweisen. Daß sie statt dessen ein für das Paläozän charakteristisches Mengenverhältnis enthalten, beweist, daß jene Planktonorganismen tatsächlich im Paläozän gelebt haben.

Hochinteressant ist auch die Tatsache, daß ein großer Prozentsatz der Nannoplanktonfossilien aus dem ältesten Paläozän zu einigen wenigen Arten gehört, welche die Kreidezeit überlebten, ohne anschließend dezimiert zu werden oder ganz und gar zu verschwinden. Vielmehr blühten sie nach dem Massensterben plötzlich auf. Anscheinend florierten in verschiedenen Gebieten unterschiedliche Arten − vielleicht aus Zufall, aber vielleicht auch, weil sie jeweils durch unterschiedliche Umweltbedingungen begünstigt wurden. Dieses Verbreitungsmuster ist zuerst von Alfred Fischer und seinem Schüler Michael Arthur erkannt worden; letzterer fand auch heraus, daß eine der Arten, die nach der Kreidezeit so üppig gediehen, *Braarudosphaera bigelowi* war. Diese zählebige Art, die bis auf den heutigen

Braarudosphaera bigelowi ist eine Nannoplanktonart, die nicht nur die Endkrise der Kreideperiode überstand, sondern anschließend sogar eine ausgesprochene Blütezeit erlebte. Diese langlebige Art existiert noch heute.

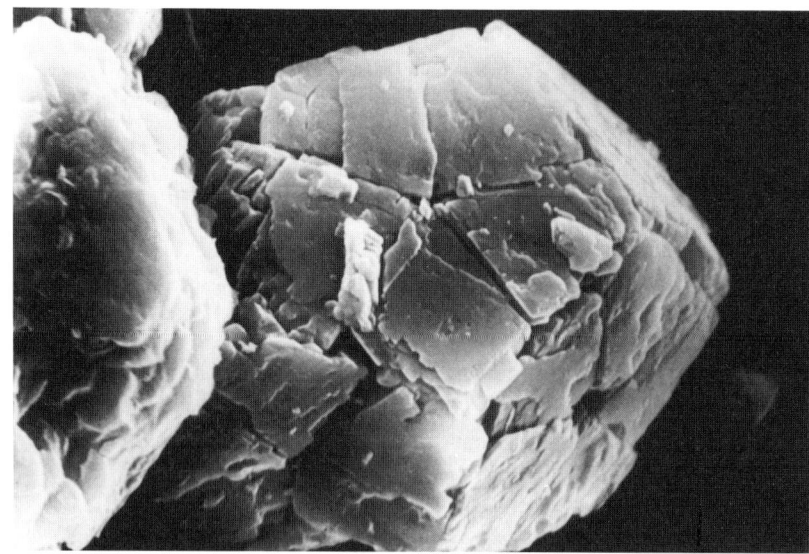

Tag überdauert hat, scheint gegenwärtig allgemein nicht so sehr im offenen Meer zu wachsen als vielmehr in Buchten und Lagunen, deren brackische Bedingungen die meisten anderen Arten ausschließen. Wie Fischer und Arthur gezeigt haben, scheinen diese und andere „Katastrophenformen" ökologische Opportunisten zu sein − Arten, die widrige

Umstände zu ertragen vermögen und dauernd in Wartestellung stehen, um die in Krisenzeiten entvölkerten Ozeane zu erobern. In der ersten Jahrmillion nach der Schlußkrise der Kreidezeit starben etliche der durch dieses Ereignis geschwächten Arten aus, aber neben die nun aufblühenden Katastrophenformen traten nach und nach neu entstandene Arten, und allmählich übernahmen erstere wieder ihre normalen, unauffälligeren Rollen.

Plankton und Klima

Mehrere Veränderungen im Plankton am Ende der Kreidezeit enthüllen ein räumliches Muster, wie es auch bei so vielen anderen Organismengruppen zu beobachten ist: ein Erlöschen vornehmlich von tropischen Arten. Während das wärmeliebende kalkige Nannoplankton schwere Verluste erlitt, wurden die Dinoflagellaten, die überwiegend höhere Breiten besiedelten, nur wenig betroffen. Ein genaueres Bild davon, wie der Klimawechsel die Planktonformen vor, während und nach der Schlußkrise verändert hat, liefern uns das El-Kef-Profil und ein äquatornaher Tiefseefundort im Zentralpazifik. Letzterer ist als Deep Sea Drilling Project Hole 577 katalogisiert und von Jennifer Gerstal und Robert Thunell von der Universität von South Carolina sowie James Zachos und Michael Arthur von der Universität von Rhode Island bearbeitet worden. Genau wie Gerta Keller bei der Auswertung des El-Kef-Profils entdeckten auch diese Forscher Hinweise dafür, daß schon vor der Zeit der Schlußkrise größere Umweltveränderungen einsetzten. Zunächst bestätigten sie eine schon früher erkannte Tatsache: daß es nämlich die am einfachsten gebauten planktonischen Foraminiferenarten, die sogenannten Globigerinenformen, waren, die sowohl die Kreidekrise als auch spätere Krisen überstanden. Richard Cifelli von der Smithsonian Institution hatte darauf schon 1969 hingewiesen − und zugleich den gegenteiligen Aspekt aufgezeigt: Arten mit reichverzierten Skeletten wurden in den Massenuntergängen vernichtet. Ein wichtiger Aspekt dieses Aussterbemusters ist die Tatsache, daß Arten mit Globigerinengestalt gewöhnlich an kühle Gewässer oder an ein breites Spektrum von Wassertemperaturen angepaßt sind. *Guembelitria cretacea* beispielsweise war weltweit verbreitet, muß also eine große Temperaturtoleranz besessen haben. Arten mit verzierten Skeletten sind in heutigen Ozeanen meist auf tropische Regionen beschränkt, und alle Arten dieses Formenkreises gingen in den Aussterbeepisoden der Kreide zugrunde. Das Muster des Aussterbens läßt also vermuten, daß der klimatischen Abkühlung dabei eine Hauptrolle zukam.

Die Kerne der Bohrung 577 enthüllten auch interessante zeitliche Abfolgen. Zunächst einmal steigert sich in einem Niveau, das schätzungsweise der Zeit von 50000 Jahren vor dem Ende der Kreidezeit entspricht, plötzlich die Qualität der Erhaltung. Anscheinend spiegelt sich hier ein bedeutsamer Wechsel in den physikalisch-chemischen Bedingungen der Tiefsee wider. Die Überlieferung zeigt dann weiter, daß 20000 Jahre später die relative Häufigkeit der Glo-botruncanidae, einer Familie, die fast ausschließlich in den Tropen verbreitet war, deutlich abnahm. Gleichzeitig legten die Heterohelicidae zu, die wohl eher gemäßigte Zonen bevorzugten. Noch später, etwa 15000 Jahre vor dem Grenzereignis, wanderte die Gattung *Hedbergella*, die vorher auf die kalten Gewässer hoher Breiten beschränkt gewesen war, in das äquatornahe Gebiet um Bohrung 577 ein. Alle diese Veränderungen ereigneten sich zu früh, als daß man sie dem Aufprall eines außerirdischen Objekts am Schluß der Kreidezeit zuschreiben könnte. Zu klären bleibt außerdem noch der schon erwähnte reduzierte Anteil von ^{13}C in den oberflächennahen Gewässern. Seine an der Grenzschicht einsetzende Abnahme läßt sich noch einer verminderten Produktivität des Planktons zuschreiben, doch das Kohlenstoffisotop ^{13}C und wohl auch die Planktonproduktivität blieben dann mehrere hunderttausend Jahre lang auf niedrigem Niveau. Dies ist mit dem Einschlag eines außerirdischen Objekts kaum zu erklären. Viel einleuchtender wäre die Annahme einer langen Phase gesenkter Temperaturen. Das in Bohrung 577 beobachtete Muster läßt vermuten, daß hier ein klimatischer Trend, der längst im Gange war, durch einen Abkühlungsschub noch verstärkt wurde. Wenn dieses Szenario richtig ist, könnten ein oder mehrere außerirdisch bedingte Ereignissse einer lang andauernden Zerstörungsphase den letzten Impuls gegeben haben. Wie die kürzlich von Gerta Keller und W. R. Chi entdeckte Aussterbewelle wenige tausend Jahre vor der Endkrise in dieses Bild hineinpaßt, bleibt noch zu klären.

155

Plötzliches Aussterben auf dem Meeresboden

Im Gegensatz zu dem allmählichen Verschwinden mancher Gruppen, die den Meeresboden der Oberkreide besiedelten, fanden viele Arten am Schluß dieser Periode ein plötzliches Ende. Ein solches katastrophenartiges Aussterbemuster kann nur innerhalb eines begrenzten Gebiets dokumentiert sein, in dem die Gesteinsurkunden nahezu vollständig sind und an der Kreide-Paläozän-Grenze keine größere Schichtlücke aufweisen. Leider gibt es nur sehr wenige Regionen mit einer derart hervorragenden Überlieferung für diesen kritischen Zeitabschnitt.

Der rapide Rückgang der Muscheln und Brachiopoden am Schluß der Kreidezeit könnte mit der plötzlichen Dezimierung des Phytoplanktons zusammenhängen, und nach Ansicht mancher Wissenschaftler spricht das Schicksal dieser beiden Gruppen für die Vorstellung, der Aufprall eines außerirdischen Körpers sei hier verantwortlich gewesen. Die Region, die zuerst auf die Möglichkeit eines plötzlichen Aussterbens aufmerksam machte, liegt in Dänemark. Obwohl sich die meisten Kreideablagerungen des Maastricht in relativ tiefem Wasser an-

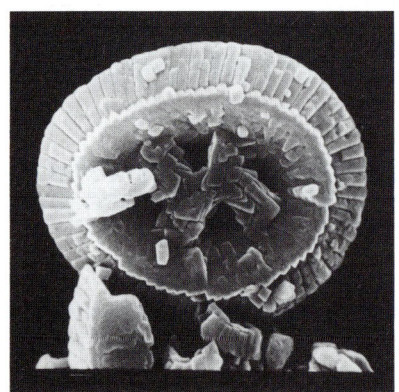
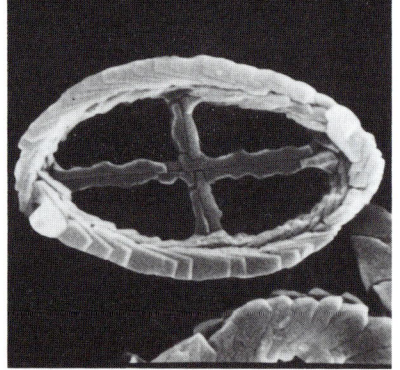
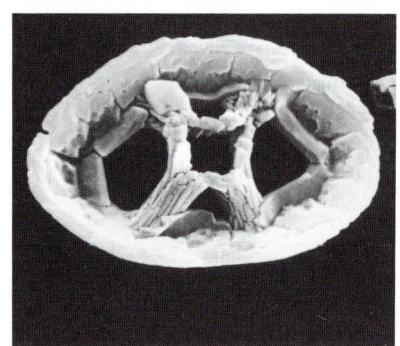
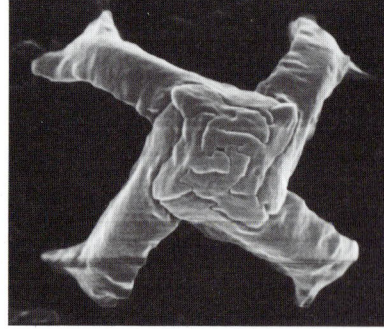

Das Bild ganz oben zeigt Stevns Klint, ein Kreidekliff in Dänemark. Der sogenannte Fischton (Fish Clay), der in diesem Gebiet die Grenztonschicht bildet, liegt etwa auf halber Höhe. Die rasterelektronenmikroskopischen Aufnahmen ganz unten zeigen Nannofossilienarten, die für die Oberkreidesedimente unterhalb der Grenzschicht charakteristisch sind. Auf den beiden ähnlichen Bildern darüber sieht man Arten aus Paläozänsedimenten oberhalb der Grenze.

gehäuft haben, wurden sie an dem berühmten dänischen Fundort Stevns Klint im Flachwasser abgelagert — am Rand eines Sedimentationsbeckens, das sich als Schelfmeer vom Atlantik nach Osten erstreckte. Stevns Klint ist ein wunderbar aufgeschlossenes Küstenkliff etwa 40 Kilometer südlich von Kopenhagen. Die weiße Kreide dort enthält eine reiche Fauna von Bryozoen, die im Laufe vieler Generationen niedrige Hügel auf dem Meeresboden aufbauten. Über der Kreide folgt eine dunkle Schichtserie, die unter dem Namen Fish Clay („Fischton") bekannt ist, weil sie fossile Fischzähne und -schuppen enthält. Eingehende Untersuchungen Alan Ekdales (Universität von Utah) und seines dänischen Mitarbeiters Richard Bromley haben ergeben, daß der Fischton durch die Auflösung von Calciumcarbonat geschrumpft (kondensiert) ist. Obwohl sein Fossilinhalt durch die Schrumpfung stark vermindert ist, zeigt er das paläozäne Alter dieser Einheit an. Außerdem enthält der Fischton eine deutliche Iridiumanomalie. Diese Merkmale machen die Interpretation problematisch. Vielleicht ist das Iridium der obersten Kreidezeit zuzuordnen und erst nachträglich durch die Kondensation des Schichtprofils und aufgrund seiner Mobilität mit den paläozänen Fossilien zusammengekommen. Jedenfalls legt der Nachweis, daß die jüngsten Maastricht-Sedimente im Kondensat des unteren Fischtons verschwunden sind, nahe, daß der scheinbar so plötzliche Ausfall mehrerer Arten von Invertebraten (Wirbellosen) an dessen Basis nicht unbedingt einem auch geologisch abrupten Abgang entsprechen muß.

Eine der Tiergruppen, die im Gebiet von Dänemark wahrscheinlich wirklich ziemlich plötzlich ausstarben, als die Kreideablagerung endete (die allerdings später im Paläozän wieder einsetzte), waren die kleinen Brachiopoden. Die dänischen Forscher Finn Surlyk und Marianne Johansen haben die Geschichte der Brachiopoden eingehend untersucht. Obwohl diese Tiere in der Kreidezeit weltweit nicht länger die alte Formenvielfalt aufwiesen, war der Meeresboden, auf dem sich die Kreide ablagerte, von vielen Brachiopodenarten besiedelt, die ausgewachsen nur wenige Millimeter

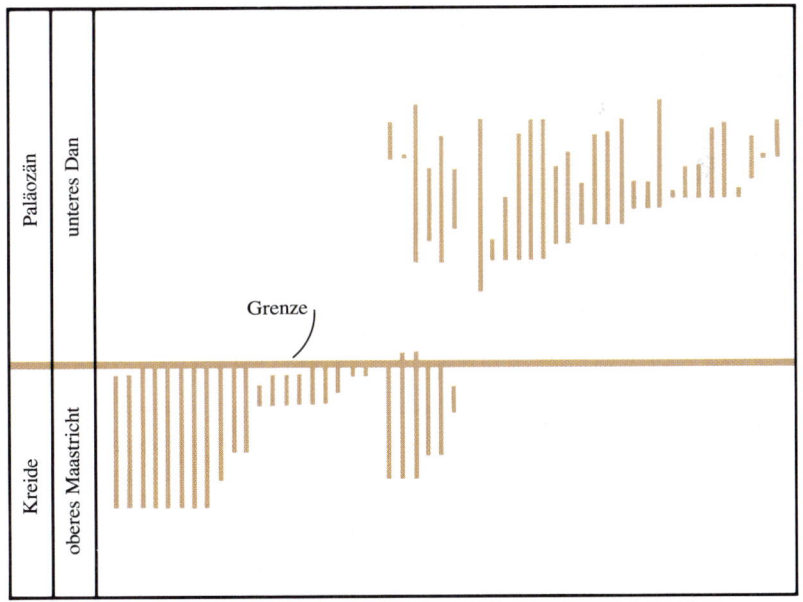

Die vertikalen Balken geben die stratigraphischen Reichweiten von Brachiopodenarten aus den Schreibkreideablagerungen von Dänemark wieder. Viele Arten verschwanden direkt an der Kreide-Paläozän-Grenze; vielleicht verstopfte der Ton, in dem sie infolge der nachlassenden Kreidesedimentation leben mußten, ihre Filterapparate. Nur wenige Arten tauchten im Unterpaläozän wieder auf, in dem sich etliche neue Arten entwickelten.

groß waren. Die meisten von ihnen verankerten sich zu Lebzeiten mit einem Pediculum – dem bei der Mehrzahl der Brachiopoden entwickelten fleischigen Stiel – an den Hartteilen des Untergrundes. Die fossile Überlieferung dieser Tiere ist bemerkenswert gut. Ihre Schalen widerstanden in den Kreidesedimenten der Zerstörung, und man kann sie durch wiederholtes Tränken der Kreide in Salzlösung und Gefrieren isolieren.

Um dem Schicksal der Brachiopodenarten auf die Spur zu kommen, konzentrierten Surlyk und Johansen ihre Arbeit auf das Nye-Klov-Profil in Nordwestdänemark. In diesem Vorkommen häufte sich die Kreide in einem tieferen Ablagerungsbereich als in Stevns Klint an, und es gibt hier nicht dieselbe kondensierte Schichtfolge wie im dortigen Fischton. Die Grenze ist vielmehr durch einen Wechsel von reiner Kreide zu Mergel gekennzeichnet, einer Mischung aus Ton und Kreide; dieser Mergel ist von einer Unzahl abgeflachter kleiner Grabbauten durchlöchert. Ungefähr in diesem Niveau endet für etwa 20 der 26 Brachiopodenarten des Obermaastricht die vertikale Reichweite. Die sechs übrigen Arten verschwinden hier zwar ebenfalls aus der Überlieferung, aber nicht auf Dauer. Eine nach der anderen erscheint ein paar Meter höher im Profil wieder, und zwar in einem Abschnitt, in dem der Mergel erneut von Kreide abgelöst wird. Das anfängliche Verschwinden der Schreibkreide spiegelt wohl eine reduzierte Produktivität des kalkigen Nannoplanktons während der Oberkreidekrise wider und ihre Rückkehr eine partielle Erholung. Die Brachiopoden waren anscheinend unfähig, mit dem mergeligen Untergrund fertig zu werden – vielleicht verstopften die Tonpartikel ihre Filterapparate –, und sie traten so lange nicht mehr in dem Gebiet auf, wie die Kreideablagerung aussetzte. Als sie schließlich den Meeresboden wieder besiedeln konnten, hatten nur noch sechs der ursprünglichen Arten überlebt. Möglicherweise waren alle übrigen Arten genau dann ausgestorben, als die Kreideablagerung aufhörte, also in der allerletzten Phase der Kreidezeit, doch vielleicht lebten einige von ihnen auch noch eine Zeitlang weiter – eventuell in derselben unbekannten Gegend, die den sechs später wieder auftauchenden Arten als Zufluchtsort diente.

Eine reichere Auswahl an plötzlich ausgestorbenen Arten bieten die Profile am Brazos River in Texas. Aufgrund der relativ kontinuierlichen Ablagerung und der guten Erhaltungsqualität vermochten Thor Hansen von der Western Washington University sowie Studenten von der Universität von Texas dort charakteristische biotische Veränderungsmuster bei den marinen Invertebraten zu entdecken. Eine ihrer grundlegenden Schlußfolgerungen lautet, daß die Tiere, die auf planktonische Organismen als Nahrung angewiesen waren, plötzlich ausstarben, als am Schluß der Kreidezeit die Planktongemeinschaft jäh zusammenbrach. Zum Brazos-River-Profil gehören Aufschlüsse an den Ufern wie auch im Bett des Flusses. Die Sedimente dort lagerten sich in einer Tiefe von einigen zehn Metern auf dem Kontinentalschelf ab, als der Meeresspiegel höher stand als heute und sich das Flachmeer im Bereich des jetzigen Golfs von Mexiko über Teile von Texas ausbreitete. An der Basis des Oberkreideprofils befinden sich hier Tone, die sich unter relativ ruhigen Bedingungen absetzten. Sie enthalten eine reiche fossile Molluskenfauna mit Herzmuscheln, Austern und gebogenen Formen, die sich von heutigen Muscheln dieser Gruppen nur wenig unterscheiden, sowie Schnecken, die ebenfalls an heute lebende Formen erinnern. Es kommen nur noch zwei Ammonoideengattungen vor, und zwar *Baculites*, eine Form mit gestrecktem Gehäuse, und *Scaphites* mit einem locker aufge-

weil viele der Molluskenfossilien als solche eine vertikale Ausdehnung von einem oder zwei Zentimetern haben, wenn sie im Sediment liegen. Im selben engen Abschnitt steigt der Iridiumgehalt im Sediment merklich an, und man findet zahllose Vertreter des kalkigen Nannoplanktons, die den Gattungen der „Katastrophenflora" angehören wie *Braarudosphaera* und *Thoracosphaera*; diese blühten hier offensichtlich wie überall in den Weltmeeren auf, als die Endkrise der Kreidezeit hereinbrach. Während etliche Schnecken- und Muschelarten die Krise überlebten, rettete sich kein einzi-

rollten Gehäuse. Begleitet werden diese Mollusken von einer großen Vielfalt planktonischer Foraminiferen und Arten des kalkigen Nannoplanktons.

In einem schmalen, ungefähr drei Zentimeter dicken stratigraphischen Abschnitt direkt an der Kreide-Paläozän-Grenze verarmt diese Fauna, sowohl an Individuen als auch an Arten. Die exakte Mächtigkeit dieser Lage ist unwichtig,

Zwei Ammonoideenarten, die bis oder fast bis zum Ende der Kreidezeit überlebten. Im Bild rechts ist bei einer gestreckten Form der Gattung *Baculites* ein Teil der äußeren Gehäusewand abgewittert, wodurch die gefältete Gestalt der Ränder der Kammerscheidewände sichtbar wird. Die eingerollte Form im linken Bild gehört zur Gattung *Scaphites*.

159

ger Ammonit in das Paläozän hinüber. Die letzten Bruchstücke von *Baculites*, die vielleicht durch Wellen und grabende Tiere aus wenige Zentimeter tiefer liegenden Sedimenten umgelagert worden sind, erscheinen zwei oder drei Zentimeter über jener Drei-Zentimeter-Schicht, die der Leithorizont für das Massenaussterben zu sein scheint. Mit Sicherheit gehörten diese Ammonoideen zu den allerletzten auf der Erde.

In den zehn Zentimetern unter diesem dünnen Leithorizont ist die Fauna verarmt. Vorherrschende Formen sind kleine Muschelarten, die Sediment aufnahmen und ihm organisches Material entzogen. Hansen und seine Mitarbeiter haben festgestellt, daß in den Nachwehen der Krise ein Mangel an Filtrierern bestand, also an Tieren, die Phytoplankton und organische Abfälle aus dem Wasser sieben. Die Forscher vertreten die Hypothese, daß zumindest für kurze Zeit nach der Oberkreidekrise den Meeren das Phytoplankton fehlte, weil jene Katastrophe das Nannoplankton und vielleicht auch andere Gruppen von schwebenden Algen schwer angeschlagen hatte. Die gleiche Hypothese haben auch Michael Arthur und James Zachos von der Universität von Rhode Island in Zusammenarbeit mit Douglas Jones vom Florida State Museum vorgebracht. Sie stützen sich zum Teil auf Analysen der Kohlenstoffisotopenverhältnisse, wonach die Produktivität des Planktons in der Übergangszeit von der Kreide zum Tertiär jäh gedrosselt wurde.

Es ist bemerkenswert, daß — trotz des Rückgangs der Produktivität — nur wenige Nannoplanktonarten in Texas, sowie auch in Dänemark und Spanien, eine Fossilüberlieferung aufweisen, die genau an der Kreide-Paläozän-Grenze endet. Viele werden in diesem Niveau zwar selten, setzen sich aber noch ein paar Meter weiter nach oben fort. Ming-Jung Jiang und Stefan Gartner von der Texas A & M University, die dieses Verbreitungsmuster dokumentiert haben, vertreten die Ansicht, die Fossilien seien nach oben umgelagert worden, nachdem die entsprechenden Arten ausgestorben waren. Im Widerspruch zu dieser Vorstellung steht der schon erwähnte und in mehreren Gebieten erbrachte Nachweis, daß die in den Paläozänsedimenten gefundenen Individuen auch wirklich in den Paläozänmeeren gelebt haben müssen, da sie eine niedrige ^{13}C-Konzentration aufweisen, die wohl die Isotopenzusammensetzung im flachen Wasser der Paläozänmeere widerspiegelt.

Die Vorstellung von einem plötzlichen Aussterben in Texas wird auch dadurch problematisch, daß in dem stratigraphischen Abschnitt unter dem Krisenhorizont nur so wenige Ammonoideenarten vorkommen. Tatsächlich gibt es in der ganzen Welt nicht einmal 20 Gattungen von Obermaastricht-Alter, und viele von ihnen bestehen bloß aus einer Art. Aus Schichten des Untermaastricht sind ungefähr doppelt so viele Gattungen bekannt, und aus den älteren Stufen der Kreide ist eine noch weitaus größere Vielfalt beschrieben. Mit anderen Worten: Der Abgang der Ammonoideen scheint sich als langanhaltender Rückzug über mehrere Millionen Jahre er-

WIE DAS MESOZOIKUM ZU ENDE GING

streckt zu haben, ehe dann am Ende der Kreidezeit auch die kleine Schar von überlebenden Arten endgültig ausstarb. Damit ist das Aussterbemuster der Ammonoideen ein Musterbeispiel für das des marinen Lebens überhaupt. Große Verluste in der Maastricht-Zeit erschöpften das Ökosystem, bevor ganz zum Schluß eine plötzlich hereinbrechende Aussterbewelle den Massenuntergang seinem Höhepunkt zuführte.

Der Wandel auf dem Festland: Das Zeugnis der Pflanzen

Die im vorigen Kapitel vorgelegten Informationen über die Dinosaurier sollten die altehrwürdige, aber falsche Meinung widerlegt haben, daß diese Tiere ausstarben, weil sie irgendwie aus der Mode kamen. Ihre Fähigkeiten stellten diese faszinierenden Lebewesen unter Beweis, als sie ihre Vorherrschaft im Ökosystem des Festlandes gegenüber den Säugetieren und säugerähnlichen Reptilien behaupteten. Massenuntergänge bedeuten eine nicht bewältigte Anpassung an drastische Umweltveränderungen, nicht aber die Unfähigkeit, unter normalen Bedingungen zu gedeihen. Wenn wir feststellen, daß die Dinosaurier mehr als hundert Millionen Jahre lang in Blüte standen und lediglich in einer weit kürzeren biotischen Katastrophe versagten (zusammen mit vielen anderen Lebensformen), müssen wir ihrem leidenschaftlichen Verteidiger Robert Bakker recht geben, daß diese Tiere — gemessen an den heutigen Säugetieren — ökologisch ausgezeichnet angepaßt waren. Um die Frage anzugehen, was

denn nun das Schicksal der Dinosaurier wendete, ist es sinnvoll, zuerst das Los der Landpflanzen zu betrachten — nicht nur, weil sie die Grundlage für das Nahrungsnetz der Dinosaurier bildeten, sondern auch, weil ihre Geschichte wichtige Hinweise auf die Art des Umweltwandels in der Übergangszeit von der Kreide zum Paläozän liefert.

Oben: *Albertosaurus*, ein riesiger fleischfressender Dinosaurier der Oberkreide, jagt einen jungen Schnabeldrachen. *Albertosaurus* war einer der letzten Dinosaurier. Unten: *Monoclonius*, eine weitere Gattung von Dinosauriern der Oberkreide. Diese gehörnten Tiere waren Pflanzenfresser.

161

Die höheren Landpflanzen erlitten im Verlaufe der Oberkreidekrise entsprechend ihrer Tendenz im gesamten Phanerozoikum nur mäßige Verluste. Die größten Aussterberaten scheint es in dem als *Aquilapollenites*-Florenprovinz bezeichneten Gebiet gegeben zu haben. Diese nach einer dort vorherrschenden Blütenpflanzengattung benannte Provinz erstreckte sich von Nordasien über Sibirien bis zu den westlichen Vereinigten Staaten. In Nordamerika fiel die *Aquilapollenites*-Provinz im wesentlichen mit der langgestreckten Landmasse westlich jener großen schmalen Meeresstraße zusammen, die sich vom Golf von Mexiko bis zum Nordmeer am Rand von Alaska hinzog. Den Kamm dieser langen Landfläche bildete eine aktive Gebirgskette, zu deren Gipfeln auch die Vorläufer der heutigen Rocky Mountains gehörten.

Dieses Gebiet ist für die Erforschung der Kreidedinosaurier besonders wertvoll, da es die ergiebigsten Faunen geliefert hat. Tatsächlich war hier die taxonomische Vielfalt der Dinosaurier vor ihrem endgültigen Ableben in der Oberkreide größer als irgendwo sonst zu irgendeiner anderen Zeit. Die Tiere lebten in Marschlandgebieten entlang der großen inneramerikanischen Meeresstraße sowie weiter westlich in den Ebenen am Rand der Gebirgskette. In mäßiger Anzahl sind oberkreidezeitliche Dinosaurierfossilien aus solchen Lebensräumen in New Mexico geborgen worden, aber am häufigsten gibt es sie in Wyoming, Montana und Alberta.

Die Floren dieser sogenannten westlichen Binnenregion unterlagen direkt an der Kreide-Paläozän-Grenze einer plötzlichen Veränderung, die man als Indiz für eine klimatische Abkühlung gewertet hat. Es geschah folgendes: Die jüngste Kreideflora, die vorwiegend aus Samenpflanzen bestand (Angiospermen und Koniferen), machte abrupt einer von Farnen beherrschten Flora Platz. Diesen Wechsel hat man besonders eingehend im Raton Basin im nördlichen New Mexico untersucht, wo die Iridiumanomalie in einem Grenzton liegt, dessen Dicke zwischen einem und drei Zentimetern schwankt und der von einer dünnen Kohlenschicht überlagert ist.

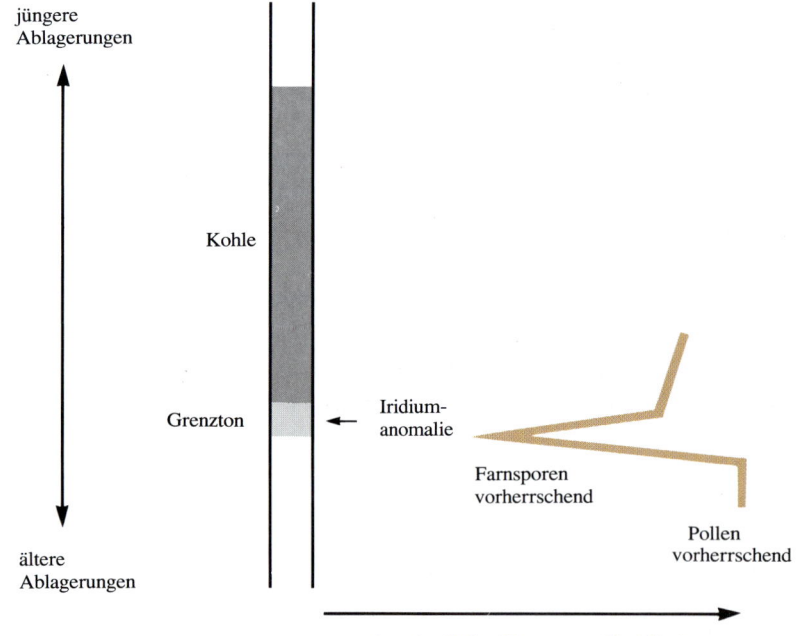

Diese Graphik zeigt die plötzliche, zeitlich begrenzte Zunahme von Farnsporen gegenüber den Pollen von Samenpflanzen im Bereich der Iridiumanomalie im nördlichen New Mexico.

Diese Ablagerungen sowie die darunterliegenden schlammigen und sandigen Sedimente wurden in einem Süßwassersumpf abgesetzt. Am Dach des Grenztons verschwinden unvermittelt vier Typen von Pollen, und dieser Abgang, der ein endgültiges Aussterben darstellte (jene Pollentypen traten nie wieder auf), ist lange als Markstein für das Ende der Kreidezeit angesehen worden. Begleitet wurde der Untergang von einem bemerkenswerten Wandel in der Häufigkeitsverteilung der Floren. Unterhalb des Grenztondaches enthalten Horizonte mit pflanzlichen Mikrofossilien nur 15 bis 30 Prozent mehr Farnsporen als Pollenkörner von Samenpflanzen, darüber sind etwa 99 Prozent der Mikrofossilien Farnsporen. Zehn bis fünfzehn Zentimeter über der Grenze erreichen dann die Pollenkörner wieder ihren ursprünglichen, viel höheren Prozentsatz. Dieser Wechsel zeigt folglich ein kurzes Zwischenspiel an, in dem die Häufigkeit der höheren Pflanzen stark zurückging und Farne eine Weile das Landschaftsbild beherrschten, ehe sich erstere wieder erholten. Dieselbe kurzfristige ökologische Explosion der Farne ist in den Sedimentschichten weiter nördlich im Westen der Vereinigten Staaten und in Kanada dokumentiert. Sie erinnert an die „opportunistische" Ausbreitung von Farnen über die karge Oberfläche eines neuen Vulkans in der heutigen Zeit. Farne sind gute Pioniere, machen aber mit der Zeit den höheren Pflanzen Platz, die sich im Kampf um Raum, Licht und Nahrung als überlegene Konkurrenten erweisen. Natürlich erschien es angebracht, den plötzlichen Florenwechsel mit jener wie auch immer gearteten Katastrophe in Beziehung zu setzen, die auch die Iridiumanomalie hervorgerufen hatte.

Jack Wolfe und Garland Upchurch vom U.S. Geological Survey haben die Wiederherstellung der Flora nach dem „Farn-Ereignis" im Raton Basin ausführlich dokumentiert. Über dem Gestein mit dem hohen Farnsporengehalt liegt ein Abschnitt von etwa zehn Metern Dicke, in dem Fossilien von höheren Pflanzen zwar vorhanden, aber wenig vielfältig sind; es handelt sich dabei um solche Pflanzensorten, die sehr rasch Gebiete mit geringer Vegetation wie Flußufer und durch Waldbrände bloßgelegte Flächen wiederbesiedeln. Wie lange diese Flora vorherrschte, läßt sich nicht genau abschätzen, aber es war zweifellos nur ein kurzer geologischer Zeitabschnitt. Anschließend erschien eine reichere Flora, und dann eine noch reichere, die einen Regenwald bildete.

Wie Wolfe und Upchurch festgestellt haben, verlief das abrupte Aussterben vor dem „Farn-Ereignis" im Süden viel dramatischer als im Norden. In New Mexico fielen ihm etwa drei Viertel der Arten zum Opfer, in Wyoming ungefähr die Hälfte und in Zentral-Alberta vielleicht ein Viertel. Diese Abhängigkeit der Aussterberaten von der geographischen Breite legt eine klimatische Ursache für die Krise nahe, denn die tropische, weniger anpassungsfähige Oberkreideflora von New Mexico dürfte für eine Abkühlung anfälliger gewesen sein als die gemäßigte Flora weiter im Norden. Viele Jahre lang ist die Fossilüberlieferung der Blätter und Pollen in Wyoming und

163

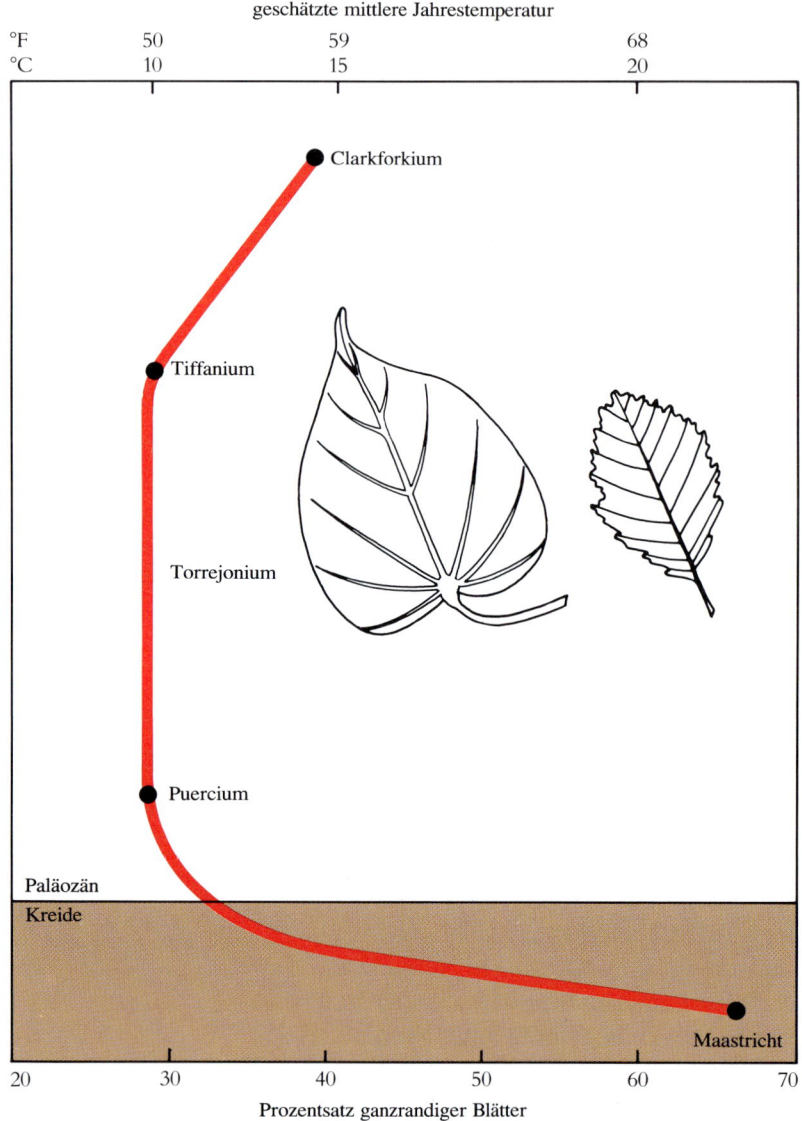

geschätzte mittlere Jahrestemperatur

Diese Graphik zeigt die prozentuale Abnahme von Angiospermenblättern mit glatten Rändern während der Übergangszeit von der Kreide zum Paläozän in Wyoming.

benachbarten Gegenden tatsächlich als Zeuge einer Abkühlung von einem subtropischen Klima in der Maastricht-Zeit zu einem gemäßigten Klima im Paläozän interpretiert worden. Kürzlich hat nun Leo Hickey von der Yale-Universität mittels einer Analyse von Blatträndern eine stärker quantitative Auswertung vorgenommen. Jack Wolfe, der diese Technik noch verfeinerte, hat gezeigt, daß in den modernen Floren des asiatischen Kontinents, der sich über einen weiten Breitenbereich erstreckt, der Prozentsatz an Blütenpflanzen mit ganzrandigen Blättern linear mit der mittleren Jahrestemperatur zunimmt. Ganzrandig bedeutet einfach glatt — im Gegensatz zu den gezackten oder sägezahnartigen Rändern, wie sie für die Blätter von Eiche, Ahorn und Ulme kennzeichnend sind. Hickey hat ermittelt, daß im Grenzgebiet zwischen Wyoming und Montana der Anteil der Arten mit ganzrandigen Blättern während des Übergangs von der Kreide zum Paläozän von etwa 65 Prozent auf 40 Prozent abnahm, was einem Rückgang der mittleren Jahrestemperatur von ungefähr 20 Grad Celsius auf etwas über zehn Grad entsprechen würde. Man braucht nicht zu betonen, daß dies eine ganz beachtliche Klimaverschlechterung wäre. Überdies blieb die neue Flora, zu der viele Laubbäume gehörten, die denen der heutigen Wälder in der gemäßigten Zone ähnelten, im Paläozän mehrere Millionen Jahre erhalten.

Trotz dieser zahlreichen allgemeinen Belege bleiben die Einzelheiten der Abkühlung in Nordamerika am Schluß der Kreidezeit widersprüchlich. Hickey hat die Blattranddaten für Wyoming als

Richtwerte aufgefaßt, und seiner Ansicht nach bedeutet die Existenz von Floren mit relativ wenigen Arten mit ganzrandigen Blättern bis weit ins Paläozän hinein, daß die Temperaturen ein paar Millionen Jahre lang niedrig blieben. Wolfe und Upchurch haben dagegen angenommen, daß zwar die Temperaturen rasch wieder auf die Werte der Maastricht-Zeit anstiegen, daß sich aber die Floren nicht so schnell erholen konnten. Sie begründen ihre Behauptung zum Teil mit den in paläozänen Sedimenten gefundenen Fossilien von Tieren wie Alligatoren und Schildkröten, die an warme Temperaturen angepaßt waren. Howard Hutchinson von der Universität von Kalifornien in Berkeley hat allerdings angemerkt, daß große Reptilien kalte Winter wesentlich schlechter ertragen können als kleine und daß die einzige große kreidezeitliche Schildkrötenart der Region um Wyoming in der Krise ausstarb. Wolfe und Upchurch vertreten die ziemlich unorthodoxe Ansicht, daß es den Floren von Wyoming − obwohl sich das Klima nach einer kurzen Abkühlungswelle wieder verbesserte − mehrere Millionen Jahre lang nicht gelang, durch die Entwicklung neuer immergrüner Arten oder die Einwanderung solcher Pflanzen aus anderen Gebieten ihre alte Stellung zurückzuerobern.

Vielleicht trifft hier ein Kompromiß das Richtige. Es scheint vernünftig anzunehmen, daß das kühle Klima in Wyoming bis in das Paläozän hinein andauerte, wie es die Floren dieser Zeit bezeugen. Andererseits dürfte sich das Klima wohl niemals so sehr abgekühlt haben, wie es aufgrund der Blattrandanalysen zu vermuten war. Für viele Reptilien blieb es warm genug, um bis zum und im gesamten Paläozän zu überleben.

Der Sturz der Dinosaurier

Es ist interessant festzustellen, daß die Geschichte der Landpflanzen im westlichen Nordamerika ein den biotischen Veränderungen im Weltmeer analoges Bild zeigt: Beide Male wurde eine langanhaltende Umformung des Ökosystems durch einen Schub mit einem plötzlicheren Wandel unterbrochen. Dasselbe zeitliche Muster ist für die letzten Dinosaurier zu beobachten, und auch ihr Schicksal läßt sich am besten in Nordamerika im Gebiet westlich der großen inneramerikanischen Meeresstraße untersuchen, wo ihre Fossilüberlieferung, wie schon erwähnt, ungewöhnlich gut ist.

Neuere Daten von Fundorten in Montana könnten für unser Verständnis des endgültigen Aussterbens der Dinosaurier von enormer Bedeutung sein. Eine Gruppe von Forschern hat diese und andere, im Laufe langjähriger Feldarbeit in Montana und Süd-Alberta zusammengetragene Erkenntnisse interpretiert: nämlich Robert Sloan von der Universität von Minnesota, Keith Rigby von der Universität Notre Dame, Leigh van Valen von der Universität Chicago und Diane Gabriel vom Milwaukee Public Museum. Diese Wissenschaftler haben eine Abnahme der Dinosauriervielfalt und -häufigkeit dokumentiert, die sich über etwa sechs Millionen Jahre hinzog. Die größte Vielfalt kommt dabei einer Fauna mit etwa 30 Gattungen zu, die vor

76 bis 73 Millionen Jahren, also bis kurz vor den Beginn der Maastricht-Zeit, lebte; tatsächlich scheint sie die formenreichste Dinosaurierfauna aller Zeiten gewesen zu sein. Da die meisten Dinosauriergattungen nur eine Art umfassen, entsprechen diese und die folgenden Gattungszahlen ungefähr den Artenzahlen. Zwei Faunen, die als etwa 70 und 69 Millionen Jahre alt datiert worden sind, enthalten 23 beziehungsweise 22 Gattungen. Die höchsten 16 Meter der Hell-Creek-Formation in Montana schließlich, die der jüngsten Kreidezeit entsprechen, haben nur noch Fossilien von 13 Gattungen geliefert.

Es wäre ein erstaunlicher Zufall, wenn der stete Rückgang der Dinosaurier im Grenzgebiet zwischen Montana und Wyoming ein Kunstprodukt der fossilen Erhaltung wäre. Sloan und seine Mitarbeiter führen starke Argumente dafür ins Feld, daß der Niedergang real war. Wie andere Forscher zuvor setzten sie etliche verschiedene Sammeltechniken ein; so bargen sie sowohl isolierte Knochen als auch zusammenhängende Fossilien – also solche, bei denen die Knochen noch im Verbund beieinander lagen – und siebten aus großen Sedimentmengen einzelne Zähne heraus. Außerdem steht in den oberen 30 Metern des stratigraphischen Profils weit mehr aufgeschlossene Fläche für die Suche zur Verfügung als in den tieferen Abschnitten. Somit ist die von unten nach oben zunehmende Verarmung der Fauna real und nicht durch die Erhaltung bedingt.

Quantitative Aufsammlungen haben ergeben, daß auch die Häufigkeit der Fossilien insgesamt in dem Profil nach oben hin abnimmt; offenbar gingen also nicht nur die Arten-, sondern auch die Individuenzahlen zurück. Dieses schlagkräftige Argument für einen langgestreckten Rückgang verringert die Bedeutung des Streits zweier Wissenschaftler aus Berkeley, ob die Dinosaurier nun exakt an der Kreide-Paläozän-Grenze ausstarben oder nicht. Der Paläontologe William Clemens hat sich für ein etwas früheres Verschwinden stark gemacht. Dagegen befürwortet Luis Alvarez, Physiker und Mitbegründer der Impakthypothese, ein plötzliches Erlöschen an der Grenze. Seine Ansicht stützt sich auch auf das Argument, daß die erfolglose Suche nach Dinosaurierknochen direkt an der Grenze nicht bedeutet, daß diese Tiere in der jüngsten Kreidezeit schon ausgestorben waren. Schließlich sind – so Alvarez – die Dinosaurierknochen in der ganzen mesozoischen Überlieferung selten und regellos verteilt. Doch ob Knochen vorhanden sind oder fehlen, ist nicht alles. Der offensichtliche allmähliche Rückgang der Dinosauriervielfalt und -häufigkeit läßt jegliches Ereignis genau an der Grenze weniger bedeutsam werden.

Nach van Valen und Sloan nahm parallel zu dem Niedergang der Dinosaurier die Vielfalt der Säugetiere zu. Diese Folgerung beruht auf dem Nachweis, daß mehrere Aufschlüsse, die der Hell-Creek-Formation zugeschrieben werden, eher Oberkreide- als Paläozänalter aufweisen; sie belegen, daß damals Säugetiere vermutlich asiatischer Herkunft in die schrumpfende Lebensgemeinschaft der Dinosaurier eindrangen und sich in der jüngsten Kreide, noch bevor die letzten Dinosaurier ausgestorben waren, ausbreiteten und vielfältig entwickelten. Dies paßt zu der Vorstellung, daß schon vor dem Ende der Kreidezeit das gesamte Ökosystem einer Umwandlung unterlag, bei der die Formenvielfalt der Flora ebenso nachließ wie die der Dinosaurier, während die Säugetiere sich zu verbreiten begannen.

Wie die kontinuierliche Abnahme der Dinosauriergattungen in Montana und Süd-Alberta von 30 auf 13 während der letzten zehn Millionen Jahre der Kreidezeit zeigt, ereigneten sich die meisten

Rekonstruktion einer Säugetierart der Oberkreide. Nachdem die Dinosaurier verschwunden waren, gingen aus solchen kleinen und unscheinbaren Kreaturen recht bald vielfältige Säugetiergruppen hervor, von denen einige stattliche Größen erreichten.

Dinosaurierverluste schon vor der abschließenden Krise. Sloan und seine Mitarbeiter schreiben dem Schlußereignis sogar eine noch kleinere Rolle zu, als aus diesem Sachverhalt hervorgeht, indem sie behaupten, neun der 13 letzten Gattungen hätten noch bis ins Paläozän hinein weitergelebt. Sie stützen ihre These, die – falls sie zutrifft – von enormer Bedeutung wäre, auf das Vorkommen von Dinosaurierfossilien in Ablagerungen mit unbestritten paläozänem Alter. Diese Fossilien, bei denen es sich vorwiegend um Zähne handelt, stammen aus Sedimenten eines Flußbettes nahe der Ferguson Ranch in Montana. Das paläozäne Alter der Sedimente ist dadurch belegt, daß sie zusammen mit den Dinosaurierfossilien paläozäne Pollen und Säugetierfossilien enthalten. Außerdem legte der Fluß, als er sich sein Bett grub, an einigen Stellen durch seitliche Erosion eine als untere Z-Kohle bekannte Schichteinheit frei, in der in dieser Region die abschließende Iridiumanomalie zu finden ist. Auch dies zeigt das nachkreidezeitliche Alter der Flußbettsedimente. Die Frage ist jedoch, ob die Dinosaurierfossilien nicht vielleicht ursprünglich in den Kreidesedimenten eingebettet waren, durch die der Fluß sich seinen Weg bahnte, und dann infolge der Erosionstätigkeit ausgewaschen und in paläozänen Sedimenten wieder abgelagert wurden. Sloan und seine Mitarbeiter bestreiten diese Möglichkeit vor allem aufgrund von zwei verschiedenen Befunden. Erstens zeigen die Zähne einen ausgezeichneten Erhaltungszustand; sie weisen scharfe Kanten auf und sind von jener Form der Abnutzung verschont geblieben, wie man sie normaler-

167

weise mit dem Abrieb durch Sande und Gerölle beim Transport in einem Flußbett verbindet. Zweitens kommen in den Kreidesedimenten, durch die sich der Fluß sein Bett geschnitten hat, Dinosaurierreste seltener vor als Säugetierfossilien, während man in den paläozänen Flußbettsedimenten überhaupt keine kreidezeitlichen Säugetierfossilien zusammen mit den Dinosaurierresten gefunden hat.

Die Argumente für eine paläozäne Dinosaurierfauna geben zu denken. In der Umgebung von Montana überlebten möglicherweise mindestens neun Dinosaurierarten bis in das Zeitalter der Säugetiere, das Känozoikum. In diesem Fall wäre dem Schlußereignis der Kreide, das die vielsagende Iridiumanomalie hinterlassen hat, nur mehr das Verschwinden von vier Arten anzulasten. Doch Skepsis bleibt angebracht, solange die einzigen Dinosaurierreste in zweifelsfreien paläozänen Sedimenten aus Ablagerungen eines Flußbettes stammen, das einst Einheiten der Kreide durchschnitten hat. Eine Entdeckung von Dinosaurierresten in anderen Ablagerungsräumen des ältesten Paläozän gäbe dem Ganzen eine solidere Grundlage. Mögliche Funde dieser Art sind schon aus vielen Gebieten gemeldet worden, so aus New Mexico, Südamerika, Indien und China, doch sie müssen noch bestätigt werden.

Jedenfalls schreiben Sloan und seine Mitarbeiter den Schwund der Dinosaurier im Laufe der letzten zehn Millionen Jahre der Kreidezeit klimatischen Veränderungen zu, und zwar nicht nur der Abkühlung, wie sie durch den Florenwechsel belegt ist, sondern auch einer zunehmenden Trockenheit infolge einer oberkreidezeitlichen Meeresspiegelsenkung. Das paläobotanische Beweismaterial hierfür ist allerdings schwach, weil nur wenige Florenfunde aus dem Untermaastricht vorliegen, die sich mit denen des Obermaastricht vergleichen ließen. Immerhin scheint im Laufe des Maastricht von Wyoming aus nach Norden der Anteil der laubabwerfenden Pflanzen in der Vegetation erheblich zugenommen zu haben. Es ist durchaus möglich, daß Klimaveränderungen das Ableben der Dinosaurierarten nicht direkt verursacht haben, sondern indirekt durch ihre Auswirkungen auf die Pflanzenwelt. Wenn auch die Landpflanzen im Laufe der Oberkreide keinem besonders heftigen Aussterben unterlagen, so erlebten ihre Populationen — das Futter der pflanzenfressenden Dinosaurier — zumindest in einigen Gebieten bemerkenswerte Wandlungen. Van Valen und Sloan haben sogar die Möglichkeit erwogen, daß die vordringenden und vielfältiger werdenden Säugetiere die Dinosaurier im direkten Wettbewerb um Nahrung besiegten. Eine solche Vorstellung ist schwer von der Möglichkeit zu trennen, daß die Dinosaurier Probleme bekamen, weil sie sich generell schlecht an neue Vegetationsformen anpassen konnten. Die kleineren pflanzenfressenden Säugetiere vermochten vielleicht auch mit einem verringerten Angebot auszukommen, etwa mit Samen und Nüssen.

Ein katastrophales Ende einer Ära?

Ob der Einschlag eines extraterrestrischen Körpers auf der Erde in der jüngsten Kreidezeit ein Massensterben hervorgerufen hat, ist im Grunde eine doppelte Frage. Die erste lautet: Gab es überhaupt einen solchen Aufprall oder Impakt? Und die zweite Frage heißt: Wenn ja, welches Ausmaß erreichte das durch ihn verursachte Aussterben? Aus einer kürzlich von Antoni Hoffmann von der Columbia University und Matthew Nitecki vom Field Museum of Natural History durchgeführten Umfrage unter Wissenschaftlern wissen wir, daß amerikanische Paläontologen mehrheitlich an einen Einschlag am Ende der Kreidezeit glauben; die weitaus meisten von ihnen halten es jedoch nicht für wahrscheinlich, daß er einen Massenuntergang verursacht hat. (Einige weitere Gruppen von Geowissenschaftlern äußerten sich etwas anders.) Ein Problem bei der Befragung lag darin, daß man den Beteiligten nicht die Möglichkeit einräumte, zwar für einen Einschlag zu votieren, ihm aber lediglich einen bescheidenen Anteil am Aussterben in der Oberkreide zuzuschreiben.

Wenden wir uns zunächst der Frage nach der Realität eines extraterrestrischen Ereignisses oder einer Serie solcher Ereignisse zu. Hier ist anzuführen, daß man eine Iridiumanomalie in der obersten Kreide in zahlreichen Regionen der Welt und sowohl in kontinentalen als auch in marinen Schichten gefunden hat. Die höchsten Iridiumkonzentratio-

nen liegen zwischen wenigen und über 40 Teilen pro Milliarde (*parts per billion*, abgekürzt ppb); die normalen Hintergrundkonzentrationen sind etwa 10 000mal kleiner. Das schwerwiegendste Argument gegen die Vorstellung, daß solch hohe Werte nur mit einer außerirdischen Quelle zu erklären seien, hat sich aus der Entdeckung ergeben, daß auch manche Vulkane recht große Iridiummengen ausstoßen. Bei einer kürzlich erfolgten Eruption des Kilauea auf Hawaii sind beispielsweise ungewöhnlich hohe Iridiumwerte in den vulkanischen Schwebteilchen festgestellt wor-

Ausbruch des Vulkans Kilauea auf Hawaii.

den. Besonders bezeichnend ist in dieser Hinsicht die Tatsache, daß die sogenannten Dekhan-Trappdecken — jene vulkanischen Gesteinsserien, die einen großen Teil der indischen Halbinsel bedecken — durch gewaltige Lavaergüsse während eines kurzen geologischen Intervalls entstanden sind, dessen Beginn genau oder beinahe mit dem Übergang von der Kreide zum Paläozän zusammenfällt. Zu etwa derselben Zeit gab es auch in anderen Gebieten eine intensive vulkanische Aktivität, so in den westlichen Vereinigten Staaten, in Großbritannien, Ostgrönland, der Hawaii-Region und im westlichen Pazifik.

Auch andere Fragen sind noch ungelöst. Charles Officer und Charles Drake vom Dartmouth College, die beharrlichsten Kritiker des Impaktszenarios, haben in Frage gestellt, daß die Iridiumanhäufung innerhalb geologisch kürzester Zeit zu Anomalien hätte führen können, die sich in Tiefseesedimenten über 30 bis 40 Zentimeter erstrecken. Die beiden Skeptiker behaupten, daß weder grabende Tiere noch physikalische Prozesse in der Lage gewesen wären, das Iridium so stark zu verteilen. Dagegen hätte intensiver Vulkanismus über einen Zeitraum von ein- oder zweihunderttausend Jahren durchaus eine solch dicke Iridiumschicht erzeugen können — nämlich durch den anhaltenden Fallout dieses Elementes während der Ablagerung von vielen Zentimetern Sediment. Officer und Drake weisen des weiteren darauf hin, daß in einigen Gebieten die Iridiumschicht bemerkenswert reich an Antimon und Arsen ist — zwei Elementen, die in außerirdischen Körpern so selten sind, daß ihre hohen Konzentrationen praktisch nur vulkanischen Ursprungs sein können; mithin sollten wohl auch die entsprechenden Iridiumanreicherungen als ein Produkt vulkanischer Aktivität angesehen werden.

Unter der Leitung von Bruce Bohor und Glen Izett haben jedoch Geologen des U.S. Geological Survey inzwischen neue Indizien zutage gefördert, welche dafür sprechen könnten, daß das überschüssige Iridium doch eher von einem Einschlag als von irdischem Vulkanismus herrührt. Als Beweismaterial dienen „geschockte" Mineralkörner, die man zuerst in Montana, später auch in New Mexico und Europa inmitten der iridiumreichen Grenzschicht entdeckt hat. Die Schock-

Rasterelektronenmikroskopische Aufnahme eines geschockten Quarzkorns aus dem Kreide-Paläozän-Grenzton in Garfield County in Montana. Die flachen Brüche sind durch Ätzen mit Salzsäure stärker hervorgehoben.

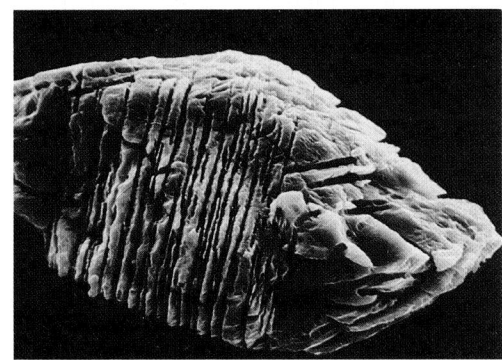

merkmale dieser Körner sind Reihen von nahezu parallelen ebenen Bruchflächen, die sich nur bei sehr schneller Einwirkung hoher Drucke bilden, wie sie etwa beim Aufprall eines großen außerirdischen Objekts auf die Erde entstehen.

Als Reaktion auf diese neuen Argumente haben Officer und Drake sich mit Neville Carter von der Texas A & M University, einem Experten für Schockrisse in Mineralen, und dem Vulkanologen Joseph Devine von der Brown University zusammengetan. Um herauszufinden, ob explosiver Vulkanismus Minerale in derselben Weise schocken kann wie Meteoriteneinschläge, begannen diese Forscher, Mineralkörner zu untersuchen, die durch heftige Eruptionen des indonesischen Vulkans Toba entstanden waren. Der Toba-Vulkan, dessen Krater eine fünfzigmal größere Fläche aufweist als der benachbarte Krater des berühmten Krakatau, hat in den letzten 500 000 Jahren mindestens drei gewaltige Ausbrüche erlebt, den letzten davon vor ziemlich genau 75 000 Jahren. Die Suche nach geschockten Körnern hat bisher keine eindeutigen Ergebnisse gezeigt. Zwar wurden Schockmerkmale festgestellt, aber besonders in Quarzkörnern sind sie weder so komplex noch so deutlich ausgeprägt wie die in Körnern aus den Grenzschichten der Kreide. Dies mag daran liegen, daß es sich bei den bislang untersuchten Körnern um solche handelte, die sich in vulkanischen Glutflüssen von ungefähr 700 Grad Celsius angesammelt hatten. Möglicherweise ließen diese hohen Temperaturen viele Schockrisse nach ihrer Bildung wieder verheilen.

Die Frage, ob geschockte Mineralkörner wie die aus der Kreidegrenzschicht vulkanisch erzeugt werden können, steht im Mittelpunkt der Impaktkontroverse. Falls vulkanische Aktivitäten tatsächlich solche Schockmerkmale verursachen können, dann ist die Wahrscheinlichkeit groß, daß die geschockten Körner des Grenzbereichs durch starke Eruptionen entstanden sind, welche zugleich für die hohen Konzentrationen von Iridium und anderen metallischen Elementen sorgten. Wie wir in diesem Kapitel noch besprechen werden, kann man von heftigen Vulkanausbrüchen auch lebensbedrohende klimatische Veränderungen erwarten. Eine derzeit laufende Untersuchung der vom Toba ausgeworfenen vulkanischen Asche, die als Schicht im Sedimentkörper der nahe gelegenen Tiefsee erscheint, wird vielleicht bald klären, ob der Toba geschockte Minerale wie diejenigen aus der Kreidegrenze produziert hat.

Noch komplizierter wird die Kontroverse durch ganz neue Hinweise auf offenbar mehr als eine Iridiumanomalie in manchen Grenzprofilen der Kreide. So hat die Gruppe aus Berkeley, die als erste der Anomalie an der Kreide-Paläozän-Grenze auf die Spur kam, inzwischen 40 Zentimeter darunter einen zweiten Spitzenwert gefunden, und zwar östlich von Japan am Bohrloch 577B des Deep Sea Drilling Project. Der Wert ist um eine Größenordnung kleiner als der an der Grenze, stellt aber trotzdem eine deutliche Anomalie dar und verlangt eine Erklärung. Ehe die informellen Mitteilungen über weitere doppelte oder mehrfache Anomalien jedoch nicht als Forschungsberichte der öffentlichen Überprüfung zugänglich sind, lassen sich die Fakten hier noch nicht richtig abschätzen. Die Möglichkeit ist aber gegeben, daß sich gegen Ende der Kreidezeit mehr als ein Einschlag oder Vulkanausbruch ereignet hat.

171

Das Impaktszenario

Wo zum Abschluß der Kreide ein Meteorit eingeschlagen haben könnte, bleibt ein Geheimnis. Die Mineralogie der geschockten Körner spräche für einen Aufprall auf dem Festland, falls sie denn durch einen Impakt erzeugt wurden; sie enthalten nämlich Quarz und Feldspat, also Mineralsorten, die in kontinentaler Kruste extrem häufig, in den Ozeanen dagegen selten vorkommen. Einige der geschockten Partikel aus New Mexico sind so groß wie kleine Sandkörner, deren beschränkte Fähigkeit zu atmosphä-

Meteoritenkrater (Cañon Diablo) in Arizona. Dieses Gebilde ist noch in plastischer topographischer Gestalt erhalten, weil der Einschlag des Meteoriten erst wenige tausend Jahre zurückliegt.

rischem Transport auf einen nicht allzu weit entfernten Aufschlagsort hindeuten könnte. Nach Bevan French aus Washington, D. C., kommt als möglicher Schauplatz ein Krater nahe der Stadt Manson im nördlichen Mittel-Iowa in Frage. Dieser Krater ist durch Brunnenbohrungen identifiziert worden, bei de-

nen man in einem ansonsten durch Sedimentgesteine gekennzeichneten Gebiet anomal viele Bruchstücke vulkanischer und metamorpher Gesteine (die sich bei hohen Temperaturen bilden) zutage gefördert hat. Die magmatischen und metamorphen Gesteine waren einst an der Oberfläche aufgeschlossen, liegen aber jetzt in geringer Tiefe unter glazialen Ablagerungen der letzten Eiszeit begraben. Anscheinend wurden sie infolge eines Meteoriteneinschlags aus der Tiefe an die Oberfläche befördert. Der Aufprall verformte und stauchte die Sedimentgesteine in einem kreisförmigen Areal von etwa 25 Kilometern Durchmesser. Der Manson-Einschlag war regional von großer Bedeutung, und da er Gesteine der Kreide durchschlug, könnte er das richtige Alter haben, um als Schlußereignis der Kreidezeit in Frage zu kommen. Andererseits scheint er nicht gewaltig genug gewesen zu sein, um die in der weltweiten stratigraphischen Überlieferung sichtbaren Wirkungen hervorgerufen zu haben. Der Krater ist um eine Größenordnung kleiner, als die Alvarez-Gruppe es sich in ihrem ursprünglichen Impaktszenario vorgestellt hat. Die Suche geht also weiter.

Ein weiterer hochinteressanter Bericht kommt von Wendy Wolbach, Roy Lewis und Edward Anders von der Universität Chicago: An vielen Orten rund um die Erde hat man nämlich im Grenzton der Oberkreide eine hohe Konzentration von rußartigen Kohlenstoffpartikeln entdeckt, und manche dieser Partikel sind zu Klumpen zusammengebacken, wie sie sich wohl nur in einem heißen Gas oder einer Flamme bilden können. Als einzig akzeptable Erklärung kommen nach Ansicht der Chicagoer Gruppe durch einen Einschlag entfachte Feuersbrünste in Frage, die über weite Kontinentflächen hinwegfegten und dabei große Rußmengen in die Atmosphäre wirbelten. Es bedarf jetzt einer Suche in höheren und tieferen Abschnitten der geologischen Überlieferung, um festzustellen, ob diese neu entdeckte Anreicherung von Kohlenstoffteilchen wirklich einmalig ist. Kritiker der Feuersbrunsthypothese haben bereits darauf aufmerksam gemacht, daß Holzkohle in vielen Horizonten der terrestrischen Oberkreide nichts

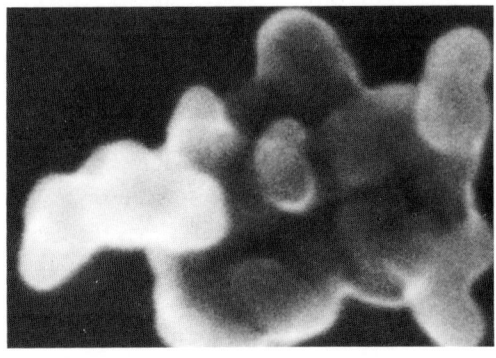

Ein winziges Kohlenstoffteilchen aus dem Grenzton am Schluß der Kreide bei Caravaca in Spanien.

Ungewöhnliches ist. Überdies haben sie festgestellt, daß der kohlenstofführende Grenzton in Gebieten wie Dänemark einen langen Zeitabschnitt vertritt und nicht jenen geologischen „Augenblick", in dem sich ein Feuer ausgebreitet haben dürfte.

Sogar die allgemeinen Auswirkungen eines Boliden (eines sehr großen außerirdischen Objekts) sind noch weithin umstritten. Die Alvarez-Gruppe hat ur-

sprünglich einmal geschätzt, daß für das Ausmaß der Iridiumanomalie ein Bolide von schätzungsweise zehn Kilometern Durchmesser erforderlich gewesen wäre, der einen zwanzigmal breiteren Krater hinterlassen hätte. Zu den chemischen Auswirkungen, die man einem solchen Einschlag zugeschrieben hat, gehören die Vergiftung des Lebens durch Cyanwasserstoff und die Schädigung der atmosphärischen Ozonhülle durch die Bildung von Stickoxiden. Genauer gesagt, muß man bezüglich des Cyanwasserstoffs annehmen, daß er vom Kern eines einschlagenden Kometen, nicht von einem Meteor, ausging, während die Stickoxide sich durch Oxidation des Luftstickstoffs gebildet haben könnten, als ein herabfallender Bolide dieses oder jenes Typs die Atmosphäre aufheizte. Es ist jedoch nicht sicher, ob auch Kometen hohe Iridiumkonzentrationen aufweisen. Physikalische Modelle, die von einer kontinentalen Einschlagstelle ausgehen, sagen voraus, daß der in die Atmosphäre hinausgeschleuderte Staub das Sonnenlicht so stark abgeschirmt haben muß, daß sich die Erdoberfläche — analog zu dem heute weit diskutierten „nuklearen Winter" nach einer künstlichen atomaren Katastrophe — enorm abkühlte. Tatsächlich hat das Konzept des „nuklearen Winters" seinen Ursprung in eben der Vorstellung, daß der vermutete Einschlag am Ende der Kreidezeit den Himmel verdunkelt und die Erde ausgekühlt habe.

Das Aussterbemuster des Phytoplanktons scheint zu der Annahme eines Aussetzens der Photosynthese zu passen. Zunächst einmal ist festzuhalten, daß die

173

Dinoflagellaten, die in der Kreidezeit — genau wie heute — außerhalb der Tropen am erfolgreichsten waren, die Oberkreidekrise mit nur mäßigen Verlusten überstanden. Bei Dinoflagellatenfossilien handelt es sich gewöhnlich um Ruhestadien: cystenähnliche Gebilde, die in Zeiten starken ökologischen Stresses, etwa auch beim Einbruch winterlicher Bedingungen, das Überleben gewährleisten. Den meisten Vertretern des kalkigen Nannoplanktons, das durch die Schlußkrise der Kreidezeit stark dezimiert wurde, fehlen solche Ruhestadien; man kann daher annehmen, daß sie eine längere Phase der Dunkelheit nur sehr schlecht ertragen konnten. Ein gleichartiges Argument haben Jennifer Kitchell von der Universität von Michigan und ihre Mitarbeiter David Clark von der Universität von Wisconsin sowie Andrew Gombos von der Exxon Production Research Company für die Diatomeen angeführt. Wie sich nämlich zeigt, waren die konzentrisch gebauten Diatomeen, die in hohen Breiten einen wesentlichen Bestandteil des Phytoplanktons der Kreidemeere bildeten, genau wie ihre heute lebenden Nachfahren in der Lage, unter Streßbedingungen Ruhesporen zu bilden; ihre hohe Überlebensrate könnte also ihre Fähigkeit widerspiegeln, längere Phasen der Dunkelheit zu überstehen. Diese Muster können zum Teil erklären, warum marine Lebewesen in den tropischen Meeren die größten Aussterbeverluste erlitten: Das kalkige Nannoplankton, das schwer getroffen wurde, kommt fast nur in dieser Zone vor, während Dinoflagellaten und Diatomeen in höheren Breiten vorherrschen.

Das Szenario einer vulkanischen Katastrophe

Officer, Drake und Devine haben ein alternatives Bild entworfen, das ihre Meinung widerspiegelt, wonach die geologische Überlieferung auf einen intensiven Vulkanismus als Ursache des Aussterbens hindeutet. Die drei Wissenschaftler machen darauf aufmerksam, daß Vulkane, die in den letzten Jahrzehnten ausgebrochen sind, nicht nur Gesteinsstaub in die Atmosphäre geschleudert haben, sondern auch Aerosole — winzige Flüssigkeitströpfchen, die vor allem schweflige Säure enthalten. Diese Tröpfchen verbleiben ein bis zwei Jahre in der Stratosphäre, der Staub dagegen nur wenige Monate. Aerosole mit schwefliger Säure, die in besonders großen Mengen von Vulkanen ausgestoßen werden, welche dunkle und dichte Lava fördern, lassen die Temperaturen weltweit sinken, indem sie einen Teil des auf die Erde auftreffenden Sonnenlichtes abschirmen. Durch die gewaltige vulkanische Aktivität der Kreidezeit könnten die Temperaturen global um vier bis fünf Grad Celsius herabgesetzt worden sein. Andere Forscher hatten früher den Schluß gezogen, daß sich durch vulkanische Tätigkeit die Welttemperaturen erhöhen würden, weil der Ausstoß von Kohlendioxid den Treibhauseffekt verstärken sollte, aber dieser Faktor erscheint heute im Vergleich mit der Kühlwirkung der Aerosole als weniger bedeutsam.

Die schweflige Säure kehrt wohl als saurer Regen zur Erde zurück, dem man ebenfalls in mancherlei Hinsicht eine lebensschädigende Wirkung zuschreiben kann. Officer und seine Kollegen schätzen, daß die Säurezufuhr die Basizität der Weltmeere erheblich herabsetzen kann, möglicherweise sogar bis zur Neutralisation (der Grenze zwischen basischen und sauren Bedingungen). Interessanterweise zeigen Untersuchungen des heute lebenden Planktons, daß das kalkige Nannoplankton, welches seine massivsten Verluste erst nach dem Niedergang der Foraminiferen erlitt, eine Verringerung der Basizität besser ertragen kann als jene. Das Aussterbemuster

winzigen Arten die Krise. Wie bereits früher erwähnt, passen dieses und andere Muster jedoch auch zu unseren Voraussagen für ein Aussterben infolge klimatischer Abkühlung.

Officer und seine Kollegen weisen schließlich noch auf die Wirkungen hin, die von einem vulkanischen Ausstoß von Salzsäure in die Atmosphäre zu erwarten sind. Diese chemische Verbindung greift die Ozonschicht in der oberen Atmosphäre an, die normalerweise einen hohen Prozentsatz der einfallenden ultravioletten Strahlung absorbiert. Eine stark gesteigerte Intensität dieser Strahlung würde tierisches Leben empfindlich schädigen.

Infrarot-Satellitenbild einer vulkanischen Aerosolwolke, die durch den Ausbruch des El Chichón im Jahre 1982 entstand. Die Wolke erscheint in dieser Darstellung als helles waagerechtes Band über Lateinamerika.

dieser beiden Gruppen ließe sich also mit einem über mehrere Jahrtausende hingezogenen Rückgang der Basizität erklären. Von den planktonischen Foraminiferen der Jetztzeit weiß man zudem, daß kleinwüchsige Arten eine Abnahme der basischen Bedingungen besser ertragen als die großen Formen, und tatsächlich überlebten vorwiegend die

Eine vielschichtige Krise

Viele der in diesem Kapitel beschriebenen Merkmalsmuster lassen vermuten, daß der Einschlag eines Boliden oder eine gesteigerte vulkanische Aktivität am Ende der Kreidezeit – wenn es sie denn gab – lediglich für *eine* Aussterbewelle in einem Zeitabschnitt verantwortlich gemacht werden kann, der eine jahrmillionenlange allgemeine biotische Zermürbung mit sich brachte. Man erinnere sich nur an die hohen Verluste der planktonischen Foraminiferen weit vor dem Ende der Kreidezeit. Bei vielen Arten des kalkigen Nannoplanktons nahm die Populationsgröße zwar genau an der Grenze rapide ab, doch die Arten erloschen nicht und lebten noch eine beträchtliche Zeit lang weiter; irgendetwas verzögerte aber die Erholung dieser Gruppe um mehr als eine Million Jahre. Die Ammonoideen erlebten einen Rückgang über einen Zeitraum von einigen Jahrmillionen, und in Gebieten wie Spanien scheinen sie bereits vor der Endkrise verschwunden zu sein. Auch bei zwei bedeutenden Muschelgruppen, den Ino-

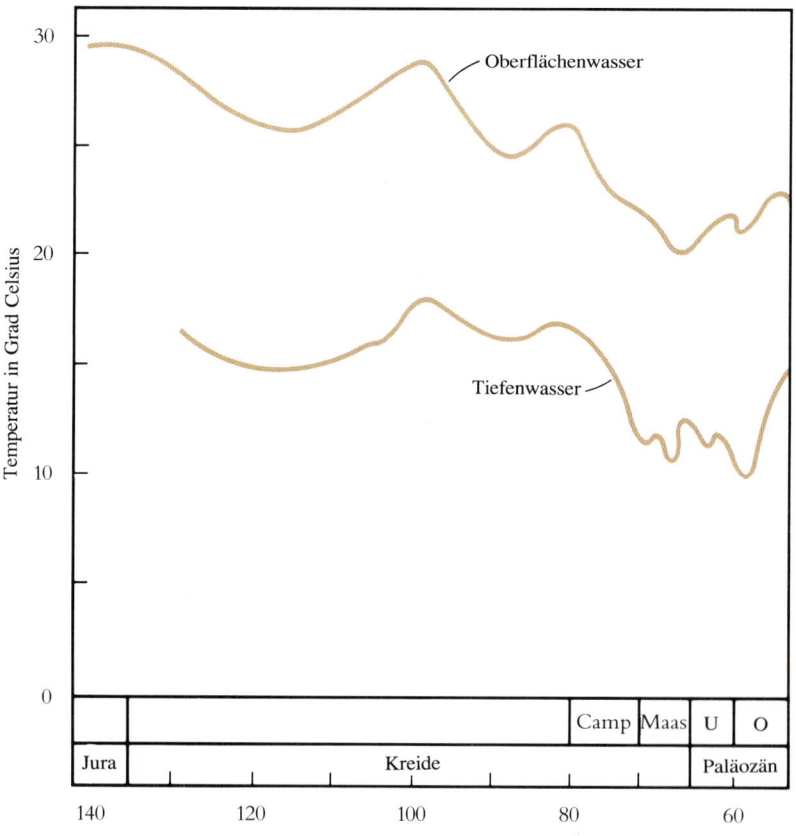

Geschätzte Temperaturen im tropischen Pazifik während der Kreidezeit; am Ende dieser Epoche sanken die Temperaturen offenbar deutlich ab. Die Schätzwerte für das Oberflächenwasser hat man aus Analysen der Sauerstoffisotope in planktonischen Foraminiferen und im kalkigen Nannoplankton abgeleitet, die Schätzwerte für das Bodenwasser aus ähnlichen Analysen an Foraminiferen der Tiefsee.

ceramiden und den riffbildenden Rudisten, führte ein allmählicher Artenschwund noch vor dem Schlußereignis zum endgültigen oder fast endgültigen weltweiten Aussterben. Andererseits wurden aber auch die marinen Invertebraten genau wie das einzellige Plankton von einer Aussterbewelle in der Schlußkrise selbst getroffen; besonders überzeugend ist dies für die Mollusken im Brazos-River-Profil in Texas dokumentiert, wo die vor dem Untergang herrschende Fauna in großer Häufigkeit erhalten ist und wo es an der Grenze weder eine Erosionsfläche noch eine kondensierte Schichtfolge gibt.

Es kann nicht deutlich genug betont werden, daß die terrestrischen Lebensgemeinschaften eine ganz ähnliche Geschichte aufweisen. Langfristige Florenwechsel in der Oberkreide sind schon seit vielen Jahren bekannt, doch liegen inzwischen auch Hinweise auf einen plötzlichen Wandel direkt an der Grenze vor, als Farne weite Gebiete des westlichen Nordamerika besiedelten. Gut belegt ist heute ebenfalls ein langgezogener Rückgang der Dinosaurierfauna im amerikanischen Westen. Wie entscheidend die Schlußkrise der Kreidezeit für das Ableben der Dinosaurier war, hängt nicht zuletzt davon ab, ob tatsächlich neun oder mehr Arten noch bis ins Zeitalter der Säugetiere weitergelebt haben; doch selbst wenn man diese Möglichkeit außer acht läßt, zeigt eine sorgfältige Betrachtung der vorliegenden Zahlen, daß die umfangreiche Oberkreidefauna größtenteils schon vor der jüngsten Kreidezeit verschwunden war.

Wo lag die Ursache dieser so lange andauernden allgemeinen biotischen Verschlechterung? Viele der in diesem Kapitel bereits zusammengefaßten Indizien deuten auf einen Klimawechsel als den hauptsächlichen Auslöser hin. Für den terrestrischen Lebensraum legen die Angiospermen (Bedecktsamer) besonders beredt davon Zeugnis ab. Der Rückgang der mittleren Jahrestemperaturen zwischen der Campan- und der Maastricht-Zeit in der Umgebung von Wyoming verdeutlicht den Trend. Die Verknüpfung zwischen großen Landtieren und der Vegetation ist derart eng, daß es eigentlich selbstverständlich erscheint, für den Rückgang der Dinosaurier eine Erklärung im Wechsel der Floren und damit des Klimas zu suchen.

Die marine Überlieferung bietet ähnliche Belege. Aus dem Verhältnis bestimmter Sauerstoffisotope in Fossilien lassen sich die damaligen Ozeantemperaturen erschließen, denn bei sinkender Temperatur bauen Organismen zunehmend mehr Sauerstoff 18 (^{18}O) und weniger Sauerstoff 16 (^{16}O) in Körpersubstanz ein. Leider sind die Isotopendaten insofern nicht ganz sicher, als die erhaltenen Skelette sich im Laufe der geologischen Zeit verändern. Gleichwohl lassen Auftragungen des Isotopenverhältnisses bei Skeletten von Foraminiferen des Tiefseebodens wie auch von planktonischen Foraminiferen und Formen des kalkigen Nannoplanktons eine beachtliche Abkühlungstendenz im marinen Lebensraum erkennen, die in der Maastricht-Zeit ihren Höhepunkt erreichte. Diese Abkühlung kann durchaus für den allgemeinen Niedergang des Lebens vor der Aussterbewelle am Schluß der Kreidezeit verantwortlich gewesen sein. Allerdings glaubt man sowohl in den Isotopendaten als auch in der Geschichte der Landpflanzen Hinweise auf eine oder mehrere kurze Erwärmungsphasen im Obermaastricht vor der Schlußkrise entdeckt zu haben.

Die Vorstellung vom Aussterben aufgrund eines Klimawechsels ist manchmal der Hypothese untergeordnet worden, eine Meeresspiegelsenkung habe die Faunen dezimiert, indem sie den Lebensraum der Tiere des Flachmeerbodens einengte. Diese zweite Interpretation ist insofern problematisch, als sie sich nicht auf das umfassende Aussterben des Planktons anwenden läßt, das im Oberflächenwasser über weite Oze-

177

anbereiche verbreitet ist. Ein weiteres Problem liegt darin, daß der Meeresspiegel zwar gegen Ende der Kreidezeit sank, daß aber sein niedrigster Stand relativ zu den Kontinentflächen wohl in etwa dem heutigen entsprach. Ein Beispiel zeigt, daß diese Veränderung nur einen schwachen Effekt hatte: Obwohl durch den Abfall des Meeresspiegels die große inneramerikanische Meeresstraße verschwand, blieb doch an der Golfküste noch eine großflächige Einbuchtung übrig, und gerade hier kam es zu einem ungewöhnlich heftigen Aussterben mariner Lebensformen. Wie wir schon an anderer Stelle in diesem Buch aufgezeigt haben, bewirkten etliche Episoden dramatischer Meeresspiegelsenkungen keinerlei Massensterben.

Die schweren Verluste im Golf von Mexiko und in der Karibischen See fügen sich in das allgemeine Bild einer Breitenabhängigkeit der Aussterbemuster während der Oberkreide ein. Generell waren die Aussterberaten in den warmen Klimazonen viel größer als in den kalten. In Nordamerika starben beispielsweise die riffbildenden Rudisten und andere tropische Faunenelemente in südlichen Regionen aus, während die Meeresmuscheln in der Gegend von Nord-Dakota nur erstaunlich geringe Verluste zu verzeichnen hatten. Für dieses nördlichere Gebiet hat man nachgewiesen, daß etwa 60 Prozent der Muschelarten aus dem Paläozän in der Cannonball Sea — einem Meeresarm, der sich im Paläozän von Kanada aus südwärts erstreckte — Überlebende aus der Oberkreide waren. Es sei hier auch daran erinnert, daß in New Mexico viel mehr Pflanzen ausstarben

als im Norden. Des weiteren haben wir festgestellt, daß gerade das wärmeliebende Plankton dezimiert wurde und daß noch vor Schluß der Kreide kälteangepaßte Foraminiferen in die Äquatorregion einwanderten, während die tropischen Arten ausstarben. Stützende Belege stammen von Meeresschneckenfunden, die Heinz Kollmann aus Wien analysiert hat: Demnach verschwanden die tropischen Schneckenfaunen Nordafrikas am Ende der Kreidezeit und wurden durch solche ersetzt, die an kühle Bedingungen angepaßt und vorher auf nördliche Gebiete wie Grönland beschränkt waren. Überzeugendere Hinweise auf eine biotisch bedeutsame Abkühlung im marinen Lebensraum kann es kaum geben. So begegnen wir erneut dem schon vertrauten Thema: schwere Verluste in den Tropen, geringere in der gemäßigten Zone. Dieses Muster paßt zu der Vorstellung, daß der klimatischen Abkühlung eine Hauptrolle zukam und daß für die wärmeliebenden Arten der niederen Breiten kein Zufluchtsort übrigblieb.

Leider wissen wir nicht, was die thermischen Schwankungen im Laufe der letzten Jahrmillionen der Oberkreide verursacht hat. Sicherlich dürften dabei Veränderungen in der Intensität des Vulkanismus und der damit verbundenen Erzeugung von wärmeabschirmenden Aerosolen ein wichtiger Faktor gewesen sein.

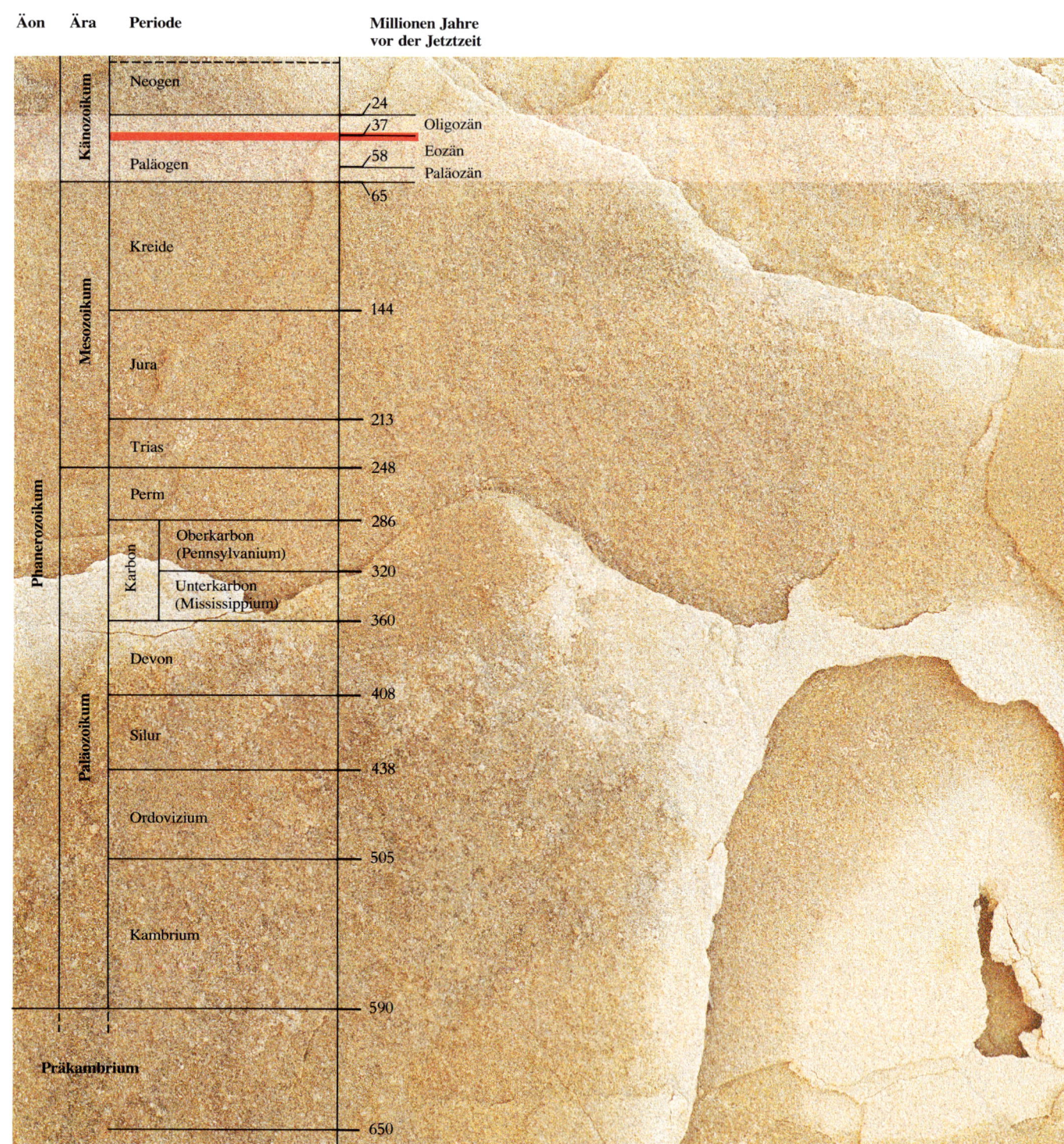

Äon	Ära	Periode		Millionen Jahre vor der Jetztzeit	
	Känozoikum	Neogen			
				24	
				37	Oligozän
		Paläogen		58	Eozän
					Paläozän
				65	
	Mesozoikum	Kreide			
				144	
		Jura			
				213	
		Trias		248	
	Paläozoikum	Perm		286	
Phanerozoikum		Karbon	Oberkarbon (Pennsylvanium)	320	
			Unterkarbon (Mississippium)	360	
		Devon		408	
		Silur		438	
		Ordovizium		505	
		Kambrium		590	
	Präkambrium				
				650	

Das Paläogen: Erholung und erneute Krise

Der rasante Aufstieg der Säugetiere zur Vorherrschaft über das Festland zählt zu den dramatischsten Veränderungen des beginnenden Känozoikum. Zunächst war es gewissermaßen ein kampfloser ökologischer Sieg, da die Dinosaurier das Feld geräumt hatten, und eine Zeitlang blieben die Säugetierarten recht klein und mehr oder weniger nagetierartig. Doch sobald die Gelegenheit gekommen war, machten sie, wie man erwarten konnte, eine eindrucksvolle adaptive Radiation durch. In den ersten zehn Millionen Jahren des Paläogen breiteten sich die Vertreter der Säugetiere weithin aus und entwickelten vielerlei Formen – von Urpferden und Nagetieren bis zu urtümlichen Primaten (Halbaffen) und zu anatomisch wie ökologisch so unterschiedlichen Tieren wie Fledermäusen und Walen.

Die Evolution der Vögel im Altkänozoikum war weniger spektakulär. Wegen ihrer zerbrechlichen, hohlen Knochen und einer Lebensweise, die der Bildung von Fossilien nicht eben förderlich ist, haben sie im Laufe ihrer gesamten Geschichte nur eine schwache Überlieferung hinterlassen. Die Dokumente sind gleichwohl ausreichend, um zu zeigen, daß die große adaptive Radiation der Singvögel, der heute bei weitem größten Vogelgruppe, nicht vor der Mitte der Ära begann. Tatsächlich scheinen im Paläogen die zahlreichsten Vogelgruppen langbeinige Watvögel gewesen zu sein, die in Gestalt und Verhalten an Kraniche und Reiher erinnerten.

Die Vegetation, die den Tieren auf dem Festland als Nahrungsquelle diente,

stand am Schluß der Kreidezeit weiterhin unter der Vorherrschaft der bedecktsamigen Blütenpflanzen; im Laufe des Paläogen entwickelten diese dann in vielerlei Hinsicht moderne Merkmale. Nur zehn bis zwölf Millionen Jahre nach dem Beginn jener Periode bestand etwa die Hälfte aller nachgewiesenen Angiospermengattungen aus solchen, die es auch heute noch gibt. Ursprung und Ausbreitung der Gräser nahmen dagegen mehr Zeit in Anspruch. Zwar erschienen die ersten schon im Altpaläogen, doch erst gegen Ende dieser Periode waren sie über weite Gebiete häufig ver-

Fossile Fledermaus aus dem Eozän. Die Entwicklung der Fledermäuse aus Landsäugetieren das Altkänozoikum ist beispielhaft für die hohe Geschwindigkeit der adaptiven Radiation der Säuger nach dem Abgang der Dinosaurier.

treten. Ihre verzögerte Ausbreitung beruhte teilweise auf weltweiten Klimaveränderungen, mit denen wir uns in diesem Kapitel auch deshalb intensiv beschäftigen werden, weil sie einige heftige Aussterbeepisoden verursacht haben.

Die Meere des Altkänozoikum waren infolge der Krise in der Oberkreide durch den Ausfall verschiedener wichtiger Tiergruppen des Mesozoikum gekennzeichnet; dazu gehörten die Ammonoideen, die Rudisten und die großen schwimmenden Reptilien. Das marine Leben zu Beginn des Känozoikum stellte somit eine Art Restfauna dar, war aber trotzdem im großen und ganzen dem in den heutigen Meeren recht ähnlich. Mit anderen Worten: Die jetzigen Lebensformen haben sich weniger durch grundlegende evolutionäre Umwandlungen aus den überlebenden mesozoischen Formen entwickelt als vielmehr durch die Evolution neuer Arten, Gattungen und gelegentlich auch Familien innerhalb bereits etablierter höherer Taxa wie Ordnungen und Klassen. So standen an der Basis der altpaläogenen Nahrungsketten weiterhin Gruppen des Phytoplanktons, die aus dem Mesozoikum überlebt hatten und deren wichtigste Vertreter — das kalkige Nannoplankton, die Diatomeen und die Dinoflagellaten — ihre Hauptrolle bis heute beibehalten haben, obwohl etwa das Nannoplankton durch die Aussterbewellen am Ende der Kreide zeitweise erhebliche Rückschläge einstecken mußte. Ähnliches gilt für die vorherrschenden Gruppen von Tieren, die sich von jenen einzelligen sowie anderen, am Meeresboden lebenden Algen ernährten: die Seeigel, die Foraminiferen sowie Molluskenklassen der Schnecken und Muscheln.

Die Korallentypen, die unsere heutigen Riffe aufbauen, erhielten zu Beginn des Paläogen eine zweite Chance. Nachdem sie in der Mittelkreide ihre Vormachtstellung an die Rudisten abgegeben hatten, war nun der Weg zur Herrschaft im Riffbereich wieder frei. Es ist jedoch interessant, daß fossile Korallenriffe in der Sedimentüberlieferung der ersten Epoche des Paläogen, des Paläozän, nicht gut vertreten sind, obwohl dieser Zeitabschnitt acht Millionen Jahre dauerte. Offenbar verzögerte sich die Erholung der Korallen um eine geologisch beträchtliche Zeitspanne. Da ein breites Spektrum von Korallenarten die Oberkreidekrise überstanden hatte, kann dieses Schlußereignis des Mesozoikum nicht für die langsame ökologische Genesung verantwortlich sein. Möglich ist jedoch, daß die tropischen Meere in den ersten Millionen Jahren des Paläogen verhältnismäßig kühl blieben.

Zu Beginn des Paläogen hatte sich auch die taxonomische Vielfalt der heute dominierenden Gruppen großer räuberischer Meerestiere — Raubschnecken, Krebse und Teleostei (Echte Knochenfische) — bereits voll entfaltet. Wale entwickelten sich ein paar Millionen Jahre später, auch wenn die mit dem Sammelnamen Delphine belegte Untergruppe erst kurz vor Schluß des Paläogen erschien. Die Waltiere sind gewissermaßen die ökologischen Nachfolger der reptilischen Seeungeheuer des Mesozoikum, allerdings mit der großen Ausnahme der

Bartenwale, welche mit ihren hornigen, kammartigen Barten ungeheure Mengen von Zooplankton aus dem Ozean seihen.

Wir werden uns in diesem Kapitel auf die Schicksale konzentrieren, die einige dieser Gruppen diesmal nicht in einem Massenuntergang, sondern in einem eher zweitrangigen Aussterbeereignis erfuhren. Es gibt gute Gründe, dieses Ereignis im Paläogen in den Brennpunkt zu rücken, auch wenn seine Auswirkungen bei weitem nicht so dramatisch waren wie die der kreidezeitlichen Krise. Die Paläogen-Krise dauerte mehrere Millio-

Das Aussterben im Meeresbereich

Das Leben auf dem Meeresboden war im letzten Teil des Eozän, der zweiten Epoche des Känozoikum, einschneidenden Veränderungen unterworfen. Dabei handelte es sich nicht so sehr um den Untergang von Familien und Ordnungen als vielmehr um das Verschwinden zahlreicher Arten und Gattungen. Schon seit langem weiß man von einem derartigen Aussterben in Europa, wo ihm vor allem Arten mit einer Warmwasserpräfe-

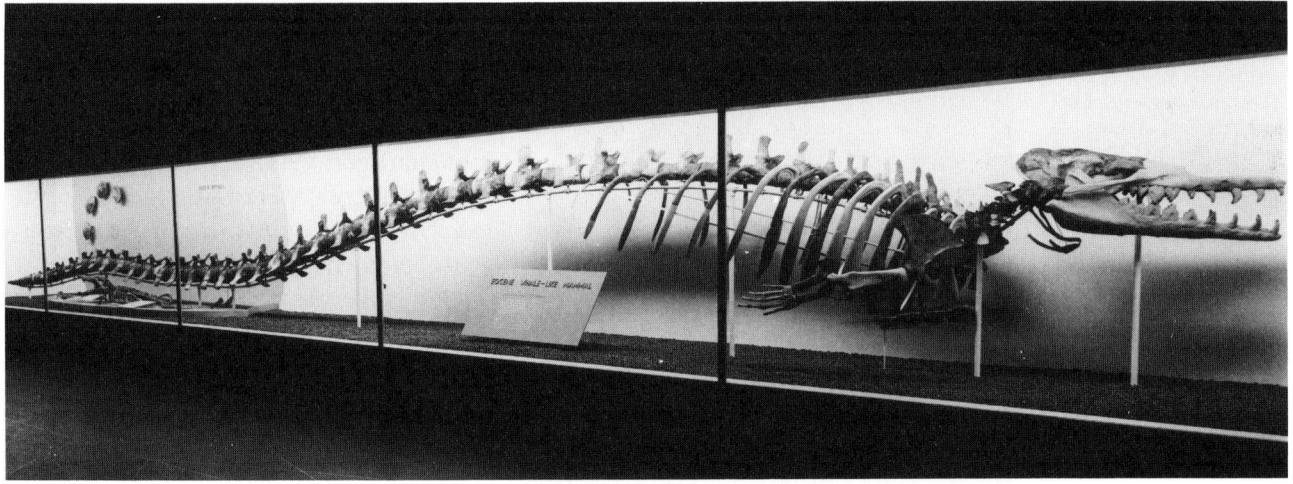

nen Jahre und zog sich über die Grenze zwischen Eozän und Oligozän hin. Weil sie sich vor geologisch relativ kurzer Zeit ereignete, liegt für sie eine besonders gute fossile Überlieferung des Geschehens vor — auch was ihre Ursache betrifft. Zahlreiche verschiedene Belege aus marinen und terrestrischen Ablagerungen deuten auf eine Abkühlung als Hauptauslöser hin, die sich aus Bewegungen der Erdkruste ergeben haben könnte.

renz zum Opfer fielen, also solche, die nahe Verwandte in subtropischen und tropischen Gebieten hatten. Carole Hickman von der Universität von Kalifornien in Berkeley hat dasselbe Aussterbemuster für etwa gleich alte Molluskenfaunen längs der Pazifikküste von Oregon festgestellt. Diese Beispiele lassen wieder genau den gleichen Trend erkennen, den wir schon bei früheren Massensterben beobachtet haben: nämlich

Ein Wal aus dem Eozän. Diese Art erreichte eine Länge von ungefähr 14 Metern. Die rasante Entwicklung der Wale gibt uns wie die der Fledermäuse eine Vorstellung davon, wie dramatisch schnell die Säugetiere im Altkänozoikum zu großer Formenvielfalt gelangten.

Schnecken aus dem Obereozän der Golfküste. Wie viele andere Arten wurden sie zu einer Zeit vom Untergang heimgesucht, aus der uns für diese und weitere Gebiete eine Abkühlung bekannt ist.

Bureau of Geology sowie Thor Hansen von der Western Washington University haben schwere Verluste vom Nordrand des Golfs von Mexiko dokumentiert. In diesem Gebiet ist das Molluskensterben in einer relativ vollständigen Sedimentfolge überliefert, weil dort fast ununterbrochen Material abgelagert wurde, das der Mississippi und kleinere Flüsse ins Meer verfrachteten. Die Krise fand in mehreren Wellen statt, und wie Hansen ermittelt hat, begann sie gegen Ende des Mitteleozän und setzte sich durch das Obereozän bis in das Unteroligozän hinein fort; sie erstreckte sich somit über sieben bis acht Millionen Jahre.

Die Aussterbeereignisse an der Golfküste gleichen früheren biotischen Krisen nicht nur in ihrem langgestreckten und wellenartigen Verlauf, sondern noch in einem anderen Merkmal: Nach Hansens Analyse fielen die einzelnen Aussterbeepisoden nicht mit den Meeresspiegelsenkungen zusammen, die im Krisenzeitraum auftraten. Hansen hat daraus geschlossen, daß die Untergänge nicht durch Meeresspiegelschwankungen ausgelöst wurden, sondern durch Episoden mit klimatischer Abkühlung, die sich, wie in Kürze erläutert werden soll, nachweislich in diesem Zeitabschnitt ereignet haben.

Das Aussterbeintervall zwischen Eozän und Oligozän ist am besten für die planktonischen Lebensformen untersucht. Hier wurde es zuerst durch Untersuchungen an Foraminiferen entdeckt, die über einen Zeitraum von mehreren Millionen Jahren Verluste hinnehmen mußten. Richard Cifelli von der Smith-

einen Trend gegen jene Arten, die an warme Bedingungen angepaßt sind.

Für andere Molluskenfaunen von ungefähr gleichem Alter hat William Zinsmeister von der Purdue-Universität ein verlustreiches Aussterben im Bereich der Antarktis und um Neuseeland festgestellt. David Dockery vom Mississippi

sonian Institution hat wohl als erster auf dieses sich hinschleppende Ereignis aufmerksam gemacht und festgestellt, daß es von einer adaptiven Radiation gefolgt wurde, in deren Verlauf eine Reihe neuer Arten entstand, die den vorangegangenen im großen und ganzen sehr ähnlich waren. Dieses eindrucksvolle Beispiel einer wiederholten Evolution scheint zu veranschaulichen, wie Beschränkungen der Entwicklungswege von Organismen das Evolutionspotential einer Gruppe unterdrücken können. Cifelli hat außerdem festgestellt, daß die von der Krise verschonten Arten,

gruppen mit einbezieht. Die Daten dafür stammen hauptsächlich aus Bohrkernen von Tiefseesedimenten, die im Rahmen des weltweit durchgeführten Deep Sea Drilling Project gewonnen wurden. Die entscheidenden Befunde aus den Bohrkernen beruhen teils auf den Vorkommen der Mikrofossilien selbst, teils auf den Isotopendaten dieser winzigen, vorwiegend von planktonischen Foraminiferen gestellten Skelette. Wir wissen, daß im Laufe des Känozoikum die kontinentalen Gletscher mehr oder weniger ruckartig zu den Dimensionen anschwollen, die sie in der letzten Eiszeit erreichten.

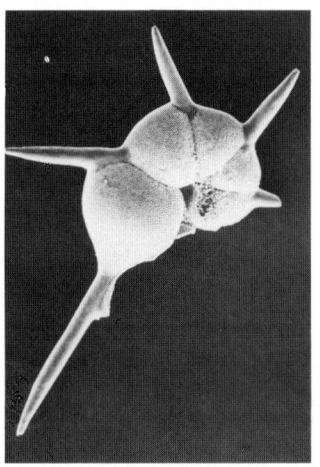 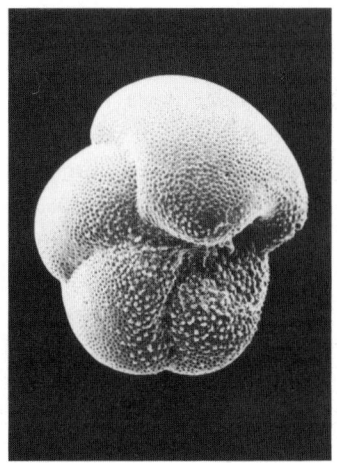 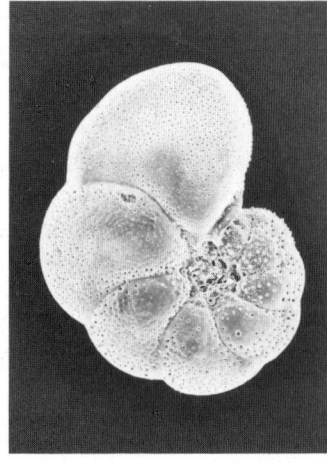 

von denen die folgende adaptive Radiation ausging, zu den als Globigerinen bekannten Gruppen gehörten; die meisten Globigerinenarten der Jetztzeit sind fähig, in kalten Meeren zu leben.

Seit Cifellis anregendem Beitrag haben weitere Bearbeiter ein wesentlich detaillierteres Bild der Untergangsepisoden des Eozän und Oligozän entworfen, das nicht nur die planktonischen Foraminiferen, sondern auch andere Plankton-

Die hier wiedergegebenen paläogenen Foraminiferen veranschaulichen die Formenvielfalt dieser Gruppe in der Zeit vor dem folgenschweren Aussterben im Obereozän und Oligozän. Während der Erholung der Foraminiferen im Neogen entwickelten sich wieder Arten mit ganz ähnlicher Gestalt.

Wie wir bereits früher gesehen haben, bewirkt die Abkühlung des Meerwassers infolge der Gletscherausbreitung, daß die meisten Tiere, die Calciumcarbonat ausscheiden, ein steigendes Mengenverhältnis von Sauerstoff 18 zu Sauerstoff 16 in ihr Skelett einlagern. Dieser Effekt wird allerdings übertrieben, da das leichtere ^{16}O-Isotop gewöhnlich in stärkerem Maße aus dem Meerwasser verdunstet und sich dadurch vermehrt in den Niederschlägen wiederfindet, die letztlich in Gletschern gebunden und somit dem weltweiten Wasserkreislauf entzogen werden. Es gibt viele Hinweise, daß die meisten weitreichenden Abkühlungen im Känozoikum mit einem Gletscherwachstum an einem oder beiden Polen einhergingen. Diese Verknüpfung wirft ein Problem auf. Wie weit ist ein Anstieg des ^{18}O/^{16}O-Verhältnisses in den känozoischen Fossilien einerseits dem Gletscherwachstum, andererseits der Abkühlung zuzuschreiben? Wie dem auch sei — der Schluß, daß es eine gewisse Abkühlung gegeben hat, ist jedenfalls erlaubt.

Man hat herausgefunden, daß kleine Schichtlücken in den Tiefseesedimentfolgen des Känozoikum meist Phasen einer Meeresabkühlung widerspiegeln; offenbar wird der Tiefseeboden zu diesen Zeiten eher ausgewaschen als in langsamem Tempo von feinkörnigem Sediment bedeckt, wie das normalerweise der Fall ist. Erklären läßt sich dies wohl aus der Art der Strömungsbewegungen am Meeresboden. Zu allen Zeiten der Erdgeschichte sind die kältesten Wassermassen der Erdoberfläche auf den Grund abgesunken und haben sich dort seitlich ausgebreitet; sie bilden somit den Wasserkörper, der den tiefsten Bereich der Ozeanbecken einnimmt. Weil heutzutage die Polargebiete recht kalt sind, liegen die Tiefseetemperaturen nur wenig über dem Gefrierpunkt, und das schnelle Absinken großer Kaltwassermassen erzeugt relativ starke Strömungen. Vermutlich vertreten Schichtlücken in den Tiefseebohrkernen also Phasen der Vergangenheit, in denen es an einem oder an beiden Polen kälter wurde.

Tatsächlich hat man in den Foraminiferengehäusen des Obereozän und des Unteroligozän einen deutlichen Anstieg des ^{18}O-Gehalts festgestellt. Während dieser allgemeine Trend offensichtlich ist, bleiben die Einzelheiten unklar, da die ursprünglichen Isotopenverhältnisse nicht perfekt erhalten und Sediment und Mikrofossilien in geringem Maße durch die Grabtätigkeit von Tieren durcheinandergemischt sind.

Mikrofossilien dokumentieren Aussterbeereignisse in einem viel feineren Maßstab, als er durch das Studium größerer Meeresorganismen zu erreichen ist. Mikropaläontologen, die diese Überlieferung untersucht haben, stimmen darin überein, daß sie keine plötzliche Katastrophe widerspiegelt, sondern eine Serie von Aussterbewellen, die sich genau wie die Ereignisse bei den Flachwassermollusken über mehrere Millionen Jahre hinzogen und deren Beginn schon lange vor dem Ende des Eozän lag.

Gerta Keller von der Universität Princeton hat Daten aus mehreren Ozeangebieten zusammengestellt, die darauf hindeuten, daß die planktonischen Foraminiferen vom Eozän bis zum Oligozän fünf Aussterbeschübe erlebt haben. Der erste Impuls erfolgte vor etwa 40 Millionen Jahren an der Grenze zwischen dem Mittel- und dem Obereozän. Das Aussterben in diesem Zeitabschnitt offenbart ein interessantes Muster, das demjenigen der Krise am Schluß der Kreide stark ähnelt: Ausgelöscht wurden Arten mit stacheligen Skeletten, einem typischen Merkmal von Gruppen, die an warme Bedingungen angepaßt waren – welche damals offenbar verschwanden, zumindest über weite Flächen. (Die meisten

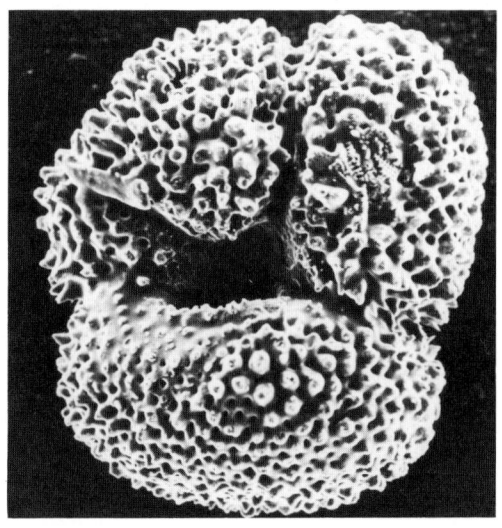

Diese mit kleinen Stacheln besetzte Foraminifere aus dem Obereozän ist typisch für die tropischen Formen, die nicht bis ins Oligozän zu überleben vermochten.

stachellosen Arten des Untereozän, die jenes erste Ereignis überlebten, starben dann im Laufe der vier folgenden Wellen aus.) Der vorhergehende Übergang vom Unter- zum Mitteleozän war dadurch gekennzeichnet gewesen, daß an kühleres Klima angepaßte Arten aus mittleren in niedere geographische Breiten gewandert waren. Dies deutet auf eine weltweite Abkühlung in jenem Zeit-

abschnitt hin, der schließlich mit dem ersten Aussterbeschub endete. Ein weiteres Anzeichen dafür ist eine weitverbreitete Schichtlücke in den Tiefseesedimenten genau an der Grenze, an der sich das Aussterbeereignis zeigt. Die Lücke vertritt eine so kurze geologische Zeit, daß der Anschein eines plötzlichen Aussterbens nicht falsch sein kann; dieses Ereignis dauerte wahrscheinlich höchstens eine Million Jahre oder noch viel weniger. Keller hat außerdem Merkmale des Aussterbens festgestellt, die für die Weltmeere einen Übergang von einem relativ geringen zu einem recht starken vertikalen Temperaturgradienten erkennen lassen; während die Tiefsee zunächst noch relativ warm war, kühlte sie sich dann, als das Oberflächenwasser kühler wurde, noch stärker ab als dieses. Die Belege dafür stammen aus der fossilen Überlieferung der planktonischen Foraminiferen: Deren Fauna differenzierte sich in Untergruppen, die an flache, an mäßig tiefe und an tiefe Gewässer angepaßt waren. Fossil sind sie natürlich miteinander erhalten, weil sie

alle auf den Tiefseeboden herabsanken, aber ihre unterschiedlichen Vorzugstiefen (und -temperaturen) kann man aus den abweichenden Sauerstoffisotopenverhältnissen in den Skeletten ableiten.

Vor etwas mehr als 38 Millionen Jahren ließ ein zweites Ereignis eine kleine Anzahl von Arten direkt aussterben und eine Fülle von anderen einen so ernstlichen Rückgang erleben, daß auch sie bald danach verschwanden. Die meisten der damals in Mitleidenschaft gezogenen Arten waren Vertreter der Gattung *Globigerapsis*. Keller hat festgestellt, daß jenes Ereignis in etwa mit der Ablagerung einer Mikrotektitenschicht übereinstimmt, die sich in breiter Front von der Karibik bis zum Indischen Ozean hinzieht, und daraus die Annahme abgeleitet, daß die Verluste in der Planktongemeinschaft auf einen Kometenschauer oder irgendwelche anderen Objekte außerirdischer Herkunft zurückzuführen seien. Nach einem Vorschlag von Edward Petuch von der Florida International University ist die Depression (Senke), die jetzt von der Sumpfsteppe der Florida Everglades eingenommen wird, dadurch entstanden, daß dort am Ende des Eozän ein Meteor einschlug. Diese neue Hypothese bedarf noch der Überprüfung.

Das dritte Ereignis wird auf etwa 37,5 Millionen Jahre vor der Jetztzeit datiert; es ist erstens durch das endgültige Aussterben von Arten belegt, deren Rückgang schon einige hundert Millionen Jahre früher begonnen hatte, und zweitens durch die Ausbreitung anderer Arten. In den Bohrkernen findet man diesen Faunenwechsel unterhalb eines Horizonts mit zwei Mikrotektitenschichten dokumentiert. Für eine Verknüpfung mit einem außerirdischen Ereignis gibt es also keine Grundlage, und die zahlreichen Schichtlücken in den Tiefseebohrproben lassen auch für diese Zeit auf eine allgemeine Abkühlung schließen. Nach Untersuchungen von Annika Sanfilippo von der Scripps In-

stitution of Oceanography und drei Mitarbeitern liegt die untere Mikrotektitenschicht jedoch in einem Niveau, in dem fünf Radiolarienarten verschwanden. Während etliche Bearbeiter die in diesem Horizont gefundenen glasigen Kügelchen durchaus als „Mikrotektiten" bezeichnen würden, lehnt die Sanfilippo-Gruppe diesen Terminus ab, weil sich jene Gebilde von den normalen Mikrotektiten durch ihren Gehalt an Klinopyroxen, einem Schwermineral, unterscheiden. Aber das ist nur eine Frage der Auslegung, denn allgemein besteht darin Übereinstimmung, daß die Kügelchen vom Einschlag eines oder mehrerer Asteroiden oder Kometen herrühren und daß diesen Ereignissen wohl das Aussterben einer sehr geringen Zahl von Radiolarien- und vielleicht auch Foraminiferenarten zuzuschreiben ist.

Einige Forscher waren früher der Ansicht, das nachfolgende starke Aussterben in der Nähe der Eozän-Oligozän-Grenze habe sich genau an dieser ereignet. Obwohl man diese vierte Krise heute als ein komplexes Ereignis ansieht, das sich über mehrere Millionen Jahre hinzog, ist auch erwiesen, daß einige wenige Arten planktonischer Foraminiferen tatsächlich direkt an der Grenze ausstarben. Ihr Untergang war jedoch, wie Gerta Keller gezeigt hat, keineswegs dramatisch: Die verschwundenen Arten waren schon lange vorher relativ selten geworden. Zwei Fakten lassen annehmen, daß der Übergang vom Eozän zum Oligozän eine Zeit weltweiter Abkühlung gewesen ist. Erstens wuchsen damals die Populationen der Kaltwasserarten kräftig an, während die Häufigkeit der Warmwasserarten abnahm. Zweitens ist das älteste Oligozän in etlichen Gebieten durch Tiefseesedimentlücken gekennzeichnet, die wieder das Auftreten starker temperaturbedingter Strömungen über dem Meeresboden nahelegen.

Das verlustreiche Aussterben setzte sich bis weit ins Oligozän hinein fort; der letzte Schub erfolgte 31 bis 32 Millionen Jahre vor der Gegenwart. Interessanterweise folgte dieses Ereignis, das die meisten aus dem Eozän überlebenden sowie einige neue oligozäne Arten auslöschte, einer biotisch auffällig stabilen Phase. Nach Kellers Daten scheint damals in einem Zeitabschnitt von drei Millionen Jahren, der vor etwa 32,5 Millionen Jahren endete, nur eine einzige Art ausgestorben zu sein. Die Untergänge, die anschließend die Tierwelt heimsuchten, fielen zeitlich mit einer Meeresspiegelsenkung zusammen, die nach Ansicht von Peter Vail und seinen Mitarbeitern von der Exxon Production Research Company die stärkste der vergangenen 100 Millionen Jahre und vielleicht sogar des gesamten Phanerozoikum war. Trotz gewisser Wechselwirkungen zwischen Meeresspiegelhöhe und Abkühlung sind beide doch nicht allzu eng miteinander verknüpft, und viele Forscher vertreten den Standpunkt, daß die Absenkung des Meeresspiegels im Oberoligozän viel gravierender war als der Rückgang der Temperatur.

Marie-Pierre Aubry von der Woods Hole Oceanographic Institution hat entdeckt, daß die Geschichte des kalkigen Nannoplanktons im Eozän und Unteroligozän Parallelen zu derjenigen der planktonischen Foraminiferen aufweist. Allerdings wurden von den erloschenen Nannoplanktonarten weniger durch neue ersetzt — ein Sachverhalt, den man vermutlich dem Umstand zuschreiben kann, daß diese Phytoplanktongruppe überwiegend an warme Bedingungen angepaßt ist. In den etwa sieben Millionen Jahren zwischen dem Mitteleozän und dem Ende dieser Epoche nahm die Anzahl der Nannoplanktonarten in der ganzen Welt um ungefähr 70 Prozent ab: von annähernd 120 Arten auf weniger als 40. Es ist bemerkenswert, daß bei dieser Gruppe — genau wie bei den planktonischen Foraminiferen — die massiven Verluste am Ende des Mitteleozän, also vor etwa 40 Millionen Jahren, einsetzten und zugleich auch ihren Höhepunkt erreichten. Für das kalkige Nannoplankton scheint sich die Krise nicht bis in das Oligozän hinein fortgesetzt zu haben. Allerdings sind die Floren dieser Gruppen nach Aubrys Angaben in Reaktion auf die Abkühlung im letzten Teil des Eozän und auch noch im Unteroligozän aus hohen Breiten äquatorwärts gewandert.

Die bereits erwähnte Tatsache, daß die Sauerstoffisotopenkurven für die Tiefsee eine stärkere Abkühlung anzeigen als für das Oberflächenwasser — ablesbar an der Skelettzusammensetzung bodenlebender Foraminiferen beziehungsweise planktonischer Arten —, ist recht einfach zu erklären. In diesen Temperaturdiskrepanzen spiegelt sich wider, wie sich im ausklingenden Eozän die allgemeine thermische Beschaffenheit der Weltmeere veränderte. In jener Zeit entwickelte sich nämlich die Psychrosphäre, jene

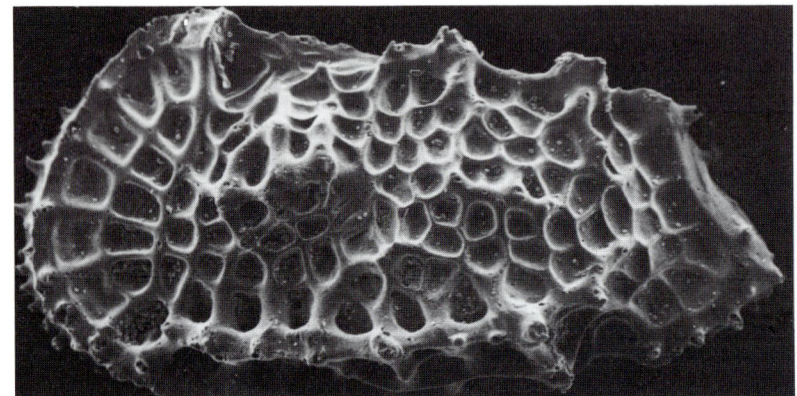

kalte Bodenwasserschicht der Ozeane, die sich aus dem an den Polen absinkenden, eiskalten und somit dichteren Wasser speist. Richard Benson von der Smithsonian Institution schloß schon in den siebziger Jahren aus Veränderungen in der Zusammensetzung von Ostraco-

Rasterelektronenmikroskopische Aufnahme eines oligozänen Ostracoden (Muschelkrebs) der Tiefsee. Diese Art ist eine von vielen, welche die nun stark abgekühlten Gewässer der Tiefsee besiedelten.

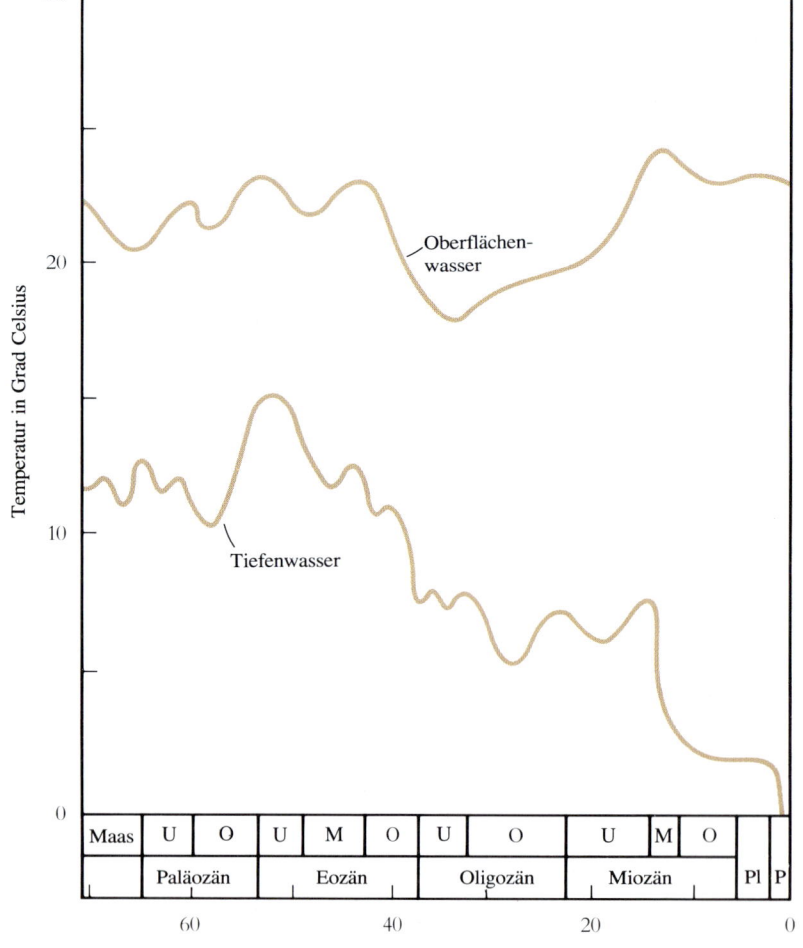

Geschätzte Oberflächen- und Bodenwassertemperaturen im tropischen Pazifik während des Känozoikum. Die Kurven fußen auf Sauerstoffisotopendaten von Fossilien planktonischer und bodenlebender Mikroorganismen. Beide Wasserbereiche kühlten in der Übergangszeit vom Eozän zum Oligozän deutlich ab.

denfaunen der Tiefsee, daß die Psychrosphäre im Eozän-Oligozän-Übergangsbereich entstand; Ostracoden oder Muschelkrebse sind winzige zweiklappige Krebschen, die eine ausgezeichnete Fossilüberlieferung hinterlassen haben. Auch die Foraminiferen des Tiefseebodens veränderten sich in jener Zeit, allerdings nicht so deutlich; ihnen scheint der Temperaturwechsel vergleichsweise wenig ausgemacht zu haben.

Der Grund für die stärkere Abkühlung der Tiefseegewässer liegt darin, daß die Temperatursenkung von einer Klimaverschlechterung in der Südpolgegend ausging und sich das dort absinkende kalte Wasser über den gesamten Meeresboden ausbreitete. Wie es auch heute der Fall ist, drangen die kalten polaren Wassermassen nur dann bis in die Flachmeere der niederen Breiten vor, wenn starke Oberflächenströmungen sie äquatorwärts mitschleppten oder wenn sie in Auftriebsgebieten aus großen Tiefen nach oben gedrückt wurden. Nichtsdestotrotz zeugen die weiter oben umrissenen Entwicklungen der Mollusken, der Planktonlebewesen und der Sauerstoffisotopen davon, daß auch weite Flachmeerbereiche im Obereozän und Unteroligozän beachtliche Temperaturrückgänge erlebten. Dieses Bild findet seine Entsprechung in den Mustern der biotischen Veränderungen auf dem Festland, wo es ebenfalls in der Tierwelt beträchtliche Verluste gab.

Abkühlung und Krisen auf dem Festland

Der Nachweis für eine klimatische Abkühlung in terrestrischen Lebensräumen des Eozän und Oligozän ergibt sich in erster Linie aus Veränderungen bei den Angiospermen. Jack Wolfe vom U. S. Geological Survey hat für das westliche Nordamerika von Kalifornien bis Alaska sowie für die Golfküste mehrere drastische Rückgänge von fossilen Arten mit ganzrandigen (glattrandigen) Blät-

Klimaveränderungen in Nordamerika im Laufe des Eozän und Oligozän. Die Kurven, die für vier Gebiete das gleiche Muster zeigen, sind anhand des prozentualen Anteils der Angiospermenarten mit ganzrandigen Blättern erstellt worden.

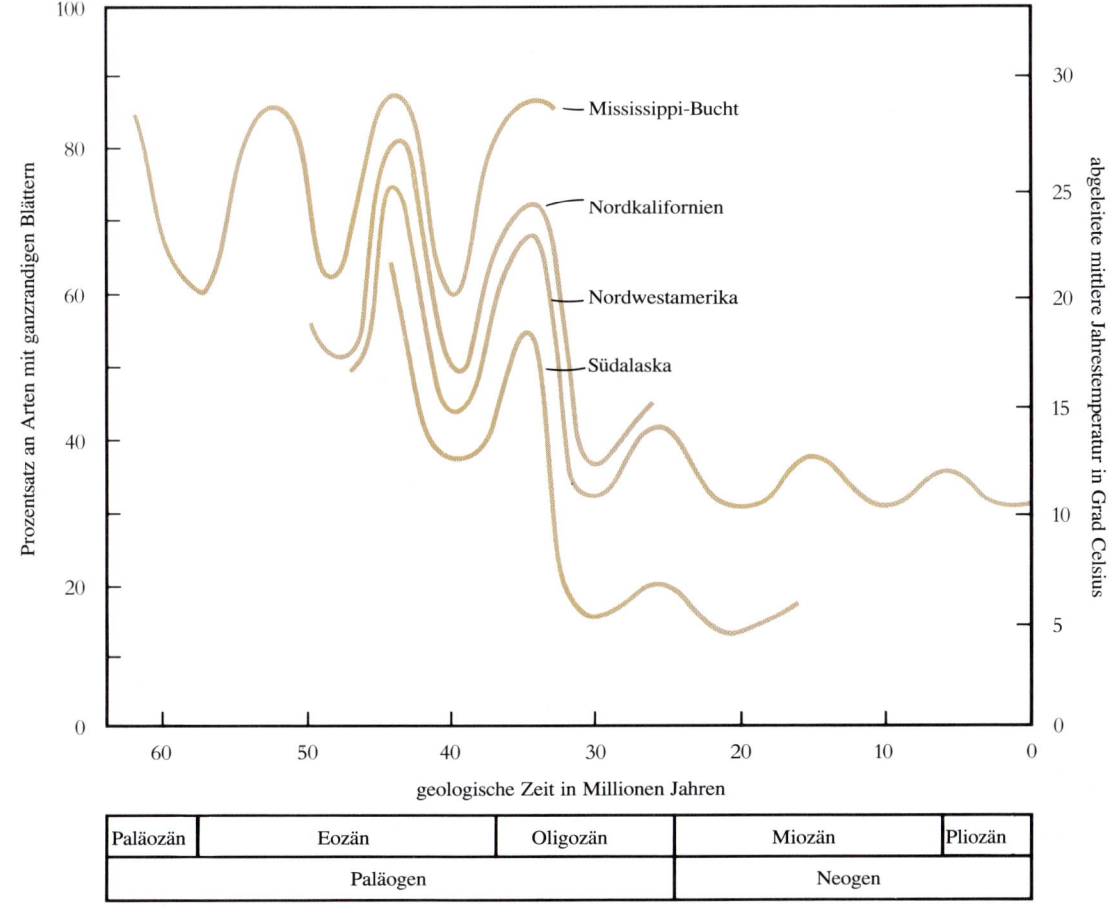

191

tern dokumentiert. Diese Rückgänge, die im Mitteleozän begannen und sich bis in das Oligozän fortsetzten, verliefen in Wellen und lassen auf impulsartige Episoden mit verringerten Jahresdurchschnittstemperaturen schließen. Die letzte große Abkühlungsepisode fand vor etwas mehr als 30 Millionen Jahren statt und damit offenbar zu der Zeit, als auch die letzte Aussterbewelle hereinbrach und der Meeresspiegel auf seinen niedrigsten Stand im Känozoikum absank. Das Zeitraster dieser Ereignisse ist besonders genau für den pazifischen Nordwesten der Vereinigten Staaten bekannt, wo man mit fossilen Blättern assoziierte vulkanische Gesteine radiometrisch datiert hat. Hier und auch an der Golfküste offenbaren die fossilen Floren eine Abkühlung, die mit den bereits beschriebenen regionalen Massenuntergängen im Meer zeitlich übereinstimmt.

In Großbritannien scheint sich das Klima bereits etwas früher verschlechtert zu haben. Margaret Collinson vom Kings College in London hat mit ihren Mitarbeitern das Schicksal der Flora des London Clay („London-Ton") in Südengland untersucht, das im Untereozän bemerkenswerterweise tropisch oder fast tropisch war. Viele der in dieser Tonschicht vertretenen Familien kommen heute vor allem in den Tropen vor, und die gesamte damalige Flora ist mit dem Dschungel im heutigen Malaysia verglichen worden. Der London Clay und die jüngeren Ablagerungen über ihm stellen eine praktisch vollständige Schichtenfolge vom Untereozän bis in das Oligozän dar. Ihre fossilen Floren, die aus Samen, Früchten, Pollen und Sporen be-

stehen, zeugen von einem Temperaturrückgang im jüngsten Untereozän, der zum Verschwinden vieler tropischer und subtropischer Pflanzenarten führte. Eine weitere Episode des Klimawechsels in dieser Region ereignete sich im Obereozän.

Möglicherweise fielen im allgemeinen die Abkühlungswellen auf dem Festland zeitlich mit denjenigen im Weltmeer zusammen, doch angesichts der Tatsache, daß in England größere Veränderungen offenbar schon vor dem Beginn des Aussterbens im Meeresbereich einsetzten, ist zu vermuten, daß die weltweiten Abkühlungsmuster räumlich und zeitlich variabel waren.

Auch die Landsäugetiere hatten unter den Auswirkungen der Klimaverschlechterung zu leiden, wie Donald Prothero vom Occidental College in Los Angeles untersucht hat. Die nordamerikanischen Faunen, die im Gebiet westlich des Mississippi, etwa in den Badlands von Süd-Dakota, erhalten sind, erlebten zwei Phasen mit heftigen Umstürzen: eine im Obereozän und eine im Oberoligozän. Das zweite Intervall liegt etwas mehr als 30 Millionen Jahre zurück. Wie schon erwähnt, sank damals der Meeresspiegel drastisch, und die Festlandsfloren gestalteten sich um. Während des ersten Faunenwechsels erloschen viele Säugetierarten und auch eine mäßige Anzahl von Gattungen, von

Die Badlands von Süd-Dakota sind durch Erosion oligozäner Sedimente entstanden, die eine reiche fossile Säugetierfauna beherbergen. Wie die Überlieferung zu erkennen gibt, erlebte diese Fauna im Mitteloligozän ein massives Aussterben.

denen die meisten allerdings schon länger auf dem Rückzug waren: Überbleibsel von Gruppen, die ihre Blütezeit bereits weit hinter sich hatten. Gleichzeitig entstanden viele neue Gruppen. Nach Protheros Ansicht beruhten diese Veränderungen großenteils auf einem Faunenaustausch zwischen Nordamerika und Asien. Diese Wanderungen erfolgten über die Beringstraße, die in Zeiten niedrigen Meeresspiegels wohl Sibirien und Alaska miteinander verband, oder über Grönland, das damals mit der Alten wie der Neuen Welt noch weitgehend zusammenhing.

Die Krise im Oligozän war weniger zerstörerisch. Zu ihren Opfern gehörten die Titanotheria (oder Brontotheria), gewaltige nashornähnliche Tiere mit stumpfen Hörnern. Deren gute Erhaltung und Datierung erlaubte es Prothero abzuschätzen, daß das Aussterbeintervall nicht länger als 200 000 Jahre gedauert hat. Fossile Böden in den Badlands scheinen zuverlässig auf klimatische Ursachen hinzudeuten. Gregory Retallack von der Universität von Indiana hat hier entdeckt, daß zur Zeit des Faunenwechsels Böden vom Typ der mäßig feuchten offenen Waldgebiete sol-

chen vom Typ der halbtrockenen Wald- und Grassteppen Platz machten. Dieses Indiz einer zunehmenden Trockenheit kommt nicht unerwartet. Die Absenkung des Meeresspiegels dürfte die Inlandsgebiete extrem weit von den Ozeanen entfernt haben, die letztlich die Quelle der Luftfeuchtigkeit sind. Somit scheint beides, Abkühlung und zunehmende Trockenheit, zu den Florenwechseln beigetragen zu haben, die ihrerseits den Niedergang solcher Säugetierarten herbeiführten, welche in ihrer Ernährung von bestimmten Pflanzensorten abhängig waren.

Die Abtrennung der Antarktis: Ein Modell für die weltweite Abkühlung

Wir haben nun zwar Belege für eine klimatische Abkühlung in einer Zeit größerer biotischer Umgestaltungen angeführt, nicht aber die Frage angeschnitten, wie diese Abkühlung denn zustande kam. Ein für die Ursachenforschung besonders wichtiger Befund ist der, daß in der Übergangszeit vom Eozän zum Oligozän die ozeanische Psychrosphäre entstand. Jenes für den Wärmehaushalt der

Lebensbild der oligozänen Säugetierfauna des westlichen Nordamerika vor der Krise im Mitteloligozän: Die gewaltigen nashornähnlichen Titanotheria verschwanden damals aus der Tierwelt.

Erde bedeutsame Ereignis richtet unser Augenmerk erneut auf die Pole, die Quellen der kalten Tiefseegewässer, und hier besonders auf den Südpol; denn Tiefseebohrkerne aus der Antarktis belegen, daß dort das Kaltwasserplankton etwa zur selben Zeit aufzublühen begann, als sich die Psychrosphäre entwickelte.

James Kennett und Margaret Murphy von der Universität von Rhode Island

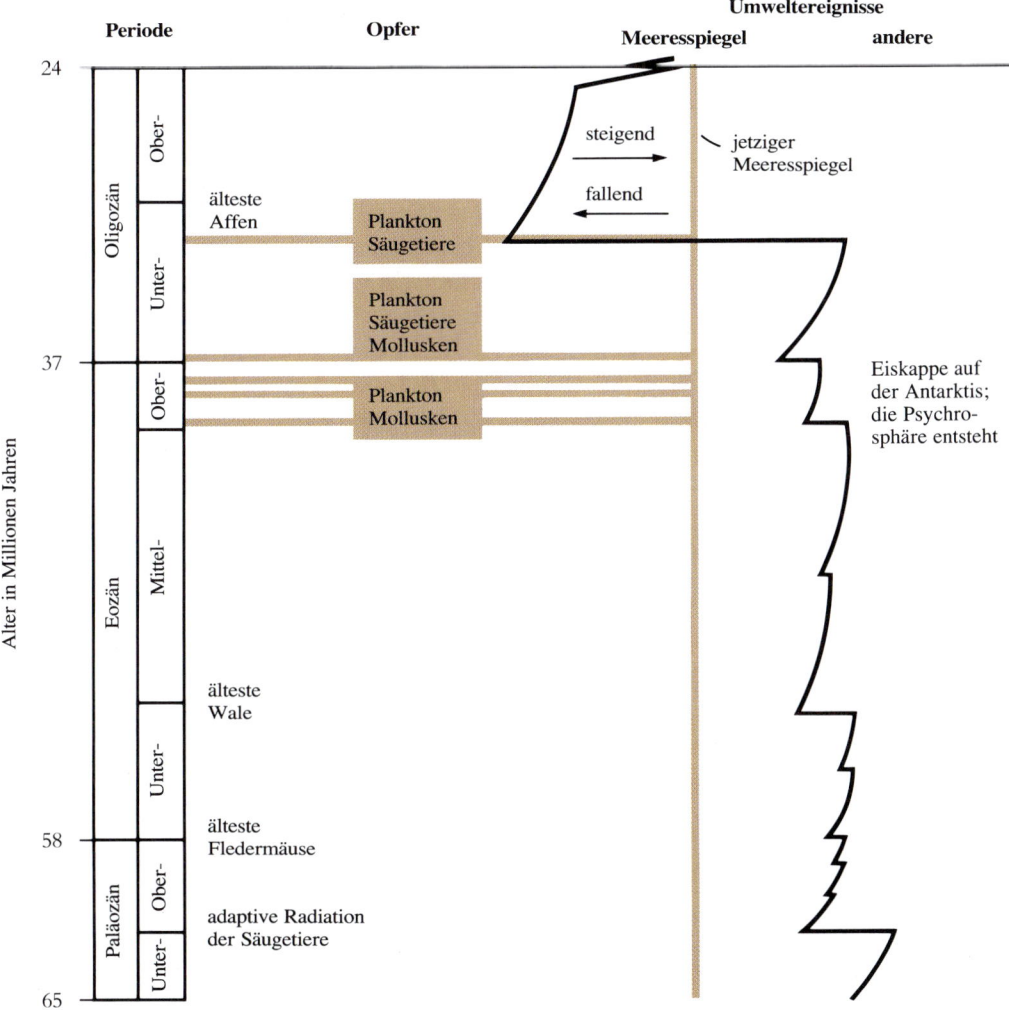

Wichtige Ereignisse im Paläogen. Viele Aussterbewellen gingen der drastischen Meeresspiegelsenkung im Oligozän voraus.

haben ein plattentektonisches Modell für die Entstehung der Psychrosphäre vorgeschlagen, das eine gute Aufnahme erfahren hat. Die Gewässer um die Antarktis sind heute in die sogenannte zirkumantarktische Strömung eingebunden, eine kreisförmige Wasserzirkulation im Uhrzeigersinn, die durch die südlichen Anteile der gegensinnig laufenden atlantischen, pazifischen und indischen Strömungen aufrechterhalten wird. Die zirkumantarktische Strömung ähnelt also gewissermaßen einem Zahnrad, das durch drei andere gedreht wird, und sie arbeitet wie eine Kühlmaschine für die Tiefsee, indem sie Wasser aus den höheren Breiten einfängt, kräftig abkühlt und in große Tiefen absinken läßt, von wo es sich äquatorwärts ausbreitet.

Bis gegen Ende des Eozän war der antarktische Kontinent noch mit Südamerika und Australien verbunden, weshalb es damals noch keine zirkumantarktische Strömung gab. Wie Kennett angeführt hat, löste sich Australien am

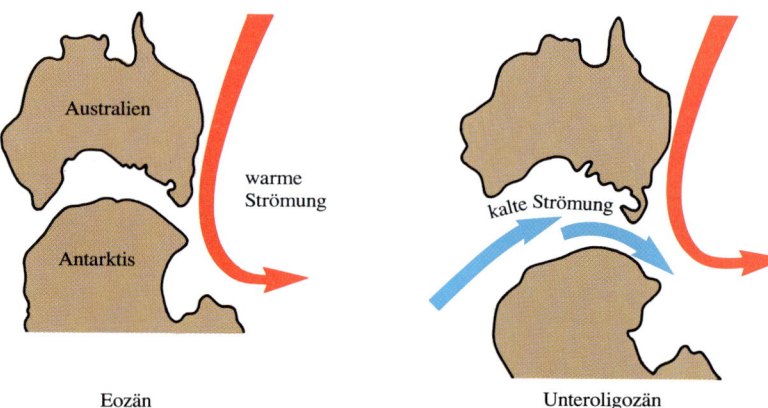

Die Ablösung Australiens von der Antarktis während des Eozän und Oligozän. Die Trennung dieser beiden Bruchstücke von Gondwanaland ließ eine kalte Ozeanströmung entstehen, die jene warme Strömung ablenkte, welche zuvor noch die Antarktis erreicht hatte. Der antarktische Kontinent kühlte sich daraufhin merklich ab, und das Wasser in seiner Umgebung fing an, in die Tiefsee abzusinken.

Schluß dieser Epoche von der Antarktis, so daß nun ein Kaltwasserstrom zwischen ihnen den ersten Abschnitt der zirkumantarktischen Strömung bilden konnte. Vor dieser Trennung war die warme Kreisströmung des Südpazifik gegen die Antarktis angebrandt, doch der neuentstandene Kaltwasserstrom lenkte sie jetzt nach Norden ab, bevor sie den Polarkontinent erreichte. Südamerika blieb noch Millionen von Jahren mit der Antarktis verbunden, nachdem Australien sich schon völlig abgelöst hatte. Aber die Abtrennung von Australien genügte, um Packeis entstehen und kaltes Wasser in die Tiefsee absinken zu lassen; so entstand die Psychrosphäre.

Im Mitteloligozän, also vor etwa 33 Millionen Jahren, vertiefte sich die Meeresstraße zwischen der Antarktis und Australien, und die kalte Strömung wurde stärker. Dies spiegelte sich im Wachstum von Gletschern auf der Antarktis ebenso wider wie in der Ausbreitung von Diatomeen in den umgebenden Meeren — also von einer kälteliebenden Phytoplanktongruppe, deren Kieselskelette auf den Tiefseeboden sinken und dort fossilisiert werden.

Die genauen zeitlichen und räumlichen Muster des Klimawechsels im Eozän sind nicht bekannt, aber allem Anschein nach fielen die in diesem Kapitel beschriebenen weitreichenden Aussterbewellen des Obereozän mit dem Beginn der Abkühlung in der Antarktis zusammen. Der letzte Aussterbeschub im Mitteloligozän scheint sich ereignet zu haben, als die kalte Strömung zwischen der Antarktis und Australien stärker wurde. Zu den verschiedenen Aussterbeereignissen, die offensichtlich in Wellen stattfanden, kam es, wenn kalte Temperaturen in die niederen Breiten transportiert wurden, sei es durch Winde, durch besondere Meeresströmungen, die dem zirkumantarktischen Strom Wasser entzogen, oder durch den Aufstieg von kaltem Wasser aus der Tiefsee in Auftriebsgebieten. Die Klimageschichte der Erde erfuhr durch diese Ereignisse einen tiefgreifenden und dauerhaften Wandel. Wie wir im nächsten Kapitel sehen werden, gipfelte dieser in der letzten Eiszeit, in der sich über weite Gebiete der nördlichen Hemisphäre mehrfach Eisdecken ausbreiteten.

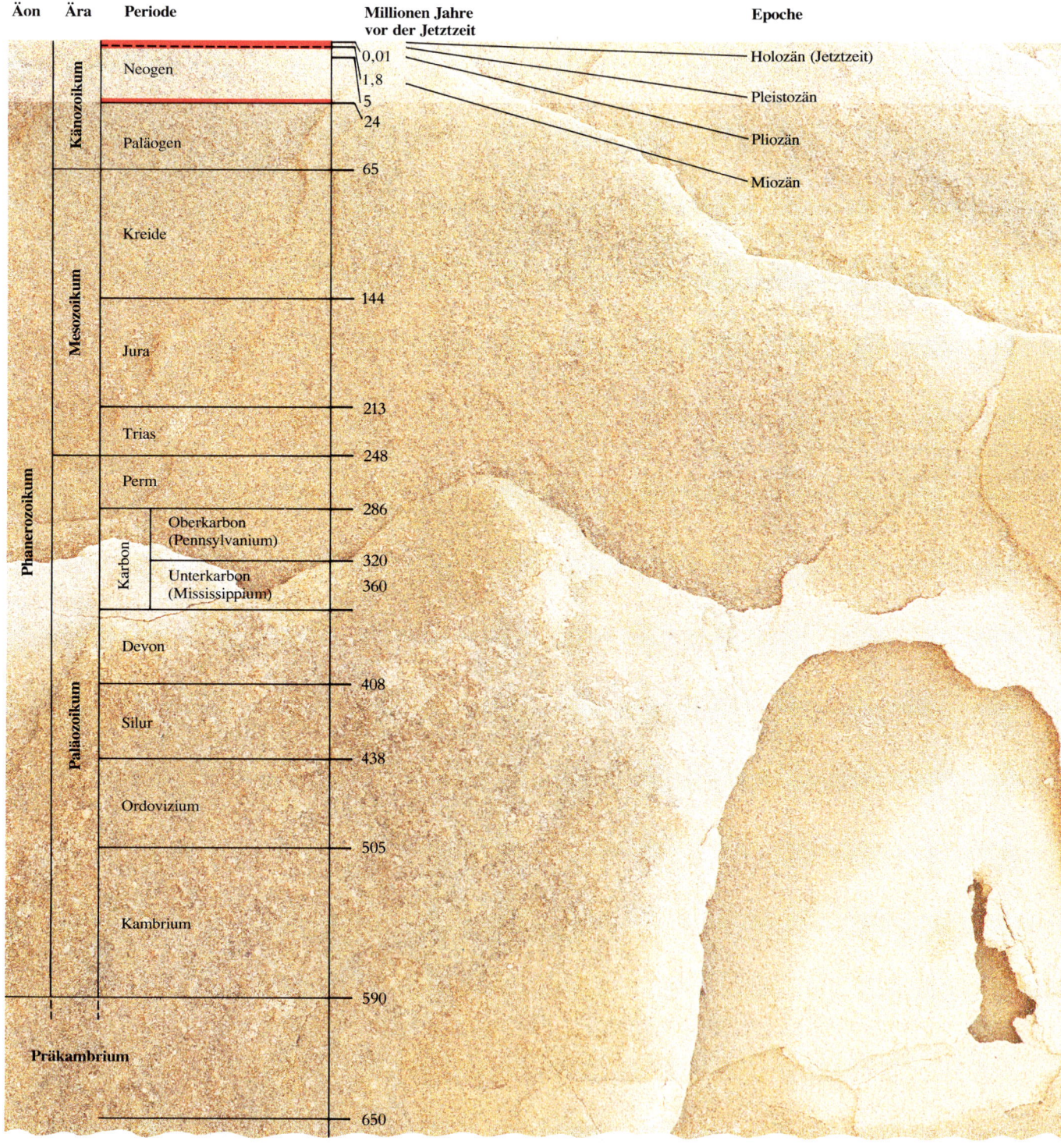

Äon	Ära	Periode		Millionen Jahre vor der Jetztzeit	Epoche
	Känozoikum	Neogen		0,01 / 1,8 / 5 / 24	Holozän (Jetztzeit) / Pleistozän / Pliozän / Miozän
		Paläogen		65	
	Mesozoikum	Kreide		144	
		Jura		213	
		Trias		248	
Phanerozoikum		Perm		286	
		Karbon	Oberkarbon (Pennsylvanium)	320	
	Paläozoikum		Unterkarbon (Mississippium)	360	
		Devon		408	
		Silur		438	
		Ordovizium		505	
		Kambrium		590	
Präkambrium				650	

Das Aussterben im Neogen: Unser unmittelbares Erbe

Die Periode des Neogen umspannt ungefähr die letzten 24 Millionen Jahre und umfaßt neben der relativ langen Epoche des Miozän, die erst vor fünf Millionen Jahren endete, die fortschreitend kürzeren Epochen Pliozän, Pleistozän und Holozän (Jetztzeit). Das Pleistozän sehen wir gewöhnlich als die jüngste Eiszeitphase in der nördlichen Hemisphäre an, aber tatsächlich breiteten sich die känozoischen Inlandgletscher hier schon im Mittelpliozän vor ungefähr drei Millionen Jahren zum ersten Mal aus. Außerdem ist die Vereisungsperiode noch nicht abgeschlossen. Den Begriff „Jetztzeit" (Holozän) benutzen wir übereinkunftgemäß für die letzten 10 000 Jahre nach dem jüngsten Rückzug der kontinentalen Gletscher. Der Mensch existierte bereits in den meisten oder in allen Vereisungsepisoden des oberen Neogen. Gegenwärtig erfreuen wir uns einer geologisch kurzen Aufschubfrist, einer Warmzeit oder Zwischeneiszeit, doch aus dem festgestellten zeitlichen Muster der Vereisungen läßt sich die Warnung ablesen, daß sich in wenigen Jahrzehntausenden die Gletscher fast mit Sicherheit wieder ausbreiten werden.

Tatsächlich wurden im gesamten Neogen die Veränderungen im Ökosystem stark von Klimawechseln bestimmt. Der allgemeine Trend zu sporadischen Klimaverschlechterungen setzte letztlich nur die im Eozän einsetzenden Veränderungen fort. Nie wieder hat ein so warmes Klima auf der Welt geherrscht wie im Untereozän, als in Südengland ein tropischer oder fast tropischer Dschungel wuchs und Alaska weitgehend von Wäldern der gemäßigten Klimazonen bedeckt war.

Die Zusammensetzung des Lebens im Meeresraum veränderte sich im Laufe des Neogen nur wenig; am auffälligsten war vielleicht noch die Ausdifferenzierung der Familie der Wale, insbesondere die adaptive Radiation der Delphine. Auf dem Festland dagegen bot sich eine völlig andere Situation. Wegen ihrer großen Klimaempfindlichkeit unterlagen die Landpflanzen im Laufe des Neogen einem starken Wandel, der sich schon im Oligozän angedeutet hatte. Zu den auffallendsten Florenwechseln gehört die Ausbreitung von Grasflächen auf Kosten der Wälder. Wie die Prärien Nordamerikas und die Savannen Afrikas belegen, sind mäßig trockene Bedingungen für Graspflanzen förderlich. Die Gräser hatten sich im Unterpaläozän entwickelt, spielten aber zunächst nur eine geringe ökologische Rolle. Doch mit der klimatischen Abkühlung dehnten sich die für ihre Ausbreitung vorteilhaften trockeneren Lebensräume allmählich über weite Flächen aus. Ebenfalls von großer Bedeutung war im Neogen die adaptive Radiation und ökologische Ausbreitung jener Blütenpflanzen, die wir Kräuter nennen; dabei handelt es sich um Pflanzen, die ganz oder bis auf unterirdische Teile absterben, nachdem sie ihre Samen ausgestreut haben. Ihre heutzutage größte Familie, die Kompositen oder Korbblütler, umfaßt etwa 10 000 Arten, darunter Gänseblümchen, Astern, Sonnenblumen sowie etliche verschiedene Gruppen, die wir pauschal als „Unkraut" bezeichnen. Unkräuter vermögen einmal gewonnenes Terrain zwar nur schwer zu behaupten, da sie schwache Wettbewerber um Raum und Nahrung sind, aber ihre Fähigkeit, unbesetzte

Lebensräume zu besiedeln, ist hoch entwickelt. Im Neogen haben sie sich hauptsächlich aus diesem Grunde ausgebreitet, denn das harte und unbeständige Klima jener Periode bot diesen typischen Pionierpflanzen günstige Gelegenheiten, sich vorübergehend prächtig zu entfalten. Da Unkräuter Ruhestadien besitzen, gedeihen sie auch in Klimaten mit stark ausgeprägten Jahreszeiten, und weil sie sehr wirkungsvoll nackte Bodenflächen erobern und sich darauf ausbreiten, entwickelten sie sich stets dann besonders üppig, wenn andere Vegetationsformen plötzlich erloschen.

ben, aber es ist bemerkenswert, daß Ratten, Mäuse und viele Singvögel sich in hohem Maße von den Samen solcher Pflanzen ernähren und daß Schlangen wiederum Ratten, Mäuse und Vogeleier in großer Zahl fressen. Unter den anderen Säugetiergruppen, die im Neogen entstanden oder sich auffällig weiterentwickelten, hatten die Bovidae (Rinder, Antilopen, Schafe und ihre Verwandten) ihren Aufschwung vorwiegend der Ausbreitung der Grasflächen und der Expansion der Kräuter zu verdanken. Aber noch bevor diese Hornträger ihre dominierende Stellung eroberten, durch-

Eine Hochgrasprärie in Iowa — ein Überrest eines Naturwiesentyps, wie er sich während der Klimawechsel des Neogen im nördlichen Amerika ausbreitete.

Auch die Tierwelt des Festlandes reagierte auf die Klimaverschlechterung — vor allem, weil sie sich an die veränderte Vegetation anpassen mußte. Zu den Tiergruppen, die im Neogen die beeindruckendsten adaptiven Radiationen durchmachten, gehören Ratten, Mäuse, Singvögel und Schlangen. Ihre Erfolge lassen sich wohl nicht allein der Ausbreitung der Gräser und Kräuter zuschrei-

Fossile Pferdezähne vom hochkronigen und vom flachkronigen Typ. Der hochkronige Zahn ist kennzeichnend für alle heutigen Vertreter der Pferdefamilie; er eignet sich zum Zermahlen harter Gräser und wächst lebenslang nach, um die ständige Abnutzung zu kompensieren. Ein flachkroniger Zahn wie der rechts gezeigte ist an das Kauen von weichem, blattartigem Pflanzenmaterial angepaßt.

lief im Laufe von Oligozän und Miozän die Familie der Pferde Veränderungen, die man dem Vegetationswechsel zuschreiben muß. Während sich Pferdearten entwickelten und ausbreiteten, die dank hochkroniger Backenzähne besonders gut an das Mahlen fester Gräser angepaßt waren, wurden die Typen mit flachkronigen Backenzähnen, die sich nur zum Blätterkauen, nicht aber zum Grasen eignen, zurückgedrängt. Alle heute lebenden Mitglieder der Pferdefamilie, einschließlich der Zebras und Esel, sind Grasäser.

Wie die Beschreibung dieser vom Klima gesteuerten Ereignisse ahnen läßt, hat es im Neogen keine biotischen Krisen gegeben, die man im Vergleich mit den großen Katastrophen der ferneren Vergangenheit als Massensterben bezeichnen könnte. Offenbar hat der Schock der anfänglichen Klimaveränderungen im Obereozän und Unteroligozän das Ökosystem so umgestaltet, daß die meisten der erhaltenen Biota gegen die nachfolgenden Wechselfälle innerhalb des neuen Großklimas gefeit waren. Verschiedene Organismengruppen haben im Laufe des Neogen in bestimmten Gebieten zu bestimmten Zeiten Aussterbeverluste hinnehmen müssen, aber es hat keine größere Krise in weltweitem Maßstab gegeben. Selbst die Verluste aus dem Eozän-Oligozän-Intervall summieren sich nur zu einem schwachen Massenuntergang.

Obwohl die Aussterbeereignisse im Neogen wenig spektakulär waren, erwecken sie aus zwei Gründen großes Interesse. Erstens lassen sie sich besonders gut un-tersuchen, weil sie durch Fossilien in noch weichem Sediment dokumentiert sind, bei denen Skelettreste und andere Merkmale oft einen bemerkenswert guten Erhaltungszustand aufweisen. Und zweitens sind die Ereignisse im Neogen nach geologischem Maßstab ein Teil unserer jüngsten Geschichte, so daß sie aus unserer Perspektive eine Aktualität besitzen, die den Episoden der ferneren Vergangenheit fehlt.

Das Miozän: Eine Epoche geringen Aussterbens

Im Mittelmiozän, vor grob geschätzt 14 Millionen Jahren, fand in den Ozeanen eine bezeichnende Umgestaltung statt. Veränderungen der Sauerstoffisotopenverhältnisse in fossilen Skeletten von Tiefseeforaminiferen lassen auf eine Senkung der Tiefseetemperaturen um vielleicht sieben bis acht Grad Celsius schließen. Dieser Wert ist insofern ungenau, als wir wieder einmal vor dem alten Problem stehen, nicht zu wissen, inwieweit der Anstieg des ^{18}O-Anteils der klimatischen Abkühlung oder dem Wachstum kontinentaler Eisdecken zuzuschreiben ist. Fest steht allerdings, daß sich die ostantarktische Eisdecke zu jener Zeit ausdehnte, denn der mit den Eisbergen ins Meer hinausgeflößte Moränenschutt lagerte sich plötzlich weiter von der Antarktis entfernt ab als vorher. Diese Veränderung deutet an, daß sich damals mehr Eisberge ablösten, weil vermehrt Gletscherzungen die antarktische Küste erreichten. Infolge des verstärkten Abstiegs kalten Antarktiswassers in die Tiefsee quoll auch weit ab

201

von den Polen vermehrt kühles Wasser empor. Dies wird durch die Fossilüberlieferung der Diatomeen bezeugt, die zu jener Zeit in Gegenden wie der Küstenzone von Kalifornien gediehen. Gleichwohl zeigen Verschiebungen in den Isotopenwerten und der taxonomischen Zusammensetzung des Planktons, daß die Meere sich nicht überall abkühlten. In niedrigen Breiten scheinen die Oberflächentemperaturen sogar ein wenig zugenommen zu haben. Demnach entwickelte sich also zwischen den Polen und dem Äquator ein steiler Temperaturgradient – besonders in der südlichen

lung kaum auf die Flachmeere (und vermutlich auch nicht auf das Festland) niederer Breiten durchschlug, führte insgesamt kein bedeutendes Aussterben herbei; die einzige Ausnahme bildete die Tiefsee, wo sich natürlich durchgreifende Veränderungen einstellten, weil die antarktischen Gewässer sich über den gesamten Tiefseeboden ausbreitcten. Dic Ereignisse im Mittelmiozän waren bei weitem nicht mit den großen Katastrophen früherer Zeiten vergleichbar, in denen fast immer das Leben in den tropischen Flachmeeren katastrophal angeschlagen wurde.

Die heutige Ausdehnung der Gürtel mit Gletscherschutt und Diatomeensedimenten auf dem Meeresboden rund um die Antarktis. Diatomeen sind besonders gut an die kühlen Gewässer in der Nähe dieses Polkontinents angepaßt.

Aus dem Tiefseeboden entnommene Bohrkerne offenbaren, daß sich am Ende des Miozän, also vor fünf bis sechs Millionen Jahren, die antarktische Eiskappe erneut ausdehnte. Belegt wird dies durch die nördliche Expansion jenes Gürtels von kieseligen Tiefseesedimenten, der die Antarktis umgibt. Seine Existenz beruht auf der großen Fülle von planktonischen Diatomeen, die das kalte Wasser dieses Bereichs besiedeln und nach dem Tode ihre Kieselsäureskelette zurücklassen. Die Ausbreitung solcher Sedimente am Schluß des Miozän spiegelt ein Vordringen kalter Wassermassen rund um die Antarktis wider, das seinerseits auf eine Ausdehnung der antarktischen Eiskappe hindeutet. Die daraus resultierende Meeresspiegelsenkung übte eine besonders nachhaltige Wirkung auf das Mittelmeer aus, das für eine geologisch kurze Zeit tatsächlich trokkenfiel. Offensichtlich wurde die Verbindung zwischen dem Mittelmeer und dem Atlantischen Ozean unterbrochen, als der Meeresspiegel unter die Höhe je-

Hemisphäre; tatsächlich hatten sich in der Arktisregion der nördlichen Hemisphäre damals noch keine Eisdecken ausgebreitet. Dieses allgemeine Muster des Klimawechsels, bei dem die Abküh-

ner Schwelle sank, über die diese Verbindung zuvor aufrechterhalten worden war (und auch später wieder lief): die Straße von Gibraltar. Den Nachweis dafür, daß das isolierte Mittelmeer infolgedessen austrocknete, liefern Salzlager, die in der Beckenmitte unter jüngeren Sedimenten liegen. Sie wurden aus dem Salzwasser darüber ausgefällt, als dieses verdunstete und lediglich durch einen geringen, wohl überwiegend von benachbarten Festlandsgebieten stammenden Zustrom frischen Wassers ergänzt wurde. Tiefe Täler, die sich einschnitten, als das Mittelmeer sehr niedrig stand, sind auch unter großen Flüssen der Jetztzeit, wie der Rhône, dem Po und dem Nil, entdeckt worden. Als sowjetische Geologen das Fundamentgestein für den Assuan-Staudamm untersuchten, fanden sie einen unter Nilsedimenten begrabenen Abhang, der ihrer Schätzung nach an Tiefe mit dem Grand Canyon konkurrieren kann.

Als die Eiskappe der Antarktis sich am Ende des Miozän ausdehnte, scheint das im Weltmeer eine kleine Abkühlungsepisode hervorgerufen und auch in den Flachmeeren zu geringem Aussterben geführt zu haben. Doch wie schon bei dem ähnlichen Ereignis im Mittelmiozän erlitten weder das Leben auf dem Meeresboden noch das Plankton schwere Verluste auf der Ebene von Gattungen oder gar Familien. Dasselbe gilt auch für die terrestrischen Biota. Die Flußablagerungen von Nordpakistan bieten hierfür die besten Belege. Da sie am Fuß des neu entstehenden Himalaya-Gebirges abgelagert wurden, das einer rasanten Abtragung unterlag, sind diese Sedimen-

te außergewöhnlich mächtig, und das stratigraphische Profil weist nur geringe Lücken auf. Eine Forschergruppe unter der Leitung von John Barry von der Harvard-Universität hat die Vorkommen fossiler Säugetierarten in diesen Ablagerungen aufgespürt und für das Unter- und das Obermiozän Intervalle mit bedeutenden faunistischen Veränderungen entdeckt. Es handelte sich jedoch keineswegs um größere Krisen, und im Mittelmiozän sowie am Schluß der Epoche war das Aussterben sogar noch geringer — in Zeiten also, in denen sich nachweislich die Eiskappen in der Antarktis aus-

Grobe neogene Sedimente, die von dem sich hebenden Himalaya abgetragen und am Fuße des riesigen Gebirges wieder abgelagert wurden. Aus diesem Gebiet liegt eine ausgezeichnete Fossilüberlieferung miozäner Säugetiere vor.

dehnten. Mit anderen Worten: Weder die antarktischen Ereignisse noch irgendwelche anderen im Laufe des Miozän waren zerstörerisch genug, um den Landsäugetieren weltweit ähnlich schwere Verluste zuzufügen wie die im vorigen Kapitel beschriebenen Krisen im Obereozän und im Mitteloligozän.

Das Pliozän: Die Ruhe und der Sturm

Das Unterpliozän war ein Zeitabschnitt mit relativ hohem Meeresspiegel und warmem Klima – zwei Bedingungen, die auf ein mäßiges Abschmelzen der Gletscher schließen lassen. In dieser etwa vier Millionen Jahre zurückliegenden Zeit überflutete das Flachmeer Teile von Südostengland, und in den östlichen Vereinigten Staaten erstreckte es sich südlich von Richmond, Virginia, landeinwärts; die Halbinsel Florida war fast

Beispiele von Schaltieren der außergewöhnlich reichen unterpliozänen Molluskenfauna von Süd-Florida. Die meisten der hier gezeigten Arten und die meisten Arten der Fauna überhaupt starben aus, als der Nordatlantik sich in den Frühphasen der letzten Eiszeit abkühlte.

vollständig von Wasser bedeckt. Aufgrund des hohen Meeresspiegels und relativ ausgeglichener Klimate breiteten sich Gewässer mit Molluskenfaunen der gemäßigten Zone bis über die Arktik aus; etliche pazifische Arten gelangten so in den Atlantik. Faunen der gemäßigten Breiten, die diese biogeographische Verschiebung überliefern, sind auf Island zu Fossilien geworden. Die ausge-

glichenen Klimabedingungen spiegeln sich auch in der Fossilüberlieferung enormer altpliozäner Molluskenfaunen längs der atlantischen Küstenfläche und auf den Karibischen Inseln wider. Allein die Gewässer vor den östlichen Vereinigten Staaten enthielten wahrscheinlich an die 3000 Arten. Ständig werden neue Arten entdeckt, und nicht einmal die schon gesammelten sind vollständig benannt und beschrieben. Insgesamt lebten im Unterpliozän weitaus mehr Molluskenarten an der Ostküste von Nordamerika als heute.

Der seit dem frühen Pliozän abnehmenden Formenvielfalt der Mollusken im Westatlantik und in der Karibik hat man bis vor kurzem wenig Beachtung geschenkt. Das Problem lag teilweise darin, daß die unterpliozänen Faunen nur so wenig Arten enthielten, die auch heute noch leben (etwa 20 Prozent), daß man sie in Ermangelung guter Datierungstechniken für miozän oder gar für noch älter gehalten hat. Eine genaue zeitliche Einordnung wurde dann zum einen durch die Entdeckung von fossilen Planktonarten in den westatlantischen Sedimenten ermöglicht, die auch in anderen Gebieten vorkommen und dort exakt datiert worden sind, zum anderen durch radiometrische Datierungen gut erhaltener Korallen. Nachdem nun das unterpliozäne Alter dieser Faunen erkannt ist, stehen wir der bemerkenswerten Tatsache gegenüber, daß ihre Überlebensrate von 20 Prozent beträchtlich unter derjenigen von unterpliozänen Muschelarten in Kalifornien und Japan von schätzungsweise 63 Prozent liegt. In Zusammenarbeit mit Lyle Campbell von der Universität von South Carolina in Spartanburg habe ich den Schluß gezogen, daß die westatlantische Fauna ein heftiges regionales Aussterben erlebt hat. Wie die Faunen von Kalifornien und Japan belegen, ist eine gewisse Aussterberate selbst dann zu erwarten, wenn keine katastrophalen Umweltveränderungen stattgefunden haben. Zieht man das gleichartige Geschehen in Kalifornien und Japan heran, um die normalen Verluste – also das Hintergrundaussterben – aufzuzeigen, so können wir das Ausmaß des überdurchschnittlichen Aussterbens im Westatlantik abschätzen, das der plötzlichen heftigen Aussterbewelle zuzuschreiben ist. Nach dieser Schätzmethode muß jene regionale Krise etwa 66 Prozent der altpliozänen Muschelfauna ausgelöscht haben; vergleichbare Daten lassen auf eine ähnliche Dezimierung der Schneckenfauna schließen.

Das Studium der westatlantischen Krise wird sowohl durch die bemerkenswert vollständige Überlieferung der pliozänen Faunen erleichtert – mit Sicherheit hinterließen die weitaus meisten ihrer Arten in der atlantischen Küstenebene von Virginia bis Florida Spuren – als auch durch die ausgezeichnete Erhaltung vieler Gehäuse, die die Qualität der taxonomischen Arbeit deutlich steigert. Viele jener fossilen Schaltiere glänzen noch wie zu Lebzeiten, und einige zeigen sogar die ursprünglichen Farbmuster.

Die regionale Krise habe ich im Detail untersucht, wobei ich mein Hauptaugenmerk auf die Muschelarten richtete, die weit weniger zahlreich und leichter zu bestimmen sind als die Schnecken. Allerdings fehlen uns leider vollständige oder auch nur annähernd vollständige stratigraphische Abfolgen, denen wir das genaue zeitliche Muster des Aussterbens entnehmen könnten. Vielmehr vertreten die vorliegenden fossilführenden Formationen lediglich einige wenige Zeitabschnitte zwischen dem Unterpliozän und der Gegenwart. Sie sind in Einschnitten von Wasserläufen und in künstlichen Gruben aufgeschlossen. Ihre Höhe über dem Meeresspiegel in der Küstenebene spiegelt die Tatsache wider, daß sie alle bei einem hohen Wasserstand abgelagert wurden, wie er etwa vorlag, als die Formationen des Unterpliozän entstanden. Die in diesen Schichtfolgen erhaltenen Faunen zeigen eine fortschreitende Verarmung der Muschelfauna. Zwar kommen jeweils ein paar neue Arten hinzu, aber im allgemeinen ist jede folgende Fauna nur ein Ausschnitt der vorhergehenden. Forscher, die in Florida die vier Millionen Jahre alte Fauna des Unterpliozän sowie weitere Faunen untersucht haben, die etwa zwei Millionen, eine Million und 125 000 Jahre alt sind, haben eben diese Form der zunehmenden Verarmung festgestellt. Die zwei jüngsten Faunen vertreten Zwischeneiszeiten (Interglaziale) des Pleistozän, einer Epoche, in der ungefähr alle 100 000 Jahre Eismassen vorstießen; nach der heute gültigen Definition begann das Pleistozän vor etwa 1,8 Millionen Jahren.

Das massive Aussterben im Westatlantik fand im Laufe der letzten Zwischeneiszeit vor etwa 125 000 Jahren sein Ende. Die Faunen dieses Alters bestehen fast ausschließlich aus Arten, die auch heute noch leben. Daraus können wir schließen, daß der oder die Auslöser, welcher Art sie auch waren, in jener Zeit ihren Einfluß verloren oder daß die verbliebenen Arten irgendwie gegen ihre Wirkung immun geworden waren. Für die letzte Hypothese spricht die Tatsache, daß das zeitliche Muster der Aussterbeepisoden deutlich auf eine mit der Inlandvergletscherung in der nördlichen Hemisphäre zusammenhängende Ursache hinweist. So begann das Eiszeitalter gegen Ende des Unterpliozän, also ungefähr zur Zeit der ersten heftigen Aussterbewelle, und das allerjüngste Vereisungsintervall, das man in Nordamerika „Wisconsin" und in Europa „Riss-Würm" nennt, ereignete sich erst vor weniger als 125 000 Jahren und verursachte überhaupt kein nennenswertes Aussterben.

Angesichts der Indizien für eine Verbindung der Krisen in der Tierwelt mit den Frühphasen der Eiszeit richtet sich unser Augenmerk sofort auf zwei mögliche Ursachen: Abkühlung und Meeresspiegelsenkung. Man kann von diesen beiden Ursachen eine sehr unterschiedliche geographische Wirkungsbreite erwarten, und das erlaubt es, sie gegeneinander abzuschätzen. Während der Vereisungsepisoden sank der Meeresspiegel global ab, weshalb es überall in der Welt zu einem deutlichen Aussterben gekommen sein sollte. Erwiesenermaßen sind aber Kalifornien und Japan von schweren Aussterbeereignissen verschont geblieben, und somit hält die Hypothese von der Meeresspiegelsenkung als Auslöser der Überprüfung nicht

stand. Könnte es, als der Meeresspiegel im östlichen Nordamerika bis nahe an den Rand des Kontinentschelfs absank, dort weniger Zufluchtsorte für Mollusken gegeben haben als am zerfurchten Randbereich von Kalifornien? Gewiß war dies kein wesentlicher Faktor für die unterschiedlichen Überlebensraten der Mollusken an den beiden Küsten. Im Westatlantik erlitten sogar sehr kleine Muschelarten, die mit riesigen Populationen im schlammigen Sediment lebten, überaus schwere Verluste; eine verringerte Meeresbodenfläche hätte solche Arten nicht auslöschen können, weil sie in enormer Fülle in schlammigen Lagunen gedeihen, die es in Zeiten niedriger Wasserstände mit Sicherheit gegeben hat. Außerdem lagen sogar bei geographisch weit verbreiteten westatlantischen Arten die Aussterberaten weitaus höher als bei Arten, die entlang der kalifornischen Küste nur sehr eng begrenzte Vorkommen aufwiesen.

In krassem Gegensatz dazu stimmt das geographische Aussterbemuster mit den Voraussagen der Abkühlungshypothese recht gut überein. Der Atlantische Ozean nördlich des Äquators war durch die drei großen kontinentalen Eisdecken der Nordhalbkugel begrenzt: die kanadische (mit Zentrum über der Hudson Bay), die grönländische und die skandinavische. Für den riesigen Pazifik dürften Randgletscher eine weit geringere Rolle gespielt haben. Diese Voraussage wird durch die Ergebnisse von CLIMAP bestätigt, einem internationalen Projekt mit dem Ziel, die Oberflächentemperaturen der Weltmeere während des Maximums der jüngsten Vereisungsepisode vor etwa 18 000 Jahren zu kartieren. Der äquatoriale Pazifik kühlte sich damals, verglichen mit den jetzigen Bedingungen (die man wohl denen einer typischen Zwischeneiszeit gleichsetzen kann), nur wenig ab. Der Westatlantik andererseits wurde deutlich kälter, und in der Zentralkaribik lag die mittlere Februartemperatur damals etwa vier Grad niedriger als heute. Darüber hinaus lassen paläobotanische Belege auf eine beträchtliche klimatische Abkühlung am Ostrand der Vereinigten Staaten schließen. Fossile Pollen dokumentieren, daß die heute auf das nördliche New England beschränkten Rottannen so weit südlich wie in Georgia wuchsen. Florida besaß offenbar ein gemäßigtes Klima.

Solch gravierende Abkühlungsepisoden ereigneten sich erst während der pleistozänen Vereisungsstadien, aber allgemein begann sich das Klima schon am Ende des Unterpliozän zu verschlechtern. Bei Untersuchungen an Tiefseebohrkernen aus dem Nordatlantik stellte eine große Arbeitsgruppe unter der Leitung von Nicholas Shackleton von der Universität Cambridge fest, daß sich bereits vor 3,2 Millionen Jahren grob-

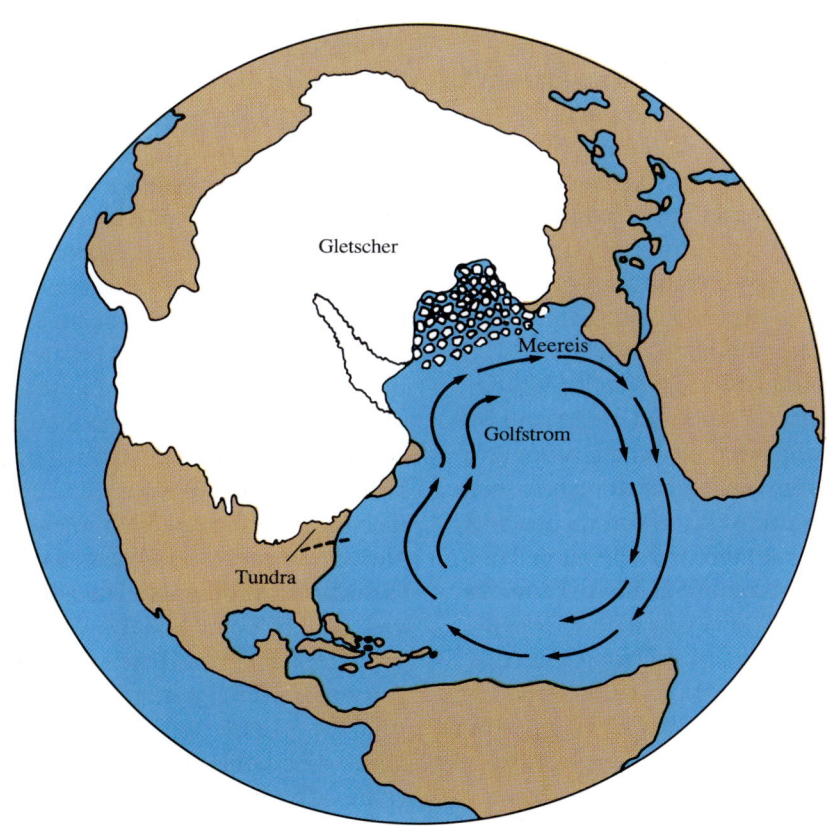

Der nördliche Atlantische Ozean zur Zeit des allerjüngsten Eisvorstoßes vor 18 000 Jahren. Die große oceanische Ringströmung, von der man einen Teil als Golfstrom bezeichnet, wurde durch die niedrigen Temperaturen im Norden abgekühlt.

207

körniges Material aus abgeschmolzenen Eisbergen abzusetzen begann; zu dieser Zeit, so schätzt man, setzte die Ausdehnung der Eisdecken ein. Veränderungen der Isotopenverhältnisse zeigen eine nächste Abkühlungswelle vor etwa 2,5 Millionen Jahren an, aber auch diese bewirkte keine so kalten Bedingungen wie im Pleistozän. Die Temperaturwechsel im hohen Norden sind in der Gesteinsüberlieferung von Island in aller Deutlichkeit aufgezeichnet. Hier werden unterpliozäne Schichten mit Molluskenfaunen der gemäßigten Zone ganz plötzlich von Gletschersedimenten überlagert.

Das Aussterbemuster der Molluskenfauna des südlichen Westatlantik spricht ebenfalls für eine dominierende Rolle der klimatischen Abkühlung. Wir können zwar nicht für alle Arten des Unterpliozän die Temperaturtoleranzen rekonstruieren, aber für Arten, die die Krisen überstanden und die heutigen Meere besiedeln, ist dies möglich. Eine für ein solches Unternehmen entscheidende Region ist Süd-Florida, wo das Klima heute annähernd subtropisch ist und im Unterpliozän noch ein wenig wärmer war. In allen Tropenmeeren leben stets einige rein tropische Arten, die unfähig sind, außerhalb dieser Zone zu gedeihen, während andere größere Temperaturtoleranzen aufweisen, die es ihnen erlauben, sich bis in subtropische oder gar gemäßigte Zonen auszubreiten. Es ist sehr aufschlußreich, die 57 unterpliozänen Muschelarten, die aus der tropischen Zone von Süd-Florida bis heute überlebt haben, unter diesem Aspekt zu untersuchen. Wie sich herausstellt, kommt jede dieser Arten derzeit bis in

die gemäßigten Gewässer hinein vor, und zwar mindestens so weit nördlich wie Carolina oder bis zur Golfküste von Texas. Dieser Befund offenbart, daß während der Massensterben ein „thermischer Filter" wirksam war: Alle rein tropischen Arten Floridas verschwanden.

Es mag seltsam anmuten, daß sogar unterpliozäne Faunen, die entlang der Küste von Virginia lebten, schwere Aussterbeverluste erlitten. Tatsächlich wurden die auf dieses Gebiet beschränkten Arten fast völlig ausgerottet. Warum wanderten jene Arten in den Kälteperioden nicht einfach zusammen mit der Klimazone, an die sie angepaßt waren, nach Süden? Die Antwort geben uns Ostracoden, jene zweiklappigen Krebschen, die eine so ausgezeichnete Fossilüberlieferung hinterlassen haben. Joseph Hazel vom U.S. Geological Survey hat sie untersucht. Ostracodenarten, die aus dem Unterpliozänmeer von Virginia überlebt haben, sind auf ein schmales Temperaturspektrum beschränkt; die Temperaturen in den Gewässern des Unterpliozän, in denen sie lebten, schwankten offenbar nur zwischen 14 Grad Celsius im Winter und 21 Grad Celsius im Sommer. Zum Vergleich: Heute unterliegt das Flachwasser dieses Gebiets Schwankungen zwischen etwa vier und 24 Grad Celsius. Diese viel größeren jahreszeitlichen Veränderungen liefern die Erklärung dafür, warum für viele Muschelarten eine Wanderung keine Alternative war, als sich die Meere im Mittelpliozän abzukühlen begannen. Die an ein enges Temperaturspektrum angepaßten Arten vermochten weder die kalten Winter noch die heißen

Sommer im Oberpliozän zu ertragen, und sie konnten auch nicht nach Süden wandern, weil die Sommer dort noch wärmer waren.

Ein weiteres interessantes Muster liegt für die verschiedenen Zeiten vor, in denen die Muschelarten des Westatlantik ausstarben. Viele der Opfer, welche auf eine enge geographische Zone beschränkt gewesen waren und somit anscheinend nur geringe Temperaturunterschiede ertragen konnten, erloschen früh, nämlich schon im Oberpliozän, und wahrscheinlich aufgrund einer mäßigen Abkühlung und einem ausgeprägteren Jahreszeitenzyklus. Demgegenüber starben die meisten Arten mit breiterer geographischer Reichweite und somit größerer Temperaturtoleranz erst später, während der gravierenden Klimaverschlechterung im Pleistozän, aus. In Zusammenarbeit mit Sergio Raffi und Rafaella Marasti von der Universität Parma in Italien habe ich das eiszeitliche Aussterben der Mollusken im Mittelmeer und in der Nordsee untersucht. Die an warme Bedingungen angepaßten Arten dieser Gebiete besaßen bessere Fluchtwege nach Süden, weshalb ihre Verluste geringer ausfielen. Viele Arten, die ursprünglich die Nordsee besiedelt hatten, überlebten die Eisvorstöße im wärmeren Mittelmeer, und viele Arten aus dem Mittelmeer überlebten längs der afrikanischen Atlantikküste.

Die anfängliche Wirkung des eiszeitlichen Klimawechsels auf terrestrische Faunen läßt sich besonders in Afrika gut nachvollziehen. Dort hat Elisabeth Vrba von der Yale-Universität herausgefun-

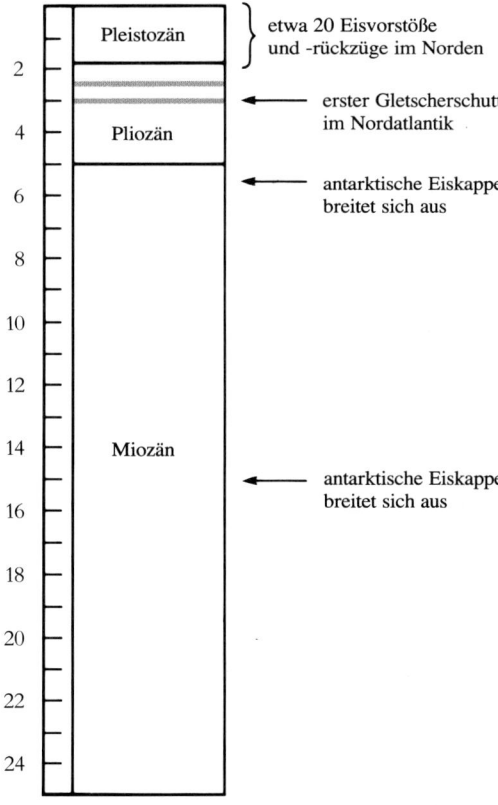

Wichtige Ereignisse im Neogen. Eine starke Abkühlung setzte vor etwa drei Millionen Jahren oder noch etwas früher ein.

den, daß vor etwa 2,5 Millionen Jahren zahlreiche Antilopenarten verschwanden. Man erinnere sich, daß es zu dieser Zeit im Nordatlantik eine Abkühlungswelle gab. Nach Vrbas Schlußfolgerung wurden auch in Afrika die Klimate zur selben Zeit kühler und trockener; fossile Pollen liefern bestätigende Belege.

Obwohl es keinerlei Hinweis auf ein weltweites Massensterben während der Pliozän-Pleistozän-Phase der Klimaverschlechterung gibt, kam es dennoch bezeichnenderweise bei den planktonischen Foraminiferen in dieser Zeit zu einem

Der Rückgang der Eisdecken und der großen Säugetiere

Unser Bild vom Aussterben der Säugetiere im Laufe des Pleistozän und der Zeit unmittelbar danach ist weniger vollständig, als man erwarten sollte. Das liegt daran, daß die Überlieferung der pleistozänen Säugetiere nur bruchstückhaft ist (obwohl die erhaltenen Fossilien wegen des relativ geringen Alters oft von hoher Qualität sind): Die häufigen Änderungen der Umweltbedingungen haben nämlich die Faunen in dem Maße

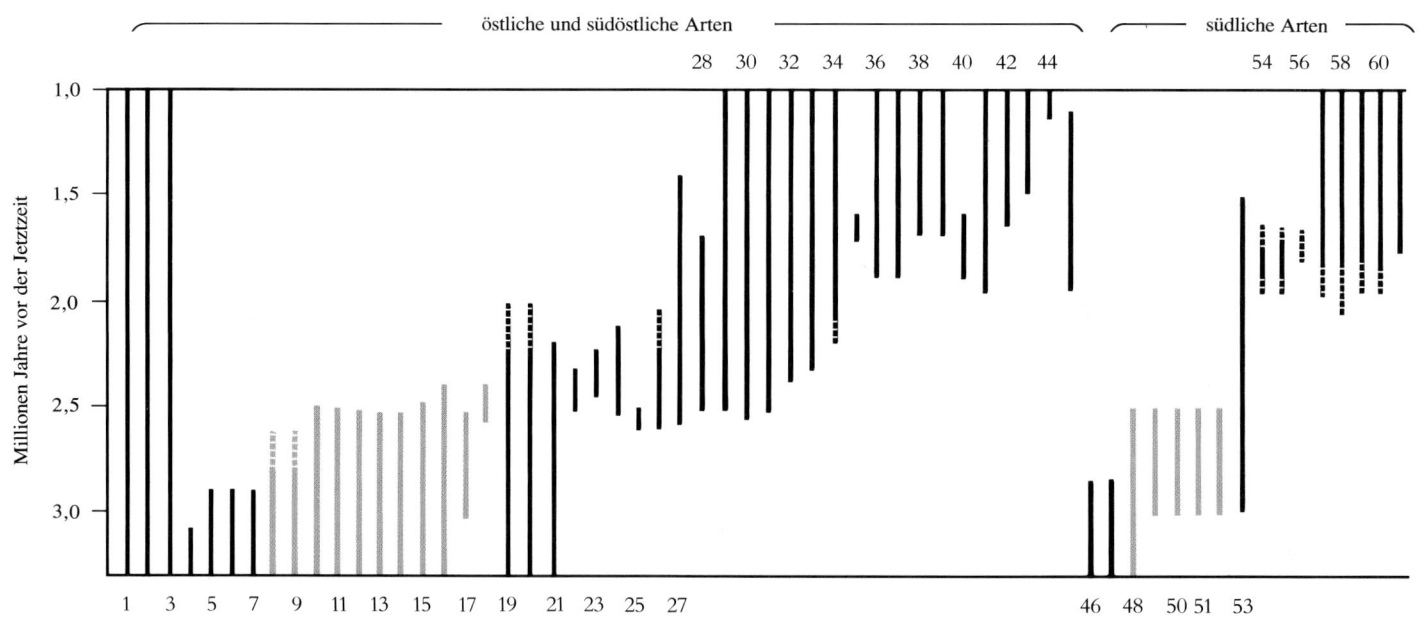

Die geologischen Reichweiten afrikanischer Antilopenarten südlich der Sahara zeigen, daß zahlreiche Arten (farbige Säulen) vor etwa 2,5 Millionen Jahren ausstarben, als ein Klimawechsel erfolgte.

merklichen Anstieg der Aussterbequote, der die gesamte Formenvielfalt dieser Gruppe wesentlich zurückgehen ließ.

zur Wanderung gezwungen, wie sich Gletscher, Wälder und Steppen ausgebreitet und zurückgezogen oder geographisch verlagert haben. Aus diesem Grund liegt uns bei weitem kein so detailliertes Bild über Erscheinungs- und Aussterbezeiten vor, wie man es aus der Säugetierüberlieferung des Miozän am Fuße des Himalaya hat rekonstruieren können, wo eine fast ununterbrochene Ablagerung paläontologische Forschungen begünstigt hat. Der bruchstückhafte Charakter der pleistozänen Fossildokumente erschwert den Vergleich mit früheren Abschnitten der Säugetierüberlieferung. So kann man beispielsweise nicht genau abschätzen, wie gravierend das Aussterben im Pleistozän im Vergleich zu der Intensität in früheren geologischen Zeiten gewesen ist. Besonders schwierig ist es, die pleistozänen Arten über die Zeit zu verfolgen. In vielen Fällen weiß man nicht, ob eine bestimmte Art wirklich ausstarb oder sich so stark weiterentwickelte, daß eine neue Art entstand, die nur durch eine Lücke in der Fossilüberlieferung von der älteren Art getrennt ist.

Erfolgreicher waren Arbeiten auf der Ebene von Gattungen. Nach Ansicht von S. David Webb von der Universität von Florida spiegelt die Überlieferung der nordamerikanischen Säugetiergattungen seit Beginn des Obermiozän vor etwa zehn Millionen Jahren sechs größere Aussterbewellen wider. Die erste trat vor ungefähr neun Millionen Jahren auf, und die jüngste erreichte ihren Höhepunkt erst vor etwa 11 000 Jahren. Um diese letzte Krise, auf die wir noch näher eingehen wollen, ranken sich heftige

Kontroversen; sie fällt dadurch auf, daß ihr fast ausschließlich große Säugetiere zum Opfer gefallen sind, in Nordamerika etwa 39 Gattungen. Die schwerste der von Webb identifizierten sechs Aussterbewellen ist auf annähernd fünf Millionen Jahre vor der Jetztzeit datiert worden, was mehr oder weniger der Grenze vom Miozän zum Pliozän entspricht; dieses Ereignis fegte etwa 62 Gattungen hinweg, von denen fast zwei Drittel zu den Großsäugern gehörten. Die Geschichte der Familie der Pferde in Nordamerika veranschaulicht das allgemeine Aussterbemuster der Säugetiere

Rekonstruktion eines Mammuts (links) und eines amerikanischen *Mastodon* – zweier Dickhäuter, die gegen Ende des Pleistozän ausstarben. Die kleinen Ohren und das wollige Fell des letzteren, die man von selten gefundenen, eingefrorenen Kadavern kennt, waren Anpassungen an die kalten Temperaturen der Eiszeit.

im Jungneogen. Vor zehn Millionen Jahren lebten dort mindestens zehn Pferdegattungen, doch bis zum Ende des Pleistozän ging diese Zahl infolge der sechs Aussterbewellen bis auf Null zurück. Nur weil die Spanier sie später wieder einführten, gibt es heute überhaupt Pferde in der Neuen Welt.

Webb hat die meisten Säugetierverluste der jungneogenen Klimaverschlechterung zugeschrieben, erkennt aber die Möglichkeit an, daß bei dem Aussterben vor etwa 11 000 Jahren der Mensch seine Hände im Spiel hatte. Die Frage, ob Klimaveränderungen oder menschliche Eingriffe (hauptsächlich Jagd) die Hauptursache für dieses letzte schwerwiegende Aussterben waren, ist Gegenstand heftiger Debatten. Ein einzigartiges Merkmal dieser Krise, die hereinbrach, als die Erde gerade ihre jüngste Vereisungsepisode hinter sich ließ, ist das selektive Verschwinden großer Säugetiere aus dem Ökosystem, wodurch deren Fauna in unserer heutigen Welt sehr verarmt ist. Vor jenem Einschnitt gab es Biber von der Größe eines Bären, Bisons, deren Hörner eine Spannweite von fast zwei Metern hatten, sechs Meter große Bodenfaultiere, Elefanten und Löwen, gegen die deren heutige Verwandte wie Zwerge wirken, und eine ganze Schar weiterer Formen, die nach unseren Maßstäben gigantisch anmuten. Die großen Säugetiere starben auf der gesamten Erdkugel aus – auch in Australien, wo die meisten Opfer, darunter Riesenkänguruhs, Beuteltiere waren. Das geringste Aussterben auf einem großen Kontinent ist von Afrika überliefert, wo nur acht Gattungen verschwanden.

Eines der hervorstechendsten Merkmale dieser letzten Aussterbewelle ist ihr zeitlicher Ablauf. In Nord- und Südamerika scheinen sich die meisten der Verluste auf einen relativ engen Zeitraum vor etwa 11 000 Jahren zusammenzudrängen, während sie in Australien deutlich früher, vielleicht schon vor ungefähr 30 000 Jahren, einsetzten. In Europa starben die meisten Arten ebenfalls gegen 11 000 Jahre vor der Jetztzeit aus, aber der Niedergang zog sich hier über einen längeren Zeitraum hin als in Nordamerika. In Afrika, wo weniger Formen erloschen, ist das Aussterben auch

Riesenwombat, ein Beuteltier aus dem Pleistozän von Australien. Der Schädel dieses Tiers war etwa 40 Zentimeter lang.

nicht so gut datiert. Die relativ genaue Datierung vieler Aussterbeereignisse der letzten 50 000 Jahre beruht auf der kurzen Halbwertszeit des Kohlenstoffisotops ^{14}C; die Radiocarbonmethode ist die Grundlage praktisch aller Zeitbestimmungen dieser Ereignisse. Wo Unsicherheiten in der Datierung bestehen, sind sie generell auf das Fehlen von geeignetem Material oder auf eine zu spärliche Fossilüberlieferung zurückzuführen. Wo es nur wenige Fossilien gibt, kann man nicht sicher sein, ob das als jüngstes datierte Individuum oder eine solche Population wirklich zu den letzten noch existierenden Vertretern ihrer Art gehörten.

Die Vorstellung, daß menschliche Aktivitäten der Hauptauslöser für das Aussterben der großen Säugetiere gewesen sind, geht vor allem von der Jagdtätigkeit des Menschen aus und ist als Overkill-Hypothese bekannt. Sie kann insofern als in sich schlüssig gelten, als sehr große Arten typischerweise kleine Populationen bilden und sich nur schwer verstecken können. In der Formulie-

Eine Clovis-Speerspitze zwischen den Rippen eines Bisons, das den Clovis-Jägern im nordamerikanischen Westen zum Opfer fiel.

rung ihres stärksten Verfechters, Paul Martin von der Universität von Arizona, besagt die Overkill-Hypothese, daß steinzeitliche Jäger, die sich mit ihren fortschrittlichen Waffen nach und nach über die ganze Welt verbreiteten, allerorten das Großwild vernichteten und auf der Suche nach reicherer Beute immer weiter wanderten.

Gemäß der „Blitzkrieg"-Hypothese, einem Sonderfall des Overkill-Szenarios, schritt die Ausrottung extrem rasch voran: Jägergruppen fegten, geologisch gesehen, praktisch im Handumdrehen ganze Populationen hinweg, was zum Teil der Tatsache zuzuschreiben ist, daß die Opfer – ähnlich wie die berühmten Dodos auf Mauritius – dem Menschen gegenüber völlig arglos waren. Besonders gut paßt dieses Modell auf die Großsäugetiere Amerikas, von denen sehr viele ziemlich genau vor 11 000 Jahren verschwanden.

Jedes Overkill-Szenario muß für Australien schon sehr viel früher die Gegenwart erfolgreicher Jäger voraussetzen. Obwohl es zahlreiche Belege für eine bis zu 30 000 Jahre zurückreichende Besiedlung Australiens gibt, hat man die Overkill-Vorstellung mit der Behauptung angegriffen, daß die archäologischen Befunde keinerlei Hinweis darauf enthalten, daß die australischen Ureinwohner der Vorzeit bessere Großwildjäger waren als ihre lebenden Nachfahren, denen die Jagd auf mächtige Beutetiere in gut bewaffneten Großgruppen unbekannt ist. Unterstützung findet die Overkill-Hypothese andererseits in der recht schnellen Ausrottung von Säugetieren durch Menschen auf kleinen Inseln, die viel weniger als 11 000 Jahre zurückliegt (weil Menschen kleine Inseln erst vor relativ kurzer Zeit besiedelt haben). Gleichwohl ist das Aussterben auf Inseln in starkem Maße auf das Abholzen von Wäldern und andere Formen der Lebensraumzerstörung zurückzuführen und weniger auf die Jagd. Die Art der Bewaffnung, die man als verantwortlich für den vernichtenden Angriff auf die großen Landsäugetiere vor 11 000 Jahren ansieht, ist die der Clovis-Völker der westlichen Vereinigten Staaten, deren Jagd- und Schlachtplätze zeigen, daß sie Riesenbisons und andere Großsäugetiere mit Lanzen und wohl auch mit steinspitzenbewehrten Wurfgeschossen töteten, die sie mit Schleuderstöcken fortkatapultierten.

Im Laufe der Zeit hat man die Overkill-Hypothese vor allem gegen die Annahme abgewogen, daß Klimawechsel die Großsäugetiere hinweggerafft haben.

Das Shasta-Bodenfaultier, ein großer Pflanzenfresser, der aus einer aus Südamerika eingewanderten Art hervorging. Er besiedelte im Pleistozän das westliche Nordamerika und starb vor 11 000 Jahren plötzlich aus.

Das Zeitraster im amerikanischen Raum paßt insofern zu der Klimahypothese, als die letzte Vereisung in vielen Gebieten vor 12 000 bis 11 000 Jahren endete. Kritiker weisen jedoch darauf hin, daß der letzte Eisvorstoß nur einer von etwa 20 gewesen ist, die im Laufe des Pleistozän zu verzeichnen waren. Warum sollte ausgerechnet die letzte Vereisungsepisode sich derart gravierend auf die Großsäugetiere ausgewirkt haben? Die Entgegnung lautet, daß die allerjüngste Episode eben die schwerwiegendste war oder, genauer gesagt, daß mit ihrem Ende ein außergewöhnlich stark jahreszeitlich betontes Klima einsetzte. In Nordamerika begann das große Aussterben ungefähr zur Zeit des Eisrückzuges, der eine klimatische Instabilität bewirkt haben kann.

Eine Kritik an der Klimahypothese geht von der Vorstellung aus, daß diese Hypothese den Niedergang von kleinen Arten zusammen mit den großen voraussagen müßte. Das ist jedoch nicht unbedingt erforderlich, und oft führt man gerade zugunsten der Klimahypothese die Tatsache an, daß zur Zeit des Aussterbens einige der überlebenden Arten kleinwüchsig wurden. Dies könnte auf eine Veränderung des Pflanzenreichs zungunsten der großen Tiere hindeuten. Arthur Phillips von der Universität von Arizona hat das spezielle Beispiel des Aussterbens des Shasta-Bodenfaultiers angeführt, um die Vorstellung zu widerlegen, wonach das Klima weltweit die Hauptrolle in der Krise gespielt hat. Dieses Tier hinterließ bis vor fast genau 11 000 Jahren seinen Kot in den Höhlen, in denen es lebte; die Zusammensetzung

des fossilen Kotes deutet auf Wüsten-
pflanzen als bevorzugte Nahrung hin.
Exkremente der Buschschwanzratte aus
dem westlichen Grand Canyon zeigen
nun, daß dort zur selben Zeit, als das
Shasta-Bodenfaultier verschwand, sowohl Wüsten- als auch Waldpflanzen
gediehen; damit stand also ein abwechs-
lungsreiches Menü zur Verfügung, und
klimatisch bedingte Veränderungen der
Vegetation können nicht schuld am
plötzlichen Ableben des Bodenfaultiers
gewesen sein.

Wahrscheinlich trug beides — Jagd und
klimatische Veränderungen — zur Krise
der Großsäugetiere bei, aber viele Forscher, die sich an der Kontroverse be-
teiligen, neigen dazu, der einen oder der
anderen Hypothese den Vorrang zu geben. Die Debatte geht also weiter.

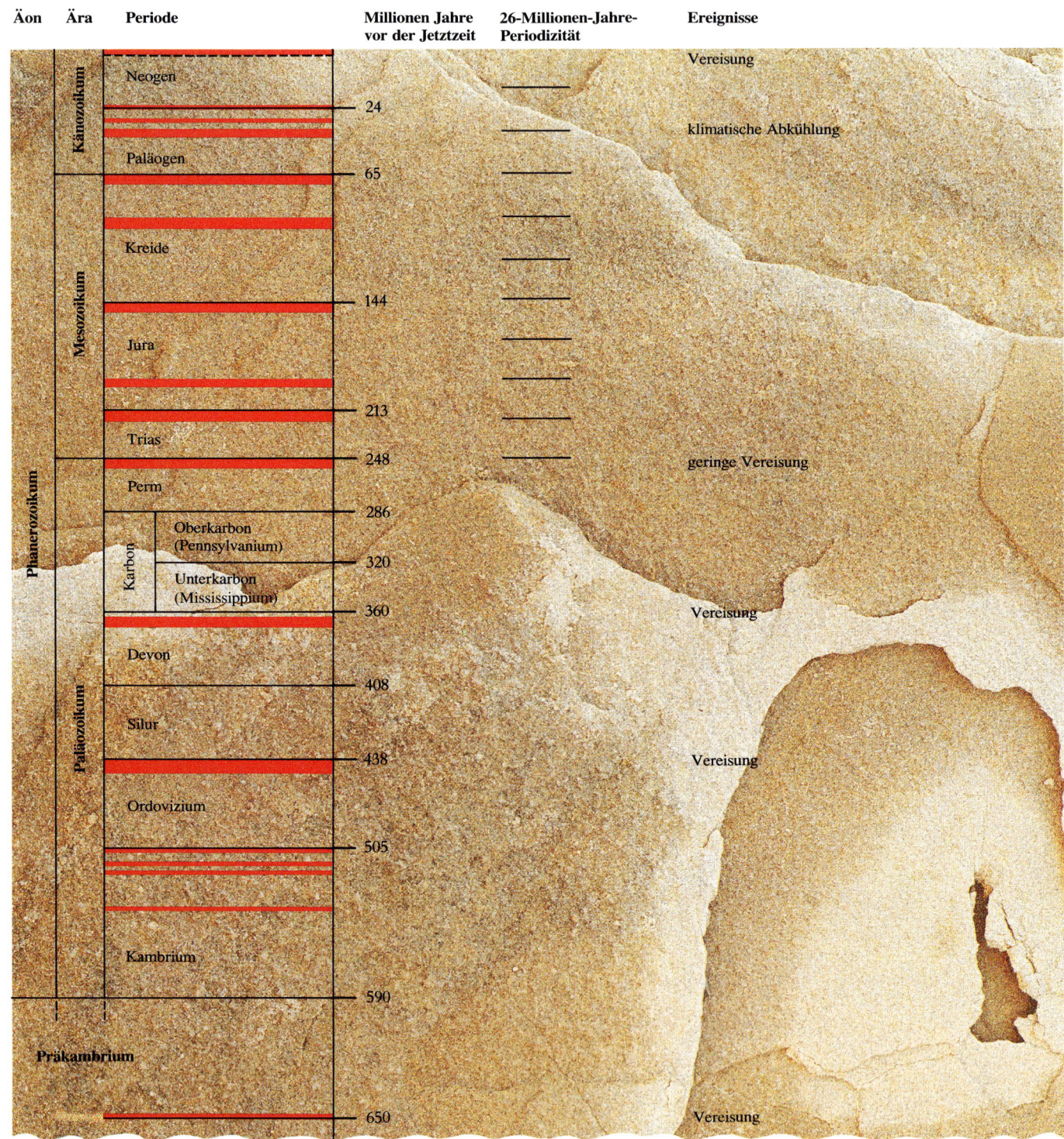

Äon	Ära	Periode		Millionen Jahre vor der Jetztzeit	26-Millionen-Jahre-Periodizität	Ereignisse
Phanerozoikum	Känozoikum	Neogen				Vereisung
				24		
		Paläogen				klimatische Abkühlung
				65		
	Mesozoikum	Kreide				
				144		
		Jura				
				213		
		Trias		248		geringe Vereisung
	Paläozoikum	Perm		286		
		Karbon	Oberkarbon (Pennsylvanium)	320		
			Unterkarbon (Mississippium)	360		
		Devon				Vereisung
				408		
		Silur		438		Vereisung
		Ordovizium				
				505		
		Kambrium				
				590		
Präkambrium				650		Vereisung

Ein Überblick

Wie ein Leitmotiv zog sich durch dieses Buch die Hypothese, daß Klimawechsel, wenn auch bei weitem nicht der einzige, so doch der wichtigste Faktor für das Massensterben gewesen sind. Was den marinen Lebensraum betrifft, so führt man als Alternative zum Klimawechsel am häufigsten eine Verringerung der Meeresbodenfläche durch Meeresspiegelsenkungen ins Feld; doch gegen eine Hauptrolle des Meeresrückzuges sprechen solche Phänomene wie die Existenz überreicher Faunen auf nur kleinen Flächen des heutzeitlichen Meeresbodens und die Tatsache, daß in der geologischen Vergangenheit mehrere Episoden mit starken Meeresspiegelsenkungen ohne massives Aussterben vorübergingen. Weder die deutliche Absenkung gegen Ende des Unterordovizium noch diejenige im Mitteloligozän, die vielleicht die stärkste aller Zeiten gewesen ist, waren mit bedeutenden Verlusten unter den bodenbewohnenden Meereslebewesen verbunden.

Das Klimaargument: Eine kurze Rekapitulation

Eine der auffälligsten Besonderheiten biotischer Krisen ist ihre Tendenz, gleichzeitig im Meer und auf dem Festland zuzuschlagen. Ein solches Zusammentreffen wird von den meisten Modellen für das Massensterben, die dem Klimawechsel eine Hauptrolle zuschreiben, auch vorausgesagt, da sich Klimaveränderungen gewöhnlich sowohl auf marine als auch auf terrestrische Ökosysteme auswirken. Während der letzten Jahre haben wir handfeste Belege dafür entdeckt, daß es in vielen Zeiten mit wichtigen Aussterbeereignissen – etwa dem Jungpräkambrium, dem Oberordovizium, dem Oberdevon, der Oberkreide und dem Obereozän – Vereisungsepisoden oder andere Klimaveränderungen gegeben hat, und auch für keine der übrigen Krisen läßt sich eine Klimaverschlechterung ausschließen.

Ein weiteres auffälliges Merkmal der meisten Massensterben ist ihr schleppender und oftmals wellenartiger zeitlicher Ablauf. Viele dieser Krisen waren komplexe Ereignisse, die sich über mehrere Millionen Jahre hinzogen. Auch wenn man möglicherweise die Verluste am Ende der Oberkreide nicht ohne den plötzlichen Einschlag eines riesigen außerirdischen Objekts in unsere Erde erklären kann, so erstreckte sich doch auch jenes Massensterben insgesamt über mehrere Millionen Jahre, und sowohl Isotopendaten (^{18}O/^{16}O-Verhältnis) als auch paläobotanische Befunde sprechen dafür, daß es in dieser Zeit einen allgemeinen Trend zu klimatischer Abkühlung gab. Ähnliches gilt für das Obereozän: Obschon gewisse Hinweise dafür vorliegen, daß wohl ein Bolidenschauer damals einige planktonische Arten ausgerottet hat, legen wiederum Isotopendaten und paläobotanische Indizien eine allgemeine Abkühlungstendenz im Festlandsklima dieser Zeit nahe, und für die Tiefsee zeigen verschiedene andere Befunde, daß sie sich bis auf Temperaturen nahe am Gefrierpunkt abkühlte, die sie bis heute beibehalten hat; der negative Einfluß des allgemeinen Abkühlungstrends auf viele Biota ist eindeutig erwiesen.

217

Wichtig für unsere Beurteilung außerirdischer Auslöser von Massensterben ist eine kürzlich von Carl Orth und seinen Mitarbeitern am Los Alamos National Laboratory vorgebrachte Behauptung. Die Wissenschaftler dieses Instituts sind aufgrund zahlreicher zuverlässiger Iridiumanalysen zu dem Schluß gekommen, daß es für keinen Massenuntergangshorizont in der stratigraphischen Überlieferung unterhalb der Kreideobergrenze Anzeichen einer signifikanten Iridiumanomalie gibt. Vielleicht ist die starke Iridiumanomalie an der Kreidegrenze tatsächlich anomal! Dies würde Einschläge von Boliden zu einer höchstens nebensächlichen Rolle in der Lebensgeschichte des Phanerozoikum degradieren.

Die Frage der Periodizität

Im Jahre 1977 behaupteten Alfred Fischer und Michael Arthur, beide damals an der Universität Princeton, daß das zeitliche Muster der Massensterben im Mesozoikum und Känozoikum ein regelmäßiges Auftreten solcher Ereignisse in Intervallen von etwa 32 Millionen Jahren nahelege. Damit ergab sich eine unangenehme Voraussage: Weil man damals annahm, das Ereignis im Obereozän habe etwa halbwegs zwischen der Schlußkrise der Kreidezeit und der Gegenwart stattgefunden, schien jetzt für uns ein neues Krisenintervall bevorzustehen. Die allgemeine Feststellung einer Periodizität hat aber eine noch grundsätzlichere Bedeutung; die Massensterben müssen nämlich mit außerirdischen Ereignissen erklärt werden, denn nur

astronomische Ursachen scheinen imstande zu sein, einem solch genauen Zeitplan zu folgen. So rotieren nicht nur Planeten und kleinere Körper regelmäßig um die Fixsterne, sondern auch unser Sonnensystem bewegt sich periodisch durch die Spiralarme der Milchstraße. Für die Annahme, irgendeine irdische Ursache könne ein ähnliches zyklisches Verhalten aufweisen, fehlt derzeit jegliche Grundlage.

Vor wenigen Jahren haben David Raup und John Sepkoski von der Universität Chicago gefordert, die Uhr müsse neu gestellt werden. Ihrer Ansicht nach ist nämlich vom Oberperm bis zur Gegenwart eine Periodizität von 26 Millionen Jahren eingehalten worden, wobei die allerjüngste Krise etwa elf Millionen Jahre zurückliegt. Raup und Sepkoski gründeten ihre Analyse, die sie inzwischen erweitert haben, ursprünglich auf die stratigraphischen Reichweiten von Familien mariner Organismen. Dabei richteten sie ihr Augenmerk zunächst auf die Spitzen in einer graphischen Darstellung, in der sie das Aussterben auf Familienebene seit dem Mittelperm aufgetragen hatten. Weil ihnen genauere Zeitbestimmungen fehlten, behandelten sie jede Familie, deren Aussterben in einer formal anerkannten geologischen Stufe überliefert war, so, als sei sie genau in dem geologischen „Augenblick" am Ende des jeweiligen Zeitabschnittes ausgestorben. Mit 39 solcher „Aussterbemomente" konstruierten sie dann ihr Diagramm, in dem die von Stufe zu Stufe variierende Aussterberate mehrere Gipfel bildete. Einige dieser Spitzen, darunter die am Ende der Kreidezeit, fielen mit bereits erkannten Massenuntergängen zusammen. Bei anderen war das nicht der Fall. Gleichwohl taten die Autoren so, als ob alle Gipfel Krisenintervalle darstellen würden, und stellten fest, daß diese Spitzen einer Periodizität von 26 Millionen Jahren näher kamen als irgendeiner anderen Periodenlänge. Zudem lagen die Gipfel in dem Diagramm dichter an Spitzen mit einem Abstand von exakt 26 Millionen Jahren, als es in einem System, in dem die Aussterberaten regellos, also zufallsgemäß, steigen und fallen, wahrscheinlich wäre.

Die Vorstellung einer Periodizität bleibt umstritten. Einer der Einwände hebt darauf ab, daß die benutzten Daten nachweislich ungenau sind, weil für die Grenzen der geologischen Zeitabschnitte laufend neue und in den meisten Fällen wohl korrektere Daten veröffentlicht werden. Raup und Sepkoski haben dazu entgegnet, daß sie erstens mehr als nur eine der veröffentlichten Zeitskalen verwendet haben, ohne daß das Muster verlorengegangen wäre, und daß zweitens Unvollkommenheiten in der Zeitskala, da sie im wesentlichen zufällig sind, jede echte Periodizität eher abschwächen als verstärken sollten.

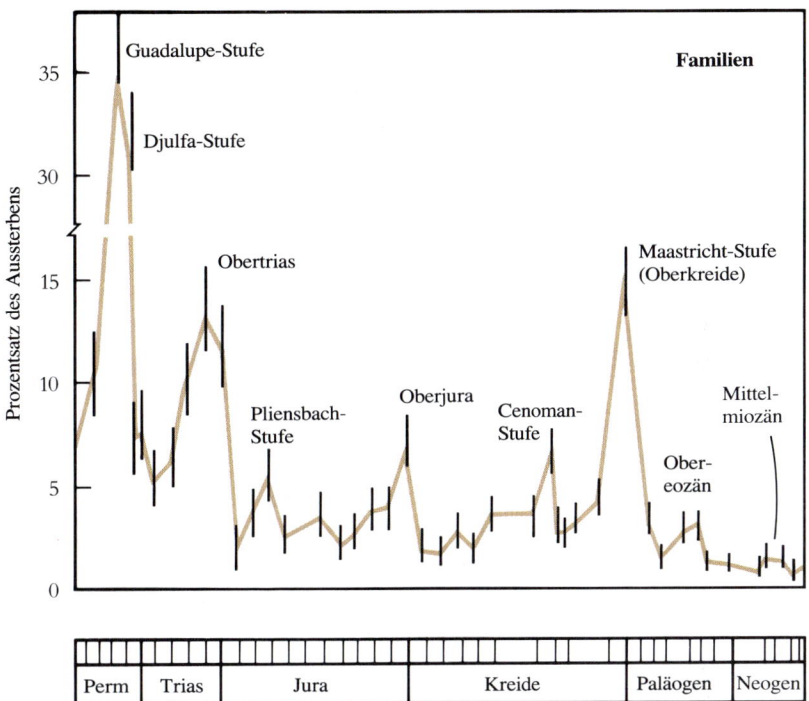

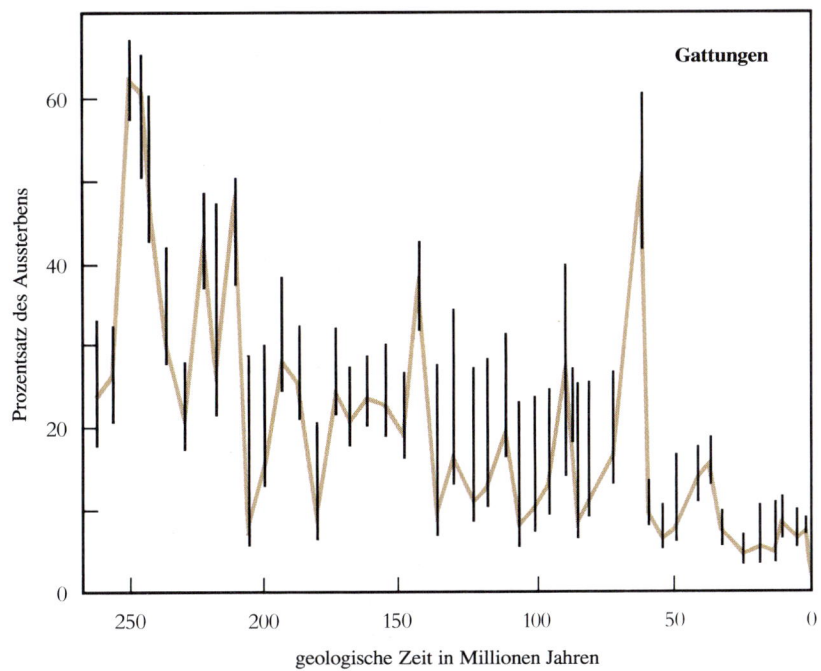

Verteilung der Krisen in der Geschichte der marinen Lebensformen in den letzten 270 Millionen Jahren. Die für Familien (oben) beziehungsweise Gattungen (unten) erstellten Diagramme lassen geologische Intervalle erkennen, in denen der Prozentsatz des Aussterbens im Vergleich zu früheren oder späteren Zeiten so hoch lag, daß Raup und Sepkoski sie als Episoden von Massensterben bewertet haben. (Die senkrechten Balken geben den Unsicherheitsbereich der jeweiligen Prozentsätze an.) Zwei solcher Intervalle geben jeweils eine Krise wieder.

Antoni Hoffmann aus Polen hat darauf hingewiesen, daß bei einem zufälligen Verlauf − also in einem System, in dem die Chance für einen Aufwärts- oder Abwärtstrend beim jeweils nächsten Schritt 50 zu 50 beträgt − der Abstand zwischen je zwei Spitzen am wahrscheinlichsten vier solcher Schritte in zeitlicher Folge beträgt; wenn man also für eine geologische Zeitstufe durchschnittlich etwas mehr als sechs Millionen Jahre veranschlagt, würde automatisch ein großer Anteil der Spitzen etwa 26 (vier mal annähernd sechseinhalb) Millionen Jahre auseinanderliegen. Somit ist es nach Hoffmanns Meinung gar nicht überraschend, daß man zwischen vielen benachbarten Spitzen einen Abstand von 26 Millionen Jahren feststellt. Stephen Gould von der Harvard-Universität hält dem entgegen, dies sei immer noch etwas völlig anderes als die von Raup und Sepkoski geforderte Aussterbeperiodik mit Abständen von exakt 26 Millionen Jahren. Tatsächlich ist Hoffmanns Mechanismus einer Pseudoperiodizität weniger zwingend, als er wohl gemeint hat. Andererseits zeigt die empirische Verteilung keineswegs alle 26 Millionen Jahre eine eindeutige Spitze. Drei der Gipfel in Raups und Sepkoskis ursprünglichem Diagramm (von denen zwei mit derselben vorausgesagten Spitze verbunden waren) hoben sich nur geringfügig vom Hintergrundniveau ab, und die Autoren haben kürzlich eingeräumt, daß es sich hierbei nicht um statistisch signifikante Spitzen handelt.

Der Ausfall von drei Aussterbespitzen schafft ein verwirrendes Problem. Raup und Sepkoski haben weiterhin sowohl auf der Familien- als auch auf der Gattungsebene die signifikanten Gipfel überprüft und stehen zu ihrer Behauptung, daß diese Spitzen denen eines perfekten 26-Millionen-Jahre-Zyklus näher liegen, als es bei einer zufälligen Verteilung zu erwarten wäre. Das Problem ist, daß es, weil zwei der vorausgesagten Spitzen fehlen, in der empirischen Verteilung zwei Intervalle gibt, die jeweils annähernd 50 Millionen Jahre lang sind. Dabei handelt es sich um die beiden aufeinanderfolgenden Intervalle vor dem Ereignis am Schluß der Kreidezeit. Wenn man noch weiter zurückschaut, trifft man auf ein weiteres Problem, das Raup und Sepkoski auch voll erkannt haben: das Problem der genauen Datierung. So besteht nicht nur beträchtliche Unsicherheit über das Alter der Gesteine, die das Oberperm und die Obertrias vertreten, sondern es ist auch unklar, wo in diese Zeitabschnitte die Aussterbespitzen zu legen sind. Starkes Aussterben hat man sowohl der Nor- als auch der Rhät-Stufe in der Obertrias zugeschrieben; es erscheint jedoch möglich, daß die beiden „Intervalle" sich in Wirklichkeit erheblich überlappten. Ähnlich sind für das Ereignis im Oberperm sehr hohe Aussterberaten sowohl aus der vorletzten Stufe (Guadalupe) als auch aus der letzten (Djulfa) überliefert. Wie im Kapitel über die große Permkrise erwähnt, muß es trotz des Einwandes, daß wir unter Umständen aufgrund des wenig aufgeschlossenen Gesteins der Djulfa-Stufe einige ihrer Aussterbeereignisse fälschlich der Guadalupe-Stufe zugeschlagen haben könnten, viele der Guadalupe-Aussterbefälle wirklich gegeben haben. Dieses Argument trifft insbeson-

dere auf solche Gruppen wie die fusuliniden Foraminiferen und die Bryozoen
zu, die, wenn vorhanden, überaus häufig
vorkommen und bei mikroskopischer
Untersuchung der Gesteine leicht zu erkennen sind; beide Gruppen wurden vor
dem Ende der Guadalupe-Zeit dezimiert.

All dies bedeutet, daß für den Zeitraum
von etwa 140 Millionen Jahren vor dem
Ende der Cenoman-Stufe der Oberkreide
kein Nachweis für ein striktes Einhalten
einer Periodizität von 26 Millionen Jahren existiert. Anstatt sechs signifikanter
Spitzen gibt es hier nur vier, und lediglich bei zweien ist die Nähe zu einer
vorausgesagten Spitze gut belegt: bei der
Oberpliensbach- und bei der Obertithon-
Spitze im Jura. Wie wir im Kapitel „Das
Zeitalter der Dinosaurier" erwähnt haben, ist Anthony Hallam, ein Experte für
Faunen des Jura, überdies zu dem
Schluß gelangt, daß die Pliensbach-Krise
nicht weltweit stattfand, sondern sich
auf Westeuropa beschränkte.

Andererseits ist die Chance gering, daß
sich durch neue Befunde — etwa revi-
dierte Datierungen — die Spitzen für
das Ende der Oberkreide und für das
Obereozän in ihrer Lage so sehr ver-
schieben werden, daß sich die dazwi-
schenliegende Zeitspanne allzu weit von
26 Millionen Jahren entfernt. Aller-

Unterschiedliche Zeitskalen, die in den letzten Jahren
für die Jura-Periode vorgeschlagen worden sind und
von verschiedenen Datensammlungen, Datierungs-
methoden und Interpretationen ausgehen. Man be-
achte, daß dem Ende der Pliensbach-Stufe, dem einige Bearbeiter ein Massensterben zugeordnet haben,
ein Alter von einerseits nur 178 Millionen und andererseits 195 Millionen Jahren zugeschrieben wird.

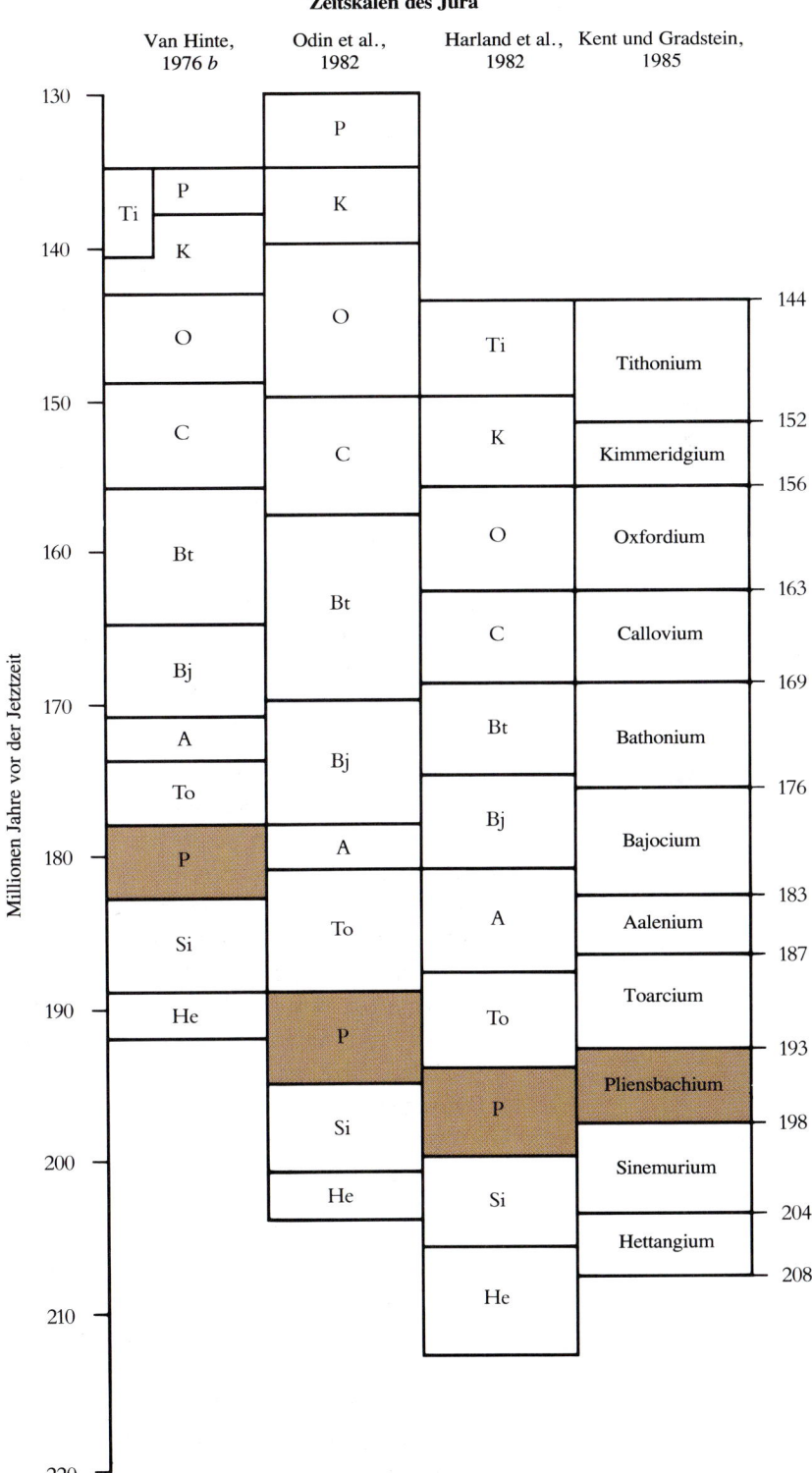

Zeitskalen des Jura

dings mehren sich die Hinweise, daß das Ende der Kreide (Maastricht-Stufe) auf 66,5 statt 65 Millionen Jahre vor der Jetztzeit und das Ende des Eozän auf 36,5 statt 38 Millionen Jahre vor der Jetztzeit zu datieren sind. Diese Modifikationen liefern ein Zwischenintervall von schätzungsweise 30 statt 27 Millionen Jahren. Man sollte hier außerdem bedenken, daß das Schema von Raup und Sepkoski alle Untergänge innerhalb einer bestimmten Stufe jeweils deren Ende zuordnet, daß aber die Maastricht-Krise tatsächlich vor dem Ende des Maastricht und die folgende Krise vor dem Ende des Obereozän begann. Diese Fakten widerlegen zwar nicht eine Periodizität der Massenuntergänge in den letzten 100 Millionen Jahren, sie werfen jedoch einige wichtige Fragen auf.

Auch das angeblich am Ende des Mittelmiozän (vor annähernd elf Millionen Jahren) aufgetretene Ereignis stellt uns vor Probleme. Es gab zu jener Zeit für die planktonischen Foraminiferen keine echte Krise, die mit ihrem drastischen Rückgang während der letzten drei Millionen Jahre (der letzten Eiszeit) zu vergleichen wäre, und wie wir gesehen haben, liegen auch keine Hinweise für ein ernstliches Aussterben von Säugetieren auf dem Festland vor. Gut belegt ist ein Aussterben im Mittelmiozän nur für fünf marine Familien, auch wenn zweifellos noch einige mit schlechter datierten Niedergängen dazuzurechnen sind. Auf der Ebene der Arten dürfte die Tiefsee der Schauplatz des bedeutendsten Umsturzes im Mittelmiozän gewesen sein, und wir besitzen Hinweise darauf, daß sie in dieser Zeit merklich kühler wurde.

Raups und Sepkoskis statistischer Test der Periodizität beweist nicht, daß die Abfolge der Aussterbeepisoden eng an einen Zyklus von 26 Millionen Jahren angebunden ist, sondern nur, daß sie ihm näher liegen, als bei einer zufälligen Verteilung zu erwarten wäre. Eine mögliche Ursache für die beobachtete Verteilung könnte darin liegen, daß bestimmte Bedingungen die Tendenz zeigen, die zu erwartende Anzahl kurzer Intervalle zwischen den Krisen zu verringern und die Verteilung somit nichtzufällig zu machen. Insbesondere könnten sich die Überlebenden einer Krise und ihre direkten Nachkommen gegen eine sich unmittelbar anschließende zweite Umweltverschlechterung als widerstandsfähig erweisen; vielleicht bedurfte es jeweils einiger Zeit, bis sich wieder zahlreiche krisenanfällige Familien entwickelt hatten. In diesem Zusammenhang erinnere man sich daran, daß die organischen Riffe nach mehreren Massenuntergängen schlecht entwickelt blieben. Lange Erholungsperioden würden also Episoden massiven Aussterbens zeitlich weiter voneinander trennen. Aufgrund einer strengen mathematischen Analyse haben Jennifer Kitchell von der Universität von Michigan und Daniel Pena von der Universität von Wisconsin eine ähnliche Pseudoperiodizitätsursache vorgeschlagen.

Eine Begleiterscheinung des Periodizitätskonzepts, die man trotz ihrer großen Bedeutung wenig beachtet hat, ist die Folgerung, daß jede signifikante Spitze in der Verteilung des Aussterbens im Mesozoikum und Känozoikum einer einzigen Art von außerirdischer Ursache zugeschrieben werden muß: Wenn jede Spitze Teil eines periodischen Musters ist, dann muß man sie auch einem periodisch wirkenden Auslöser zuschreiben. Führt man alle größeren Krisen auf eine solche Ursache zurück, würden viele der in diesem Buch beschriebenen Beobachtungen und Argumente in Frage gestellt. Müssen wir uns beispielsweise wirklich auf eine außerirdische Ursache für das Ereignis im Obereozän berufen, wenn wir doch wissen, daß damals sowohl die Gewässer der Tiefsee als auch das Landklima abkühlten (und bis heute kalt geblieben sind), und wenn wir überdies für diese Ereignisse auch noch eine irdische Erklärung haben, nämlich die Isolierung der Antarktis über dem Südpol nach dem endgültigen Auseinanderbrechen von Gondwanaland? Vielleicht könnte man immerhin die lange anhaltenden Temperaturveränderungen einem extraterrestrischen Auslösemechanismus zuschreiben, der die Antarktisgletscher anwachsen ließ und damit destabilisierte: Eine Eiskappe nämlich, die sich zunächst nur ein wenig ausdehnt, neigt dazu, noch weiter anzuschwellen, weil die Reflexion des Sonnenlichts zunimmt, und dies wiederum bewirkt eine noch stärkere Reflexion und ein fortgesetztes Gletscherwachstum. Doch von einer wohl nur kurzen Verdunkelung des Himmels ist es immer noch ein weiter Schritt zu drastischen Veränderungen im Wärmehaushalt, die fast 40 Millionen Jahre andauerten. Es sei hier daran erinnert, daß wir für mindestens zwei ältere, noch verheerendere Massensterben klare Belege für tektonisch induzierte klimatische Ursachen haben, nämlich für die des Oberordovizium und des Oberde-

von — zweier Zeitabschnitte, in denen Gondwanaland sich über den Südpol schob und dort ausgedehnte kontinentale Gletscher entstanden.

Astronomen wenden sich der Erde zu

Aus Mangel an aussagekräftigen Indizien hat man versucht, die Meteoritenkrater auf der Erde mit den Massenuntergängen in Beziehung zu setzen; dabei zeigte sich, daß die Krater zwar möglicherweise periodisch entstanden sind, daß aber keine zeitliche Verknüpfung mit den Massensterben vorliegt. Doch auch ohne zwingende Beziehung zwischen Kraterbildungen und Massenuntergängen haben Astronomen Mechanismen für ein periodisches Bombardement der Erde vorgeschlagen. Zu den astronomischen Hypothesen, die man zur Erklärung einer Periodizität von 26 Millionen Jahren aufgestellt hat, zählen Störungen des Fluges von Kometen und anderen Himmelskörpern, die dadurch von ihren normalen Umlaufbahnen abwichen und mit der Erde kollidierten. Dergleichen könnte bei dem periodischen Durchgang des Sonnensystems durch die Spiralarme der Milchstraße geschehen oder infolge der periodischen Schwankungen seiner Umläufe durch die Galaxie eintreten. Beide Arten der Bewegung setzen die Kometen des Sonnensystems störenden Gravitationskräften anderer großer Körper aus. Alternative Modelle gehen von einer periodischen Störung der Kometenwolke im Außenbereich des Sonnensystems durch entweder einen hypothetischen dunklen und

223

deshalb nicht sichtbaren Begleitstern der Sonne oder einen gleichfalls hypothetischen zehnten Planeten von gigantischen Ausmaßen aus.

Ironischerweise führt man die Iridiumkonzentrationen auf der Erde, die die Wissenschaftler zunächst überhaupt zur Suche nach außerirdischen Auslösern für das Massensterben anregten, heute als Gegenbeweise gegen Hypothesen an, die auf periodische extraterrestrische Ursachen aufbauen. Alle diese Hypothesen konzentrieren sich auf Kometenschauer als Auslöser der Zerstörung. Frank Kyte und John Wasson von der Universität von Kalifornien in Los Angeles haben angemerkt, daß jeder dieser hypothetischen Kometenschauer die Gesamtzufuhr an Iridium aus außerirdischen Quellen über einen Zeitraum von einer bis drei Millionen Jahren hätte steigern müssen. Auf der Suche nach solchen erhöhten Iridiumkonzentrationen analysierten diese Geochemiker daraufhin einen Tiefseebohrkern aus dem Stillen Ozean, der einen Zeitabschnitt von kurz vor der Schlußkrise der Kreidezeit bis vor etwa 33 Millionen Jahren (also kurz nach dem großen Massensterben im Obereozän) repräsentierte. Die vertikalen Abstände der Proben innerhalb des gesamten Bohrkerns entsprachen durchschnittlich nicht mehr als 200 000 Jahren. Bei einer so dichten Probenfolge können erhöhte Konzentrationen nicht unentdeckt bleiben, die von einer eine bis drei Millionen Jahre während gesteigerten Zufuhr herrühren. Und doch hat man keine solchen erhöhten Konzentrationen gefunden − nicht einmal in dem Kernabschnitt, der das Obereozän ver-

tritt, aus dem sowohl für das Festland als auch für das Meer ein heftiges Aussterben nachgewiesen ist. Man wird somit für diesen bedeutsamen Zeitabschnitt periodische Kometenschauer, die stark genug waren, um das Ökosystem durcheinanderzubringen, ausschließen müssen.

Raup und Sepkoski stellen darüber hinaus in einem Überblick über die astronomischen Hypothesen für die irdischen Krisen fest, daß diese alle nur ad hoc erstellt worden sind. Zwei berufen sich auf unbekannte Himmelskörper (einen unsichtbaren Stern oder einen zehnten Planeten), keine bietet einen unabhängigen Beleg zugunsten eines Zyklus von 26 Millionen Jahren an, und keine kann erklären, warum zwei Aussterbespitzen fehlen. Bevor solch ein zyklisches Auftreten für die Massensterben überzeugend nachgewiesen ist, scheint es kaum gerechtfertigt, dergleichen astronomische Szenarios zu entwerfen.

Andererseits sollten wir − wenn wir bei der Analyse der Beziehungen zwischen biotischen Katastrophen und irdischen wie außerirdischen Ereignissen weiterkommen wollen − unsere Bemühungen auf dem Gebiet der Geologie fortsetzen. Die Fortschritte in diesem Bereich im letzten Jahrzehnt sind geradezu frappierend gewesen. Noch vor 15 Jahren waren die Krisen im Kambrium, Ordovizium, Devon und Obereozän weitgehend unbekannt; der Beginn einer Vereisungsepisode im Oberdevon kam erst 1985 ans Tageslicht, und erst im Laufe der letzten zehn Jahre haben die Stratigraphen die Muster der Meeresspiegelschwankungen so weit aufgeklärt, daß wir heute gezwungen sind, die Vorstellung einer Beziehung zwischen dem zeitlichen Ablauf der großen Meeresrückzüge und dem der marinen Massensterben fallenzulassen. Allgemein kann man sagen, daß sich die meisten der in diesem Buch beschriebenen Fakten und Vorstellungen erst im letzten Jahrzehnt aus der Gesteins- und Fossilüberlieferung ergeben haben. Nun, da das Fundament gesetzt ist, sollten die Entdeckungen des nächsten Jahrzehnts ein eindrucksvolles Verständnisgebäude darauf errichten. Und wenn wir besser verstehen, was vor unserer Zeit auf der Erde geschah, werden wir auch zu einem klareren Bild des möglichen Schicksals unserer Art und alles Lebens um uns herum gelangen.

Literatur

Alvarez, L. W. *Experimental Evidence that an Asteroid Impact Led to the Extinction of Many Species 65 Million Years Ago.* In: *Proceedings of the National Academy of Sciences* 80 (1983) S. 627−642.
Ein provozierendes Referat eines der Urheber der Vorstellung, daß der Einschlag eines Asteroiden die Schlußkrise der Kreidezeit verursacht habe.

Alvarez, W.; Kauffman, E. G.; Surlyk, F.; Alvarez, L. W.; Asaro, F.; Michel, H. V. *Impact Theory of Mass Extinctions and the Invertebrate Fossil Record.* In: *Science* 223 (1984) S. 1135−1141.
Eine Gemeinschaftsarbeit der Alvarez-Gruppe und zweier Invertebratenpaläontologen, in der der langgestreckte Verlauf vieler Aussterbeereignisse der Oberkreide im Meeresraum bestätigt wird.

Anstey, R. L. *Taxonomic Survivorship and Morphologic Complexity in Paleozoic Bryozoan Genera.* In: *Paleobiology* 4 (1978) S. 407−418.
Diese Analyse zeigt, daß jene „Moostierchen", die durch Massensterben besonders stark dezimiert wurden, sich von den Formen unterschieden, die in normalen Zeiten ausstarben.

Arthur, M. A.; Zachos, J. C.; Jones, D. S. *Primary Productivity and the Cretaceous/Tertiary Boundary Event in the Oceans.* In: *Cretaceous Research* 8 (1986) S. 43−54.
Dieser Arbeit zufolge erlitten planktonfressende marine Taxa in der Oberkreidekrise größere Verluste als Detritusfresser, weil das Plankton damals empfindlich dezimiert wurde.

Aubry, M.-P. *Late Eocene and Early Oligocene Calcareous Nannoplankton Biostratigraphy and Biogeography.* In: *American Association of Petroleum Geologists Bulletin* 67 (1983) S. 415.
Eine kurze Zusammenfassung des schrittweisen Aussterbens tropischer Arten des kalkigen Nannoplanktons im Obereozän und Unteroligozän sowie der Abwanderung von Arten aus höheren Breiten in äquatoriale Richtung.

Bakker, R. T. *Dinosaur Renaissance.* In: *Scientific American* 232 (1975) S. 58−78.
Argumente für die These, daß die Dinosaurier sehr aktive, warmblütige Tiere waren.

Bakker, R. T. *Tetrapod Mass Extinctions − A Model of the Regulation of Speciation Rates and Immigration by Cycles of Topographic Diversity.* In: Hallam, A. (Hrsg.) *Patterns of Evolution.* Amsterdam (Elsevier) 1977. S. 439−468.
Ein wertvoller Überblick über die Muster der Massensterben bei säugetierähnlichen Reptilien und Dinosauriern.

Bakker, R. T. *Dinosaur Heresy − Dinosaur Renaissance. Why We Need Endothermic Archosaurs for a Comprehensive Theory of Bioenergetic Evolution.* In: Thomas, R. D. K; Olson, E. C. (Hrsg.) *A Cold Look at Warm-Blooded Dinosaurs.* Boulder (Westview) 1980. S. 351−503.
Eine vielschichtige Argumentation für die Warmblütigkeit der Dinosaurier.

Barry, J. C.; Johnson, N. M.; Raza, S. M.; Jacobs, L. L. *Neogene Mammalian Faunal Change in Southern Asia: Correlations with Climatic, Tectonic, and Eustatic Events.* In: *Geology* 13 (1985) S. 637−640.
Ein Überblick über die Aussterbemuster bei den miozänen Säugetieren südlich des Himalaya.

Benson, R. H. *The Origin of the Psychrosphere as Recorded in Changes of Deep-Sea Ostracode Assemblages.* In: *Lethaia* 8 (1975) S. 69−83.
Der erste Artikel, der nachwies, daß sich die in der Nähe des Gefrierpunktes liegenden Temperaturen der heutigen Tiefsee in der Übergangszeit vom Eozän zum Oligozän herausgebildet haben.

Berggren, W. A.; Van Couvering, J. A. (Hrsg.) *Catastrophes and Earth History.* Princeton (University Press) 1984.
Eine Sammlung interessanter Essays, von denen leider einige schon vor dem Erscheinungsdatum teilweise überholt waren.

Berry, W. B.; Boucot, A. J. (Hrsg.) *Glacial-Eustatic Control of Late Ordovician-Early Silurian Platform Sedimentation and Faunal Changes.* In: *Geological Society of America Bulletin* 84 (1973) S. 275−284.
Ein Überblick über die nach der Vereisung und dem Massensterben im Oberordovizium auf der Erde verbliebenen marinen Tierformen und Sedimenttypen.

Bohor, B. F.; Foord, E. E.; Modreski, P. J.; Triplehorn, D. M. *Mineralogic Evidence for an Impact Event at the Cretaceous-Tertiary Boundary.* In: *Science* 224 (1984) S. 867−869.
Ein erster Bericht über die Entdeckung geschockter Mineralkörner im Kreide-Grenzton von Montana.

Bohor, B. F.; Modreski, P. J.; Foord, E. E. *A Search for Shock-Metamorphosed Quartz at the K-T Boundary.* In: *Sixteenth Lunar and Planetary Science Conference.* Teil 1. Houston (Lunar and Planetary Institute) 1985. S. 79.
Ein Bericht über die Entdeckung geschockter Quarzkörner in der obersten Kreide außerhalb Nordamerikas.

Caputo, M. V. *Late Devonian Glaciation in South America.* In: *Palaeogeography, Palaeoclimatology, Palaeoecology* 51 (1985) S. 291−317.
Eine Dokumentation der Vereisungen in einer Zeit eines großen Massensterbens.

Caputo, M. V.; Crowell, J. C. *Migration of Glacial Centers across Gondwana during Paleozoic Era.* In: *Geological Society of America Bulletin* 96 (1985) S. 1020−1036.
Der erste Bericht über das Gletscherwachstum im Oberdevon (Famenne-Stufe) von Südamerika, das sich in dieser Zeit biotischer Krisen als Teil von Gondwanaland über den Südpol bewegte.

Carter, N. L.; Officer, C. B.; Chesner, C. A.; Rose, W. I. *Dynamic Deformation of Volcanic Ejecta*

from the Toba Caldera: Possible Relevance to Cretaceous/Tertiary Boundary Phenomena. In: *Geology* 14 (1986) S. 380−383.
Ein Bericht über die Entdeckung, daß gewaltige explosive Vulkanausbrüche enorme Drücke auf das Gestein ausüben und dadurch Schockmerkmale hervorrufen können, wie man sie an Mineralkörnern von Sedimenten der Kreideobergrenze beobachtet.

Chi, W. R.; Keller, G. *Cretaceous/Tertiary Boundary Event, El Kef, Tunisia: A Foraminiferal Response.* In: *Geological Society of America Abstracts with Programs* 17 (1985) S. 544.
Eine kurze Beschreibung des wohl besten festländischen Profils von Tiefseesedimenten der Oberkreide, in der auf das sehr geringe Aussterben bodenlebender Foraminiferen in der Schlußkrise hingewiesen wird.

Cifelli, R. *Radiation of the Cenozoic Planktonic Foraminifera.* In: *Systematic Zoology* 18 (1969) S. 154−168.
In diesem klassischen Aufsatz wird herausgestellt, daß die planktonischen Foraminiferen, die größere Krisen überlebten, an kühles Wasser angepaßte Formen waren.

Clemens, W. A.; Archibald, J. D.; Hickey, L. J. *Out with a Whimper Not a Bang.* In: *Paleobiology* 7 (1981) S. 293−298.
Ein subjektiver Bericht einiger der wichtigen Figuren in der Debatte über die Kontroversen um die biotischen Umwälzungen an der Kreide-Paläozän-Grenze.

Collinson, M. E.; Fowler, K.; Boulter, M. C. *Floristic Changes Indicate a Cooling Climate in the Eocene of Southern England.* In: *Nature* 291 (1981) S. 315−317.
Dieser Artikel zeigt, wie die tropischen und subtropischen Florenelemente des südlichen England während der im jüngsten Untereozän einsetzenden klimatischen Abkühlung von solchen der gemäßigten Zone abgelöst wurden.

Copper, P. *Paleolatitudes in the Devonian of Brazil and the Frasnian-Famennian Mass Extinction.* In: *Palaeogeography, Palaeoclimatology, Palaeoecology* 21 (1977) S. 165−207.
Die wohl erste Veröffentlichung, die als Ursache der Oberdevonkrise eine klimatische Abkühlung anführt; die Beweisführung stützt sich hauptsächlich auf das vorwiegende Überleben der Taxa aus den Polargebieten.

Copper, P. *Cold Water Oceans and the Frasnian-Famennian Extinction Crises.* In: *Geological Society of America Abstracts with Programs* 16 (1984) S. 10.
Eine kurze Zusammenfassung der Belege für den allmählichen Niedergang der in der Oberdevonkrise ausgestorbenen atrypoiden Brachiopoden.

Corliss, B. H.; Aubry, M.-P.; Berggren, W. A.; Fenner, J. M.; Keigwin, L. D.; Keller, G. *The Eocene/Oligocene Boundary Event in the Deep Sea.* In: *Science* 226 (1984) S. 806−810.
Diese Synthese aus einer Gemeinschaftsarbeit zeigt, daß die schweren Verluste, die das Plankton nahe der Eozän-Oligozän-Grenze erlitt, nicht plötzlich eintraten, sondern sich über mehrere Millionen Jahre hinzogen.

Dhondt, A. V. *Campanian and Maastrichtian Inoceramids: A Review.* In: *Zitteliana* 10 (1983) S. 689−701.
Eine Dokumentation des allmählichen Rückgangs der inoceramiden Muscheln im Laufe der Oberkreide.

D'Hondt, S.; Keller, G. *Late Cretaceous Stepwise Extinction of Planktonic Foraminifera.* In: *Geological Society of America Abstracts with Programs* 17 (1985) S. 557f.
Dieser kurze Bericht über das wohl beste festländische Profil von Tiefseesedimenten der Oberkreide enthält Belege dafür, daß die planktonischen Foraminiferen einzelne Aussterbewellen und nicht bloß einmalige schwere Verluste am Schluß der Kreidezeit hinnehmen mußten.

Dickens, J. M. *Climate of the Permian in Australia: The Invertebrate Faunas.* In: *Palaeogeography, Palaeoclimatology, Palaeoecology* 23 (1978) S. 33−46.
Eine Beschreibung der klimatischen Erwärmung in Gebieten Australiens im Oberperm, als die Pangäa sich vom Südpol nach Norden bewegte.

Dockery, D. T. *Crisis Events for Paleogene Molluscan Faunas in the Southeastern United States.* In: *Mississippi Geology* 5/2 (1984) S. 1−7.
In diesem Artikel werden die Aussterbewellen der Eozän-Oligozän-Zeit bei den Mollusken im Golf von Mexiko einzelnen Episoden klimatischer Abkühlung und verstärkter Wassertrübung zugeschrieben.

Douglas, R.; Woodruff, F. *Deep-Sea Benthic Foraminifera.* In: Emiliani, C. (Hrsg.) *The Sea.* Bd. 7. New York (Wiley) 1981. S. 1233−1327.
Dieser Bericht enthält eine Zusammenfassung der Isotopendaten für Tiefsee- und planktonische Foraminiferen, die einen allgemeinen Rückgang der Ozeantemperaturen im Laufe der Oberkreide anzeigen.

Doyle, J. A.; Hickey, L. J. *Pollen and Leaves from the Mid-Cretaceous Potomac Group and Their Bearing on Early Angiosperm Evolution.* In: Beck, C. G. (Hrsg.) *Origin and Early Evolution of Angiosperms.* New York (Columbia University Press) 1976. S. 139−206.
Eine Dokumentation der ersten adaptiven Radiation der bedecktsamigen Blütenpflanzen.

Dutro, J. T. *The Frasnian-Famennian Event as Recorded by Devonian Articulate Brachiopods in New Mexico.* In: *Geological Society of America Abstracts with Programs* 16 (1984) S. 14.
Ein kurzer Überblick über die Belege für den all-

mählichen Rückgang der Brachiopoden im Gebiet von New Mexico während der Oberdevonkrise.

Ekdale, A. A.; Bromley, R. G. *Sedimentology and Ichnology of the Cretaceous-Tertiary Boundary in Denmark: Implications for the Causes of the Terminal Cretaceous Extinction.* In: *Journal of Sedimentary Petrology* 54 (1986) S. 681−703.
Eine Bewertung der Iridiumanomalie am Schluß der Kreidezeit im Zusammenhang mit der Tätigkeit mariner Bohrorganismen.

Elder, W. P. *Biotic Patterns across the Cenomanian-Turonian Extinction Boundary near Pueblo, Colorado.* In: Pratt, L. M.; Kauffman, E. G.; Zelt, F. B. (Hrsg.) *Fine-Grained Deposits and Biofacies of the Cretaceous Western Interior Seaway: Evidence of Cyclic Sedimentary Processes.* Tulsa (Society of Economic Paleontologists and Mineralogists) 1985. S. 157−169.
Eine ausführliche Studie über die Aussterbevorgänge der Mittelkreide in einer Region, in der die Ereignisse wahrscheinlich anders abliefen als sonst auf der Erde.

Epshteyn, O. G. *Late Permian Ice-Marine Deposits of the Atkan Formation in the Kolyma River Headwaters Region, U.S.S.R.* In: Hambrey, M. J.; Harland, W. B. (Hrsg.) *Earth's Pre-Pleistocene Glacial Record.* Cambridge (University Press) 1981. S. 270−273.
Eine Beschreibung von oberpermischen marinen Glazialablagerungen in Sibirien − allerdings ohne eine Diskussion der geographischen Lage des darunterliegenden Kolyma-Blocks im Oberperm.

Fay, I.; Copper, P. *Early Silurian Bioherms in the Manitoulin Formation of Manitoulin Island.* In: Copeland, M.; Maminet, B. (Hrsg.) *Third North American Paleontological Convention Proceeding.* Bd. 1. Toronto (Toronto Business and Economic Service) 1982. S. 159−163.
Diskussion der seltenen und schwach entwickelten Riffe des Untersilur kurz nach der Krise im Oberordovizium.

Fischer, A. G.; Arthur, M. A. *Secular Variation in the Pelagic Realm.* In: *Society of Economic Paleontologists and Mineralogists Special Publications* 25 (1977) S. 19−50.
Ein klassischer Aufsatz über die Vorstellung, daß biotische Krisen auf Veränderungen im Wärmehaushalt der Ozeane zurückzuführen seien, in dem auch zur Sprache kommt, daß diese Ereignisse mit einer regelmäßigen Periodik aufgetreten sein könnten.

Flügel, E.; Stanley, G. D. *Reorganization, Development, and Evolution of Post-Permian Reefs and Reef Organisms.* In: *Palaeontographica Americana* 54 (1984) S. 177−186.
Dieser Bericht schließt die Beobachtung ein, daß riffbauende Organismen des Perm, die in Gesteinen der Untertrias fehlen, in Ablagerungen der Mitteltrias wiederkehren.

French, B. M. *Impact Event at the Cretaceous-Tertiary Boundary: A Possible Site.* In: *Science* 226 (1984) S. 353.
Ein Hinweis auf die Möglichkeit, daß der Krater von Manson im US-Bundesstaat Iowa als Ort des Einschlags eines außerirdischen Objekts in der jüngsten Kreidezeit in Frage kommt.

Garrett, P. *Phanerozoic Stromatolites: Noncompetitive Ecological Restriction by Grazing and Burrowing Animals.* In: *Science* 167 (1970) S. 171 bis 173.
Dieser Artikel beschreibt, wie weidende und grabende Organismen in den Meeren der Jetztzeit das Wachstum der Stromatolithen unterdrücken und wie sie es wahrscheinlich schon seit dem Altphanerozoikum getan haben.

Gerstel, J.; Thunell, R. C.; Zachos, J. C.; Arthur, M. A. *The Cretaceous/Tertiary Boundary Event in the North Pacific: Planktonic Foraminiferal Results from DSDP Site 577, Shatsky Rise.* In: *Paleooceanography* 1 (1986) S. 97−117.
Diese Arbeit präsentiert ausführliche Belege dafür, daß kälteangepaßte planktonische Foraminiferenarten in der jüngsten Kreidezeit in niedrige Breiten abwanderten und dort die ausgestorbenen wärmeliebenden Arten ersetzten.

Gobbett, D. J. *Permian Fusulinacea.* In: Hallam, A. (Hrsg.) *Atlas of Palaeobiogeography.* Amsterdam (Elsevier) 1973. S. 152−158.
Ein Überblick über die Belege für den Rückzug der Fusulinaceen (Großforaminiferen) in die Tethys zur Zeit des Oberperm.

Gould, S. J. *All the News That's Fit to Print and Some Opinions That Aren't.* In: *Discover* 11 (1985) S. 86−91.
Eine Entgegnung auf Antoni Hoffmans Kritik am 26-Millionen-Jahre-Zyklus der Massensterben.

Guthrie, R. D. *Mosaics, Allelochemics and Nutrients.* In: Martin, P. S.; Klein, R. G. (Hrsg.) *Quaternary Extinctions: A Prehistorical Revolution.* Tucson (University of Arizona Press) 1984. S. 259−298.
Diese Arbeit schreibt das Aussterben großer Säugetiere des Neogen klimatisch bedingten Veränderungen des Pflanzenwuchses zu.

Hallam, A. *The End-Triassic Bivalve Extinction Event.* In: *Palaeogeography, Palaeoclimatology, Palaeoecology* 35 (1981) S. 1−44.
Eine Analyse des massiven Aussterbens im Meer am Ende der Trias, die sich auf eine Senkung des Meeresspiegels als Auslöser beruft; eine derartige physikalische Veränderung hält man heute allerdings nicht mehr für wahrscheinlich.

Hallam, A. *The Pliensbachian and Tithonian Extinction Events.* In: *Nature* 319 (1986) S. 765−768.
In diesem Artikel wird belegt, daß zwei der in der Graphik von Raup und Sepkoski durch Spitzen wiedergegebenen Aussterbeereignisse kein weltweites geographisches Ausmaß erreicht haben.

Hansen, T. A. *Bivalve Extinction Patterns in the Late Eocene and Oligocene of the Gulf Coast: Relationship to Temperature Drops and Changes in Shelf Area.* In: *Geological Society of America Abstracts with Programs* 16 (1984) S. 529.
Diesem Kurzbericht zufolge stehen die großen Einbußen an marinen Muscheln im Golf von Mexiko im Obereozän und Oligozän zwar mit dem Aussterben des Planktons, nicht aber mit Zeiten einer Meeresspiegelsenkung in Verbindung.

Hansen, T. A.; Ferrand, R. B.; Montgomery, H. A.; Billman, H. G.; Blechschmidt, G. *Sedimentology and Extinction Patterns across the Cretaceous-Tertiary Boundary Interval in East Texas.* In: *Cretaceous Research* 8 (1986) S. 229−252.
Eine Beurteilung des Aussterbens bodenlebender mariner Organismen am Schluß der Kreide für ein Gebiet mit einer besonders aufschlußreichen Fossilüberlieferung.

Hazel, J. E. *Paleoclimatology of the Yorktown Formation (Upper Miocene and Lower Pliocene) of Virginia and North Carolina.* In: *Centre de Recherches Pan-SNPA bulletin* 5 (supplément) (1971) S. 361−375.
Hier wird aufgezeigt, warum die Ostracodenarten (winzige zweiklappige Krebse) in der Yorktown-Formation von Virginia auf ein sehr ausgeglichenes Klima kurz vor dem Einsetzen der letzten Eiszeit schließen lassen.

Hickey, L. J. *Paleocene Stratigraphy and Flora of the Clark's Fork Basin.* In: *University of Michigan Papers on Paleontology* (1980) S. 33−49.
Eine Zusammenfassung von Daten aus Blattranduntersuchungen, die für Wyoming und Montana auf eine Tendenz zu klimatischer Abkühlung in der Übergangszeit von der Kreide zum Paläozän hindeuten.

Hickey, L. J. *Land Plant Evidence Compatible with Gradual, Not Catastrophic, Change at the End of the Cretaceous.* In: *Nature* 292 (1981) S. 529−531.
Aus diesem Überblick über die Fossilüberlieferung der bedecktsamigen Blütenpflanzen der Oberkreide geht hervor, daß sie in jener Zeit keinem schwerwiegenden Aussterben unterlagen und daß die größten Einbußen wohl in hohen Breiten zu verzeichnen waren.

Hickey, L. J.; West, R. M.; Dawson, M. R.; Choi, D. K. *Arctic Terrestrial Biota: Paleomagnetic Evidence of Age Disparity with Mid-Northern Latitudes During the Late Cretaceous and Early Tertiary.* In: *Science* 221 (1983) S. 1153−1156.
Eine Darstellung der Hypothese, daß die Organismengruppen des Polarkreisgebiets in der Oberkreide und im Altpaläogen infolge von Klimaverschiebungen nach Süden wanderten.

Hickman, C. S. *Paleogene Marine Gastropods of the Keasey Formation of Oregon.* In: *Bulletins of American Paleontology* 78 (1980) S. 1−112.
Dieser Artikel beschreibt das Verschwinden wärmeangepaßter Schneckenarten aus den Gewässern am Rand der nordwestlichen Vereinigten Staaten zur Zeit des Übergangs vom Eozän zum Oligozän.

Hoffman, A. *Patterns of Family Extinction Depend on Definition and Geological Timescale.* In: *Nature* 315 (1985) S. 659−662.
Eine Kritik an Raups und Sepkoskis Behauptung, die schweren Aussterbeepisoden seien mit einer Periodizität von 26 Millionen Jahren aufgetreten.

Horner, J. R.; Makela, R. *Nest of Juveniles Provides Evidence of Family Structure Among Dinosaurs.* In: *Nature* 282 (1979) S. 296−298.
Ein Bericht über die Entdeckung einer Gruppe von fossilisierten Dinosaurierjungen in einem Nest, in dem sie anscheinend von einem oder beiden Elternteilen gefüttert wurden.

House, M. R. *Correlation of Mid-Palaeozoic Ammonoid Evolutionary Events with Global Sedimentary Perturbations.* In: *Nature* 313 (1985) S. 17−22.
Eine Sammlung von Daten über die Aussterbeschübe, die die Ammonoideen im Laufe der Oberdevonkrise erlebten.

Hsü, K. J. *When the Mediterranean Dried Up.* In: *Scientific American* 227/12 (1972) S. 27−36.
Ein lesenswerter Bericht über die Austrocknung des Mittelmeeres am Ende des Miozän.

Izett, G. A.; Pillmore, C. L. *Shock-Metamorphic Minerals at the Cretaceous-Tertiary Boundary, Raton Basin, Colorado and Mexico, Provide Evidence for Asteroid Impact in Continental Crust.* In: *Eos* 46 (1985) S. 1149f.
Eine Mitteilung über die Entdeckung von geschockten großen Mineralkörnern mit Feldspatzusammensetzung in den westlichen Vereinigten Staaten, die auf eine in der Nähe befindliche Einschlagstelle in der kontinentalen Kruste hindeuten.

Jablonski, D. *Background and Mass Extinctions: The Alternation of Macroevolutionary Regimes.* In: *Science* 231 (1986) S. 129−133.
Der Autor belegt in diesem Artikel, daß sich das Muster von Massensterben in ihrer Auswirkung auf verschiedene Tiergruppen häufig vom Muster des normalen (Hintergrund-)Aussterbens unterscheidet.

Jiang, M. J.; Gartner, S. *Calcareous Nannofossil Succession Across the Cretaceous/Tertiary Boundary in East-Central Texas.* In: *Micropaleontology* 32 (1986) S. 232−255.
Eine detaillierte Darstellung des unvermittelten Rückgangs der Nannoplanktonhäufigkeit am Ende der Kreidezeit sowie des endgültigen Aussterbens einiger Arten im frühen Paläozän.

Kauffman, E. G. *The Ecology and Biogeography of the Cretaceous-Tertiary Extinction Event.* In: Christensen, K.; Birkelund, T. (Hrsg.) *Cretaceous-Tertiary Boundary Events.* Bd. II. Kopenhagen (University of Copenhagen) 1979. S. 29−37.

Dieser Überblick über die marine Überlieferung der Krise am Ende der Kreidezeit geht unter anderem auf den kurz vor Schluß eingetretenen Rückgang der Rudisten ein.

Keller, G. *Biochronology and Paleoclimatic Implications of Middle Eocene to Oligocene Planktic Foraminiferal Faunas.* In: *Marine Micropaleontology* 7 (1983) S. 463–486.
Eine Beurteilung der Abkühlungswellen und der Aussterbeschübe bei planktonischen Foraminiferen im Paläogen.

Keller, G. *Paleoclimatic Analysis of Middle Eocene Through Oligocene Planktic Foraminiferal Faunas.* In: *Palaeogeography, Palaeoclimatology, Palaeoecology* 43 (1983) S. 73–94.
Eine Interpretation der Veränderungen sowohl der taxonomischen Zusammensetzung als auch der Isotopenverhältnisse bei planktonischen Foraminiferen als Indizien für Abkühlungswellen sowie einen allgemeinen Trend zur Abkühlung im Meeresraum des Mittelkänozoikum.

Keller, G. *Stepwise Mass Extinctions and Impact Events: Late Eocene to Early Oligocene.* In: *Marine Micropaleontology* 10 (1986) S. 267–293.
Dieser Artikel legt nahe, daß das Aussterben der wenigsten planktonischen Foraminiferen des Eozän und Oligozän Ereignissen zuzuschreiben ist, die Mikrotektitenschichten erzeugt haben, und daß die Mehrheit infolge von Abkühlungsprozessen ausstarb.

Kennett, J. P. *Cenozoic Evolution of Antarctic Glaciation, the Circum-Antarctic Ocean, and Their Impact on Global Paleoceanography.* In: *Journal of Geophysical Research* 82 (1977) S. 3843 bis 3860.
Ein klassischer Aufsatz über die Entstehung von kalten Temperaturen in zirkumantarktischen Gewässern und ihre Ausbreitung, als im Obereozän und Oligozän weitere Kontinente von der Antarktis abbrachen und sie über dem Südpol isoliert zurückließen.

Kennett, J. P. *Neogene Palaeoceanography and Plankton Evolution.* In: *South African Journal of Science* 81 (1985) S. 251–253.
Ein wertvoller kurzer Überblick über die thermischen Veränderungen im Ozean des Antarktisgebiets im Miozän.

Kennett, J. P.; von der Borch, C. C. *Southwest Pacific Cenozoic Paleooceanography.* In: *Initial Reports of the Deep Sea Drilling Project* 90 (1986) S. 1493–1517.
Dieser Artikel stellt ein Modell zur Erklärung der Abkühlung in der südlichen Hemisphäre in der Eozän-Oligozän-Übergangszeit vor, als sich Australien von der Antarktis trennte.

Kitchell, J. A.; Clark, D. L.; Gombos, A. M. *Biological Selectivity of Extinction: A Link Between Background and Mass Extinction.* In: *Palaios* 1 (1986) S. 504–512.
In diesem Artikel wird die Ansicht vertreten, daß viele Taxa planktonischer Diatomeen das Massensterben am Schluß der Kreide überlebten, weil sie Ruhesporen bilden konnten.

Kitchell, J. A.; Pena, D. *Periodicity of Extinctions in the Geologic Past: Deterministic Versus Stochastic Explanations.* In: *Science* 226 (1984) S. 689 bis 692.
Eine Bewertung der Verteilung von Aussterbespitzen in der geologischen Zeit, die dem Muster eine Pseudoperiodizität zuschreibt.

Knoll, A. H. *Patterns of Extinction in the Fossil Record of Vascular Plants.* In: Nitecki, M. H. (Hrsg.) *Extinctions.* Chicago (University of Chicago Press) 1984. S. 21–68.
Ein Nachweis der großen Widerstandsfähigkeit höherer Pflanzen gegen Massensterben mit Daten über ihr Schicksal während der Massenuntergänge von Tieren im Oberdevon, im Perm und in der Kreide. Des weiteren sind die Belege dafür zusammengefaßt, daß der spätpaläozoische Übergang von der paläophytischen zur mesophytischen Flora in verschiedenen Regionen zu verschiedenen Zeiten stattgefunden hat.

Kollman, H. A. *Distribution Patterns and Evolution of Gastropods Around the Cretaceous/Tertiary Boundary.* In: Christensen, K.; Birkelund, T. (Hrsg.) *Cretaceous-Tertiary Boundary Events.* Bd. II. Kopenhagen (University of Copenhagen) 1979. S. 83–87.
In diesem Artikel wird gezeigt, daß die marinen Schnecken, die in der Oberkreide in kühlen nördlichen Gewässern gelebt hatten, in der Übergangszeit zum Paläozän mindestens bis Nordafrika südwärts wanderten, was die Ausbreitung kühlen Wassers in äquatoriale Richtung nahelegt.

Kummel, B. *Lower Triassic (Scythian) Molluscs.* In: Hallam, A. (Hrsg.) *Atlas of Palaeobiogeography.* Amsterdam (Elsevier) 1973. S. 225–233.
Ein Überblick über die verarmte Fauna der Untertrias und eine Beschreibung der kosmopolitischen Verbreitung einiger sehr auffälliger Arten.

Kyte, F. T.; Wasson, J. T. *Accretion Rate of Extraterrestrial Matter: Iridium Deposited 33 to 67 Million Years Ago.* In: *Science* 232 (1986) S. 1225–1229.
Ein Bericht über die Daten für Iridiumablagerungen im Pazifikgebiet seit der Kreidezeit, demzufolge es in der Eozän-Oligozän-Krise keine verheerenden Kometenschauer gegeben haben kann.

Logan, A.; Hills, L. V. *The Permian and Triassic Systems and Their Mutual Boundary.* Canadian Society of Petroleum Geologists Memoir 2 (1973).
Eine wertvolle Sammlung von Aufsätzen, die für bestimmte Taxa und geographische Gebiete einen Überblick über die Aussterbemuster im Oberperm vermitteln.

Martin, P. S. *Prehistoric Overkill: The Global Model.* In: Martin, P. S.; Klein, R. G. (Hrsg.) *Qua-*

ternary Extinctions: A Prehistorical Revolution. Tucson (University of Arizona Press) 1984. S. 354−403.

Die Belege für die Ausrottung vieler großer Säugetiere des Holozän durch die Jagdtätigkeit des Menschen in der Darstellung eines der profiliertesten Vertreter dieses Szenarios.

Martin, P. S.; Klein, R. G. (Hrsg.) *Quaternary Extinctions: A Prehistorical Revolution.* Tucson (University of Arizona Press) 1984.

Von zahlreichen Autoren wird hier auf breiter Basis die Kontroverse über die Ursachen der empfindlichen Einbußen an großen Säugetieren im Holozän beleuchtet.

McElhinny, M. W.; Embleton, B. J. J.; Ma, X. H.; Zhang, Z. K. *Fragmentation of Asia in the Permian.* In: *Nature* 293 (1981) S. 212−216.

Eine paläogeographische Rekonstruktion der Tethys-Region im Oberperm aufgrund paläomagnetischer Daten; es werden auch die Belege dafür erörtert, daß der Kolyma-Block mit seinen Glazialablagerungen sich damals in der südlichen Tethys befand.

McGhee, G. R. *The Frasnian-Famennian Extinction Event: A Preliminary Analysis of the Appalachian Marine Ecosystems.* In: *Geological Society of America Special Paper* 190 (1982) S. 491−500.

Eine Präsentation von Daten, die zeigen, daß im US-Bundesstaat New York das Massensterben im Oberdevon sich über sieben Millionen Jahre hinzog und daß sich die Kieselschwämme damals verbreiteten und differenzierten, während andere Gruppen zurückgingen.

McGhee, G. R.; Gilmore, J. S.; Orth, C. J.; Olsen, E. *No Geochemical Evidence for an Asteroidal Impact at Late Devonian Mass Extinction Horizon.* In: *Nature* 308 (1984) S. 28−31.

Eine Beschreibung der erfolglosen Bemühungen, eine Iridiumanomalie zu finden, die mit der biotischen Krise im Oberdevon in Verbindung gebracht werden könnte.

McLaren, D. J. *Time, Life and Boundaries.* In: *Journal of Paleontology* 44 (1970) S. 801−815.

Eine Darlegung der Hypothese, daß die Oberdevonkrise ein geologisch abruptes Ereignis war und möglicherweise durch den Einschlag eines großen außerirdischen Körpers in die Erde verursacht wurde.

McLean, D. M. *Mantle Degassing Induced Dead Ocean in the Cretaceous-Tertiary Transition.* In: *Geophysical Monograph* 32 (1985) S. 493−503.

Eine Beschreibung der Hypothese, daß das mit der Trapplava im Dekhan-Gebiet von Indien freigesetzte Kohlendioxid als Auslöser des Massensterbens am Ende der Kreidezeit gewirkt hat, indem es infolge des Treibhauseffektes das Klima der Erde aufheizte.

Michel, H. V.; Asaro, F.; Alvarez, W.; Alvarez, L. W. *Elemental Profile of Iridium and Other Elements near the Cretaceous-Tertiary Boundary in Hole 577B.* In: *Initial Reports of the Deep Sea Drilling Project* 86 (1985) S. 533−538.

Ein Bericht über eine zweite kleinere Iridiumanomalie, die ungefähr 50 Zentimeter unter derjenigen an der Kreideobergrenze liegt.

Miller, J. F. *Cambrian and Earliest Ordovician Conodont Evolution, Biofacies, and Provincialism.* In: *Geological Society of America Special Paper* 196 (1984) S. 43−67.

Dieser Artikel zeigt, daß nicht bloß die Trilobiten, sondern auch die Conodonten unter der Krise am Schluß des Kambrium zu leiden hatten und daß offensichtlich zu eben jener Zeit der Meeresspiegel absank.

Officer, C. B.; Drake, C. L. *The Cretaceous-Tertiary Transition.* In: *Science* 219 (1983) S. 1383 bis 1390.

Die Vorstellung, daß ein Bolideneinschlag das Aussterben am Ende der Kreide verursacht habe, in der Beurteilung zweier Skeptiker.

Officer, C. B.; Drake, C. L. *Terminal Cretaceous Environmental Events.* In: *Science* 227 (1985) S. 1161−1167.

Ein zweiter Beitrag dieser beiden profiliertesten Gegner des Impaktszenarios am Schluß der Kreide, der sich auf die stratigraphische Mächtigkeit der Iridiumanomalie und das parallele Vorkommen anderer, für Meteoriten ungewöhnlicher Schwermetalle konzentriert.

Orth, C. J.; Gilmore, J. S.; Knight, J. D.; Pillmore, C. L.; Tschudy, R. H.; Fassett, J. E. *An Iridium Abundance Anomaly at the Palynological Cretaceous-Tertiary Boundary in Northern New Mexico.* In: *Science* 214 (1981) S. 1341−1343.

Eine Beschreibung der Iridiumanomalie an der Kreideobergrenze in New Mexico sowie der damit verbundenen Häufung von Farnsporen.

Orth, C. J.; Knight, J. D.; Quintana, L. R.; Gilmore, J. S.; Palmer, A. R. *A Search for Iridium Abundance Anomalies at Two Late Cambrian Biomere Boundaries in Western Utah.* In: *Science* 223 (1984) S. 163−165.

Ein Bericht über die vergebliche Suche nach Iridiumüberschüssen in stratigraphischen Bereichen, in denen sie auftreten sollten, falls die Massensterben im Kambrium auf einem Asteroideneinschlag beruhten.

Orth, C. J.; Gilmore, J. S.; Oliver, P. Q.; Quintana, L. R. *Iridium Abundance Patterns Across Extinction Boundaries.* In: *Geological Society of America Abstracts with Programs* 17 (1985) S. 683.

Eine Zusammenfassung der Ergebnisse der Forschergruppe aus Los Alamos, die am intensivsten nach Iridium in den stratigraphischen Niveaus der Aussterbeereignisse gesucht hat; danach lassen sich in Gesteinen, die älter als diejenigen der Kreideobergrenze sind, keine bemerkenswerten Anomalien nachweisen.

Palmer, A. R. *The Biomere Problem: Evolution of an Idea.* In: *Journal of Paleontology* 58 (1984) S. 599–611.
Ein gründlicher Überblick über die Überlieferung der großen Trilobitensterben im Kambrium durch jenen Paläontologen, der sie auch entdeckt hat.

Pedder, A. E. H. *The Rugose Coral Record Across the Frasnian/Famennian Boundary.* In: *Geological Society of America Special Paper* 190 (1982) S. 485–489.
Eine Auflistung der vor und nach der Oberdevonkrise lebenden Arten rugoser Korallen, aus der hervorgeht, daß die Riffbildner im Gegensatz zu den Arten des tieferen Wassers starke Verluste erlitten.

Perth-Nielsen, K.; McKenzie, J.; Qiziang, H. *Biostratigraphy and Isotope Stratigraphy and the 'Catastrophic' Extinction of Calcareous Nannoplankton at the Cretaceous/Tertiary Boundary.* In: *Geological Society of America Special Paper* 190 (1982) S. 353–371.
Dieser Artikel legt dar, daß die spärlichen Populationen einiger Nannoplanktonarten in den Sedimenten des Paläozän tatsächlich in jener Zeit gelebt haben und keine aus älteren Schichten aufgearbeiteten Fossilien sind, da sie andere Isotopenzusammensetzungen aufweisen als die Populationen der Kreide.

Percival, S. F.; Fischer, A. G. *Changes in Calcareous Nannoplankton in the Cretaceous-Tertiary Biotic Crisis at Zumaya, Spain.* In: *Evolutionary Theory* 2 (1977) S. 1–35.
Eine detaillierte Darstellung des plötzlichen Rückgangs der Häufigkeit des kalkigen Nannoplanktons am Ende der Kreidezeit sowie des endgültigen Ablebens einiger Arten im Altpaläozän.

Petuch, E. J. *An Eocene Asteroid Impact in Southern Florida and the Origin of the Everglades.* In: *Geological Society of America Abstracts with Programs* 17 (1984) S. 688.
Eine kurze Erläuterung der Behauptung, daß ein Asteroideneinschlag in Süd-Florida zum Massensterben im Obereozän beigetragen habe.

Phillips, A. M. *Shasta Ground Sloth Extinction.* In: Martin, P. S.; Klein, R. G. (Hrsg.) *Quaternary Extinctions: A Prehistorical Revolution.* Tucson (University of Arizona Press) 1984. S. 148–158.
Eine Darstellung der These, daß das Shasta-Bodenfaultier nicht durch einen Wechsel von Klima und Vegetation ausgestorben sein kann.

Pillmore, G. L.; Tschudy, R. H.; Orth, C. J.; Gilmore, J. S.; Knight, J. D. *Geologic Framework of Nonmarine Cretaceous-Tertiary Boundary Sites, Raton Basin, New Mexico and Colorado.* In: *Science* 223 (1984) S. 1180–1183.
Eine Beschreibung des Ablagerungsmilieus, in dem sich im Südwesten der USA am Ende der Kreidezeit die Iridiumanomalie und die erhöhte Farnsporenkonzentration entwickelte.

Playford, P. E.; McLaren, D. J.; Orth, C. J.; Gilmore, J. S.; Goodfellow, W. *Iridium Anomaly in the Upper Devonian of the Canning Basin, Western Australia.* In: *Science* 226 (1984) S. 437–439.
Ein Bericht über eine Iridiumanomalie, die stratigraphisch nahe am Zeitabschnitt des Massensterbens im Oberdevon liegt, die jedoch mit fossilen Algen zusammen auftritt, welche Schwermetalle anreicherten.

Prell, W. L.; Hays, J. D. *Late Pleistocene Faunal and Temperature Patterns of the Columbia Basin, Caribbean Sea.* In: *Geological Society of America Memoir* 145 (1976) S. 201–220.
Eine Darstellung von Daten des CLIMAP-Programms, die eine Abkühlung der Karibik im Pleistozän anzeigen.

Prothero, D. R. *Mid-Oligocene Extinction Event in North American Land Mammals.* In: *Science* 229 (1985) S. 550f.
Die erste Dokumentation über ein erhebliches Aussterben von Säugetieren vor etwa 32 Millionen Jahren, als der Meeresspiegel merklich absank und das Klima sich allgemein veränderte.

Prothero, D. R. *North American Mammalian Diversity and Eocene-Oligocene Extinctions.* In: *Paleobiology* 11 (1986) S. 389–405.
In dieser Arbeit wird das massive Aussterben nordamerikanischer Landsäugetiere im Obereozän und Mitteloligozän klimatischen Veränderungen zugeschrieben.

Quinn, J. F. *Mass Extinctions in the Fossil Record.* In: *Science* 219 (1983) S. 1239–1241.
Dieser quantitativen Argumentation, daß Massensterben und Hintergrundaussterben ohne klare Trennung ineinanderübergehen, folgt eine Entgegnung von Raup, Sepkoski und Stigler.

Raffi, S.; Stanley, S. M.; Marasti, R. *Biogeographic Patterns and Plio-Pleistocene Extinction of Bivalvia in the Mediterranean and Southern North Sea.* In: *Paleobiology* 11 (1986) S. 368–388.
Eine Erläuterung des Mechanismus, durch den eine klimatische Abkühlung im Laufe des Jungneogen viele Molluskenarten der europäischen Meere ausgemerzt hat.

Raup, D. M.; Sepkoski, J. J. *Mass Extinctions in the Marine Fossil Record.* In: *Science* 215 (1982) S. 1501–1503.
Dieser Artikel kommt auf der Grundlage der zeitlichen Schwankungen der Aussterberaten von Tierfamilien zu dem Schluß, daß es fünf grundlegende Massensterben gegeben hat, die sich in Oberordovizium, Oberdevon, Oberperm, Obertrias und Oberkreide ereignet haben.

Raup, D. M.; Sepkoski, J. J. *Periodicity of Extinctions in the Geologic Past.* In: *Proceedings of the National Academy of Sciences* 81 (1984) S. 801 bis 805.
Eine provozierende Analyse der Aussterbedaten auf Familienebene, die als signifikante Hinweise

auf eine Periodizität mit einem mittleren Intervall von 26 Millionen Jahren gedeutet werden.

Raup, D. M.; Sepkoski, J. J. *Periodic Extinction of Families and Genera.* In: *Science* 231 (1986) S. 833−836.
Eine umfassende Analyse von Daten − auch von solchen auf der Ebene von Gattungen −, die man als Indizien für eine Periodizität der Massensterben ansehen kann.

Retallack, G. J. *Late Eocene and Oligocene Paleosols from Badlands National Park, South Dakota.* In: *Geological Society of America Special Paper* 193 (1983) S. 1−82.
Eine Erläuterung der Belege für Klimaveränderungen im Laufe des Eozän und Oligozän, wie sie sich aus in den Badlands von Süd-Dakota erhaltenen fossilen Böden ergeben.

Ross, C. A.; Ross, J. R. P. *Biogeographic Influences on Late Palaeozoic Faunal Distributions.* In: Larwood, G. P.; Nielsen, C. (Hrsg.) *Recent and Fossil Bryozoa.* Fredensborg, Dänemark (Olsen & Olsen) 1982. S. 199−212.
Dieser Aufsatz enthält eine Diskussion des Rückzuges der Fusulinaceen (Großforaminiferen) und der Bryozoen (Moostierchen) in die Tethys im Oberperm.

Sanfilippo, A.; Riedel, W. R.; Glass, B. P.; Kyle, F. T. *Late Eocene Microtektites and Radiolarian Extinctions on Barbados.* In: *Nature* 314 (1985) S. 613−615.
Eine Erörterung eines Asteroideneinschlags als Ursache der Vernichtung von fünf planktonischen Radiolarienarten, die auf einer in dem betreffenden stratigraphischen Horizont des Obereozän vorkommenden Iridiumanomalie und einer Mikrotektitenschicht gründet.

Schopf, T. J. M. *Permo-Triassic Extinctions: Relation to Sea-Floor Spreading.* In: *Journal of Geology* 82 (1974) S. 129−143.
Ein Versuch, die Oberpermkrise im marinen Lebensraum auf eine Meeresspiegelsenkung zurückzuführen.

Schopf, J. W. *How Old Are the Eukaryotes?* In: *Science* 193 (1976) S. 47−49.
Eine Präsentation von Daten, die bei einzelligen fossilen Algen vor etwa 1,4 Milliarden Jahren eine Zunahme des Durchmessers anzeigen − worin sich offensichtlich die Ausgestaltung der ältesten Eukaryonten widerspiegelt.

Sepkoski, J. J. *Mass Extinctions in the Phanerozoic Oceans: A Review.* In: *Geological Society of America Special Paper* 190 (1982) S. 283−289.
Eine Ergänzung des 1982 erschienenen Artikels von Raup und Sepkoski mit weiteren Einzelheiten zur Natur der einzelnen Massensterben.

Sepkoski, J. J.; Raup, D. M. *Periodicity in Marine Mass Extinctions.* In: Elliott, D. K. (Hrsg.) *Dynamics of Extinctions.* New York (Wiley) 1986. S. 3−36.
Eine ausführliche Version der Hypothese dieser Autoren von der Periodizität des Aussterbens, einschließlich eines nützlichen Überblicks über die von anderen Forschern zur Erklärung vorgeschlagenen extraterrestrischen Auslöser.

Shackleton, N. J. et al. *Oxygen Isotope Calibration of the Onset of Ice-Rafting and History of Glaciation in the North Atlantic Region.* In: *Nature* 307 (1984) S. 620−623.
Eine Beschreibung von Isotopenveränderungen und Treibeisablagerungen in Tiefseebohrkernen aus dem Atlantischen Ozean, die das Muster der Abkühlung im Pliozän enthüllen.

Sheehan, P. M. *The Relation of Late Ordovician Glaciation to the Ordovician-Silurian Changeover in North American Brachiopod Faunas.* In: *Lethaia* 6 (1973) S. 147−154.
Die erste Veröffentlichung, in der die Oberordoviziumkrise mit dem Einsetzen einer kontinentalen Vereisung in Verbindung gebracht wird.

Sheehan, P. M. *Swedish Late Ordovician Marine Benthic Assemblages and Their Bearing on Brachiopod Zoogeography.* In: Gray, J.; Boucot, A. J. (Hrsg.) *Historical Biogeography, Plate Tectonics, and the Changing Environments.* Corvallis (Oregon State University Press) 1979. S. 61−73.
Eine Beschreibung der Ausbreitung von an kühle Bedingungen angepaßten Faunen in äquatoriale Richtung im Oberordovizium.

Signor, P. W.; Lipps, J. H. *Sampling Bias, Gradual Extinction Patterns and Catastrophes in the Fossil Record.* In: *Geological Society of America Special Paper* 190 (1982) S. 291−296.
Ein Hinweis auf die Möglichkeit, daß die Unvollständigkeit der Fossilüberlieferung den Anschein erwecken könnte, plötzliche Massensterben hätten sich über lange geologische Zeiträume erstreckt.

Skevington, D. *Controls Influencing the Composition and Distribution of Ordovician Graptolite Faunal Provinces.* In: *Palaeontological Association Special Papers in Palaeontology* 13 (1974) S. 59−73.
Eine Darstellung von Belegen für die Einengung der Lebensräume planktonischer Graptolithen des Oberordovizium auf äquatoriale Gebiete hin.

Sloan, R. E. *Cretaceous and Paleocene Terrestrial Communities of Western North America.* In: *Proceedings North American Paleontological Convention (E).* Lawrence, Kansas (Allen Press) 1969.
Ein brauchbarer, wenn auch inzwischen leicht veralteter Überblick über den biotischen Wandel in terrestrischen Lebensgemeinschaften während des Kreide-Paläozän-Übergangs.

Sloan, R. E. *Periodic Extinctions and Radiations of Permian Terrestrial Faunas and the Rapid Mammalization of Therapsids.* In: *Geological Society of America Abstracts with Programs* 17 (1985) S. 719.
Eine kurze Darstellung der Indizien dafür, daß die säugetierähnlichen Reptilien im Oberperm mehrere Aussterbewellen durchmachten.

Sloan, R. E.; Rigby, J. K.; Van Valen, L.; Gabriel, D. *Gradual Extinction of Dinosaurs and the Simultaneous Radiation of Ungulate Mammals in the Hell Creek Formation of McCone County, Montana*. In: *Science* 232 (1986) S. 629–633.
In diesem provokativen Aufsatz kommen die Autoren zu dem Schluß, daß erstens die Dinosaurier in der Oberkreide nur allmählich zurückgingen und daß zweitens acht Arten bis in das Paläozän hinein überlebten.

Smit, J. *Extinction and Evolution of Planktonic Foraminifera After a Major Impact at the Cretaceous/Tertiary Boundary*. In: *Geological Society of America Special Paper* 190 (1982) S. 329–352.
Eine ältere Übersicht über Daten zum plötzlichen Aussterben planktonischer Foraminiferen; die auf Gesteinsproben als Ganzem beruhenden Isotopendaten sind fragwürdig, und das Überleben einiger winziger Arten bis in das Paläozän hinein wird nicht erwähnt.

Smit, J.; Romein, A. J. T. *A Sequence of Events Across the Cretaceous-Tertiary Boundary*. In: *Earth and Planetary Science Letters* 74 (1985) S. 155–170.
Eine Zusammenstellung der Ereignisse am Schluß der Kreidezeit, wie sie sich in Tiefseeprofilen darstellen – mit einer Diskussion über mikrotektitenartige Kügelchen, aber ohne Erörterung des Überlebens sehr kleiner planktonischer Foraminiferen.

Stanley, S. M. *Marine Mass Extinction: A Dominant Role for Temperature*. In: Nitecki, M. H. (Hrsg.) *Extinctions*. Chicago (University of Chicago Press) 1984. S. 69–117.
Eine Zusammenfassung der verschiedenen Belege für Klimawechsel als Hauptursache von Massensterben.

Stanley, S. M. *Mass Extinctions in the Ocean*. In: *Scientific American* 250/6 (1984) S. 64–72. (In deutscher Übersetzung erschienen unter dem Titel: *Massensterben im Meer*. In: *Spektrum der Wissenschaft* 8 (1984) S. 92–101.)
Eine allgemeine Erörterung der Rolle des Klimas für Massenuntergänge.

Stanley, S. M. *Anatomy of a Regional Mass Extinction: Plio-Pleistocene Decimation of the Western Atlantic Bivalve Fauna*. In: *Palaios* 1 (1986) S. 17–36.
Eine Bewertung der Aussterbemuster in den Meeren des östlichen Nordamerika im Laufe der letzten Eiszeit, die auf Klimaabkühlungen als Ursache hinweisen.

Stanley, S. M. *Earth and Life Through Time*. New York (Freeman) 1986.
Dieses Lehrbuch enthält eine Darstellung der Geschichte des Lebens und führt sowohl in die im vorliegenden Buch erörterten Tier- und Pflanzengruppen als auch in deren Umweltbedingungen ein.

Stanley, S. M.; Campbell, L. D. *Neogene Mass Extinction of Western Atlantic Molluscs*. In: *Nature* 293 (1981) S. 457–459.
Eine Auswertung umfangreicher Daten, die auf ein regionales Massensterben im Westatlantik im Laufe von Pliozän und Pleistozän schließen läßt.

Stitt, J. H. *Late Cambrian and Earliest Ordovician Trilobites, Wichita Mountains Area, Oklahoma*. In: *Oklahoma Geological Survey Bulletin* 124 (1977) S. 1–79.
Eine Dokumentation zweier kambrischer Krisen unter den Trilobiten und eine Begründung für die Hypothese, daß hier klimatische Abkühlungen verantwortlich waren.

Surlyk, F.; Johansen, M. B. *End-Cretaceous Brachiopod Extinctions in the Chalk of Denmark*. In: *Science* 223 (1984) S. 1174–1177.
Eine eingehende Darstellung des unvermittelten Aussterbens der Brachiopoden, die auf den marinen Schreibkreideböden der europäischen Oberkreide lebten.

Taylor, M. E. *Late Cambrian of Western North America: Trilobite Biofacies, Environmental Significance, and Biostratigraphic Implications*. In: Kauffman, E. G.; Hazel, J. E. (Hrsg.) *Concepts and Methods of Biostratigraphy*. Stroudsburg, Pennsylvania (Dowden, Hutchinson & Ross) 1977. S. 397–425.
Eine Darlegung der Hypothese, daß die kambrischen Trilobiten Krisen durchlebten, als kalte Wassermassen vom Rande des nordamerikanischen Kontinents in die Flachmeere strömten.

Vail, P. R.; Mitchum, R. M.; Thompson, S. *Global Cycles of Relative Changes of Sea Level*. In: *American Association of Petroleum Geologists Memoir* 26 (1977) S. 83–97.
Dieser klassische Aufsatz machte die ersten allgemeinen Ergebnisse einer Technik bekannt, mit der sich weltweite relative Schwankungen des Meeresspiegels abschätzen lassen.

Vail, P. R.; Hardenbol, J.; Todd, R. G. *Jurassic Unconformities, Chronostratigraphy and Sea-Level Changes from Seismic Stratigraphy and Biostratigraphy*. In: *American Association of Petroleum Geologists Memoir* 36 (1984) S. 345–362.
Eine gründliche Studie der Meeresspiegelschwankungen im Jura, die zu dem Schluß kommt, daß es zur Zeit des Massensterbens am Ende dieser Periode keine allgemeine Absenkung gab.

Van Valen, L. M. *Catastrophes, Expectations, and the Evidence*. In: *Paleobiology* 10 (1984) S. 121–137.
Eine gedankenreiche, aber etwas langatmige Besprechung einer größeren Veröffentlichung, in der die Frage untersucht wurde, ob Bolideneinschläge die Massensterben verursacht haben.

Van Valen, L.; Sloan, R. E. *Ecology and the Extinction of the Dinosaurs*. In: *Evolutionary Theory* 2 (1977) S. 37–64.

Eine Darlegung der Hypothese, daß im westlichen Nordamerika in der jüngsten Kreide die Säugetiere zu einer Zeit an die Stelle der bis dahin vorherrschenden Dinosaurier traten, als sich Klimate und Floren veränderten.

Vidal, G.; Knoll, A. H. *Radiations and Extinctions of Plankton in the Late Proterozoic and Early Cambrian*. In: *Nature* 297 (1982) S. 57−60.
Eine Dokumentation des drastischen Rückgangs planktonischer Algen kurz vor dem Ende des Kryptozoikums, als die Erde eine größere Vereisungsperiode durchlief.

Vrba, E. S. *African Bovidae: Evolutionary Events Since the Miocene*. In: *South African Journal of Science* 81 (1985) S. 263−266.
Eine zusammenfassende Darstellung des Aussterbens von Antilopen im Jungneogen von Afrika, die ihre größten Einbußen vor 2,5 Millionen Jahren erlitten.

Ward, P. D.; Signor, P. W. *Evolutionary Tempo in Jurassic and Cretaceous Ammonites*. In: *Paleobiology* 9 (1983) S. 183−198.
Ein Nachweis der auffallenden Widerstandsfähigkeit bestimmter Ammonoideengruppen des Jura und der Kreide gegenüber Massensterben, die andere Gruppen vernichteten.

Ward, P. D.; Wiedmann, J. *The Maastrichtian Ammonite Succession at Zumaya, Spain*. In: Birkeland, T. (Hrsg.) *Symposium on Cretaceous Stage Boundaries, Univ. of Copenhagen, Abstracts* (1983).
Eine Beschreibung des allmählichen Rückgangs und des endgültigen Verschwindens der Ammonoideen am Dach der Kreide in einem berühmten Aufschluß Spaniens.

Watts, W. A. *The Late Quaternary Vegetation History of the Southeastern United States*. In: *Annual Review of Ecology and Systematics* 11 (1980) S. 38−409.
Ein Bericht über ein Vorkommen von Fichten so weit südlich wie der US-Bundesstaat Georgia sowie über gemäßigte Klimate in Florida im Jungpleistozän.

Webb, S. D. *Ten Million Years of Mammalian Extinctions in North America*. In: Martin, P. S.; Klein, R. G. (Hrsg.) *Quaternary Extinctions: A Prehistorical Revolution*. Tucson (University of Arizona Press) 1984. S. 189−210.
Eine Unterbreitung der Hypothese, daß das Aussterben von großen Säugetierarten in Nordamerika vor 11 000 Jahren der letzte von sechs Aussterbeimpulsen während der vergangenen 10 Millionen Jahre war.

Wicander, E. R. *Fluctuations in a Late Devonian-Early Mississippian Phytoplankton Flora of Ohio, U.S.A.* In: *Palaeogeography, Palaeoclimatology, Palaeoecology* 17 (1975) S. 89−108.
Eine Beschreibung des Acritarchenrückgangs während der Oberdevonkrise.

Wolbach, W. S.; Lewis, R. S.; Anders, E. *Cretaceous Extinctions: Evidence for Wildfires and Search for Meteoritic Material*. In: *Science* 230 (1985) S. 167−170.
Ein Bericht über die Entdeckung flockiger Kohlenstoffaggregate an der Kreide-Paläozän-Grenze, die als ein Indiz für die Ausbreitung von Feuersbrünsten über größere Kontinentalbereiche gewertet werden.

Wolfe, J. A. *A Paleobotanical Interpretation of Tertiary Climates in the Northern Hemisphere*. In: *American Scientist* 66 (1978) S. 694−703.
Ein Überblick über die vom Autor sehr erfolgreich angewandte Blattrandanalyse, der aufzeigt, daß es zwischen dem Mitteleozän und dem Mitteloligozän im westlichen Nordamerika eine Reihe von Abkühlungsepisoden gab.

Wolfe, J. A. *Late Cretaceous-Cenozoic History of Deciduousness and the Terminal Cretaceous Event*. In: *Paleobiology* 13 (1987) S. 215−226.
Eine Besprechung der Frage, wieso die immergrünen Arten der Landpflanzen in der Schlußkrise der Kreide selektiv ausgemerzt wurden.

Wolfe, J. A.; Upchurch, G. R. *Vegetational, Climatic, and Floral Changes at the Cretaceous-Tertiary Boundary*. In: *Nature* 324 (1986) S. 148−151.
Eine Dokumentation des im Norden von Nordamerika im Vergleich zum Süden stärkeren Aussterbens von Landpflanzen sowie des Überlebens vor allem von Arten mit Blattwechsel an der Kreide-Paläozän-Grenze.

Wolfe, J. A.; Upchurch, G. R. *Leaf Assemblages across the Cretaceous-Tertiary Boundary in the Raton Basin, New Mexico and Colorado*. In: *Proceedings of the National Academy of Sciences* 84 (1987) S. 5096−5100.
Eine Darstellung von Belegen dafür, daß die großen Verluste unter den Landpflanzen in New Mexico an der Kreide-Paläozän-Grenze von einem kurzen Abkühlungsimpuls verursacht wurden.

Zachos, J. C.; Arthur, M. A. *Paleoceanography of the Cretaceous/Tertiary Boundary Event: Inferences from Stable Isotopic and Other Data*. In: *Paleoceanography* 1 (1986) S. 5−26.
Eine Synthese der Nachweise für einen beachtlichen Rückgang der Produktivität des kalkigen Planktons am Ende der Kreidezeit, der sich über mindestens eine Million Jahre hinzogen hat.

Zinsmeister, W. J. *Late Cretaceous-Early Tertiary Molluscan Biogeography of the Southern Circum-Pacific*. In: *Journal of Paleontology* 56 (1982) S. 84−102.
Ein Nachweis der beträchtlichen Aussterberaten von Mollusken aus hohen Breiten der südlichen Hemisphäre in der Zeit des Übergangs vom Eozän zum Oligozän.

Bildnachweise

Illustration allgemein:
Alan Iselin und Brenda Booth.

Titelbild
Department of Library Services, American Museum of Natural History (Negativ-Nr. 31/093).

Seite 13
Jay Bader, Cincinnati Museum of Natural History.

Seite 14
Novosti Press Agency.

Seite 15
Aus Cuvier, G.; Brongniart, A. *Description Géologique Environ de Paris.* 1822.

Seite 16
Chip Clark.

Seite 17
Bridgeman Art Library/Art Resource.

Seite 18
Douglas Henderson.

Seite 25
Nach Raup und Sepkoski, 1982.

Seite 27
Steven M. Holland, Cincinnati Museum of Natural History.

Seite 29
David Jablonski, University of Chicago.

Seite 31 (links)
Archiv Forschungsinstitut Senckenberg.

Seite 31 (rechts)
William Berry, University of California, Berkeley.

Seite 34
Nach Press, F.; Siever, F. *Earth.* New York (Freeman) 1986.

Seite 35
Nach H. F. Osborn.

Seite 36 (oben)
Margaret Bradshaw, Canterbury Museum.

Seite 37 (oben)
Nach A. Holmes.

Seite 37 (unten)
Hjalmar R. Bardarson.

Seite 39 (oben)
Nach Press, F.; Siever, R. *Earth.* New York (Freeman) 1986.

Seite 41
Peter Molnar, MIT.

Seiten 43 und 44 (oben)
Nach R. K. Bambach, C. R. Scotese und A. M. Ziegler.

Seite 44 (unten)
Nach A. G. Smith und J. C. Briden.

Seite 45
Colin Montreath, Hedgehog House.

Seite 48
Nach R. H. Macarthur und E. O. Wilson.

Seite 49
Olive Schoenberg.

Seite 50
Nach Stanley, 1984.

Seite 51
Philip Alan Rosenberg/Pacific Stock.

Seite 53
Swedish Museum of Natural History.

Seite 54
Zeichnung von Sydney Parkinson, The British Museum.

Seite 59 (oben)
J. W. Schopf, University of California, Los Angeles.

Seite 59 (unten)
S. M. Awramik, University of California, Santa Barbara.

Seite 60
Steven M. Stanley.

Seite 62
Aus Playford, G.; Dring, R. *Late Devonian Acritarchs from the Carnarvon Basin, Western Australia.* In: *Special Papers in Paleontology* 27. London (The Paleontologic Association) 1981; Photographien von Geoffrey Playford.

Seite 63
George E. Williams, Broken Hill Proprietary.

Seite 64
Ausstellungsstück von Chase Studio, Photographie von Chip Clark, National Museum of Natural History.

Seite 65
Chip Clark.

Seite 66 (links)
Wilhelm Stürmer.

Seite 66 (rechts)
Nach I. T. Zhuravleva.

Seite 67
Nach C. Lochman-Balk.

Seite 68
Anita Harris, USGS.

Seite 70
Steven M. Stanley.

Seite 76
Nach J. J. Sepkoski.

Seite 77 (oben)
Farbphotos von Chip Clark (oben), Peter Ward, University of Washington (Mitte) und Charles Arneson (unten).

Seite 77 (unten)
Aus Levi-Setti, R. *A Photographic Atlas of Trilobites.* Chicago (University of Chicago Press) 1975; Photographie von Riccardo Levi-Setti.

Seiten 78 und 79 (oben)
Chip Clark.

Seite 79 (unten)
Lynton Land, University of Texas, Austin.

Seite 80
Chip Clark.

Seiten 82 und 85
The British Museum (Natural History).

Seite 86 (oben)
Ausstellungsstück von George Marchand und Chase Studio, Photographie von George Baldwin, National Museum of Natural History.

Seite 86 (unten)
Nach H. K. Erben.

Seite 88 (links)
Chip Clark.

Seite 88 (rechts)
Ausstellungsstück von Chase Studio, Photographie von Dan Rockafellow, Nebraska State Museum.

Seite 91
Nach Stanley, S. M. *Earth and Life Through Time*. New York (Freeman) 1985.

Seite 93 (links)
Chip Clark.

Seite 93 (rechts)
The British Museum (Natural History).

Seite 94
Aus Playford, P. E. *Devonian Great Barrier Reef of the Canning Basin, Western Australia*. In: *Petroleum Geologists* 64 (1980) S. 814–840; Photographie von Phillip Playford.

Seite 98
Nach J. C. Crowell.

Seite 101
The British Museum (Natural History).

Seite 102
Chip Clark.

Seite 103 (links)
John Shaw.

Seite 105 (rechts)
Carnegie Museum of Natural History.

Seite 106
Chip Clark.

Seite 108
Mark Hallet.

Seita 111 (oben)
National Park Service.

Seite 111 (unten)
Chip Clark.

Seite 114
Lysbeth Corsi/Focus on Nature.

Seite 120 (links)
John Stanley.

Seite 120 (rechts)
Daniel Varner.

Seita 121
Field Museum of Natural History.

Seite 123
Douglas Henderson/Petrified Forest Museum Association.

Seita 124
Suzanne Swibold/Tyrrell Museum of Palaeontology.

Seite 125
Douglas Henderson/Collection of Los Angeles County Museum of Natural History.

Seite 128 (oben)
Chip Clark.

Seite 128 (unten)
Field Museum of Natural History.

Seite 129 (oben)
Daniel Varner.

Seite 129 (unten)
Mark Hallett.

Seite 130
Chip Clark.

Seite 132 (oben)
Daniel Varner.

Seite 132 (unten)
Schwarz-Weiß-Photographien von Michael Hoban, California Academy of Sciences (links oben), Mitchener Covington, Florida State University (rechts) und C. Cornet/M. Pétillon, Universität Namur (links unten).

Seite 134 (oben)
Biostatigraphy Research Group, British Geological Survey.

Seite 134 (unten)
Nach S. M. Stanley, 1984.

Seite 136 (links)
Megan Rohn.

Seite 136 (rechts)
David Dilcher, Indiana University.

Seite 137
Aus Crane, P. E.; Friis, E. M.; Pederson, K. R. *Lower Cretaceous Angiosperm Flowers: Fossil Evidence on Early Radiation of Dicotyledons*. In: *Science* 232 (1986).

Seite 138 (links)
Nach E. G. Kauffman.

Seite 138 (rechts)
Photo Archives, Denver Museum of Natural History.

Seite 141
Walter Alvarez, University of California, Berkeley.

Seite 143
Ocean Drilling Program, Texas A&M University.

Seite 147
Nach P. D. Ward und J. Wiedmann, 1953.

Seiten 148, 150 und 151
Gerta Keller, Princeton University.

Seite 154
Mitchener Covington, Florida State University.

Seite 156 (oben)
Anthony Ekdale, University of Utah.

Seite 156 (unten)
Schwarz-Weiß-Photographien von
Katharina Perch-Nielsen.

Seite 157
Nach F. Surlyk und M. B. Johansen, 1984.

Seite 159 (links)
The British Museum (Natural
History).

Seite 159 (rechts)
Chip Clark.

Seite 161
Aus Horner, J.; Gorman, J.
Maia, A Dinosaur Grows Up. Illustrationen von Douglas Henderson, Museum of the Rockies,
1985.

Seite 162
Nach C. J. Orth et al., 1981.

Seite 164
Nach J. A. Wolfe, 1978.

Seite 167
Zeichnung von Zdeněk Burian,
Sammlung von Zdeněk Spinar.

Seite 169
Camera Hawaii.

Seite 170
Bruce Bohor, USGS.

Seite 172
USGS.

Seite 173
Aus Wolbach, W.; Lewis, R.;
Anders, E. *Cretaceous Extinctions: Evidence for Wildfires and
Search for Meteoritic Material.*
In: *Science* 230 (1985).

Seite 175
Jet Propulsion Laboratory.

Seite 176
Nach R. Douglas und F. Woodruff.

Seite 181
Chip Clark.

Seite 183
Smithsonian Institution, National
Museum of Natural History.

Seite 184
David Dockery, Mississippi Department of Natural Resources.

Seiten 185 und 187
Gerta Keller, Princeton University.

Seite 190 (oben)
Richard Benson, Smithsonian
Institution.

Seite 190 (unten)
Nach R. Douglas und F. Woodruff.

Seite 191
Nach J. A. Wolfe, 1978.

Seite 193
William Garnett.

Seite 194
Field Museum of Natural History.

Seite 196
Nach J. P. Kennett und C. C.
von der Borch, 1986.

Seite 200 (links)
John Shaw/Tom Stack & Assoc.

Seite 200 (rechts)
Chip Clark.

Seite 202
Nach J. Hays.

Seite 203
Peter Molnar, MIT.

Seite 204
Steven M. Stanley.

Seite 207
Nach Steven M. Stanley, 1984.

Seite 210
Nach E. S. Vrba, 1985.

Seite 211
Zeichnung von John Dawson, The
George C. Page Museum, Los
Angeles County Museum of Natural History.

Seite 212
Peter Schouten, Australia Museum Trust.

Seite 213
Photo Archives, Denver Museum
of Natural History.

Seite 214
Zeichnung von John Dawson, The
George C. Page Museum, Los
Angeles County Museum of Natural History.

Seite 219
Nach Raup und Sepkoski, 1986.

Seite 221
Nach D. V. Kent und F. M.
Gradstein.

Index

239